Wahrscheinlichkeits-theorie

Von
Universitätsprofessor
Dr. Walter Oberhofer

Dritte, durchgesehene Auflage

R. Oldenbourg Verlag München Wien

Die Deutsche Bibliothek – CIP-Einheitsaufnahme

Oberhofer, Walter:
Wahrscheinlichkeitstheorie / von Walter Oberhofer. – 3., durchges. Aufl. – München ; Wien : Oldenbourg, 1993
ISBN 3-486-22649-5

Druck: Tutte, Passau
Bindung: R. Oldenbourg Graphische Betriebe GmbH, München

ISBN 3-486-22649-5

Inhaltsverzeichnis

Vorwort (zur ersten Auflage)

Das vorliegende Lehrbuch ist konzipiert als eine Einführung in die Wahrscheinlichkeitstheorie für Wirtschaftswissenschaftler. Der Autor eines solchen Buches muß sich fragen lassen, inwieweit sich seines von den vielen anderen Lehrbüchern über Wahrscheinlichkeitstheorie unterscheidet. Es gibt inzwischen auch im Deutschen eine ganze Reihe sehr guter Abhandlungen über Wahrscheinlichkeitstheorie; diese sind aber in der Regel für Mathematiker gedacht.

Das vorliegende Buch wendet sich jedoch bewußt an Studenten der Wirtschaftswissenschaften. Insofern erhalten zwei Gesichtspunkte besonderes Gewicht, nämlich eine Entwicklung der Theorie für eine Anwendung in den Wirtschaftswissenschaften und eine die Motivation fördernde didaktische Aufbereitung.

Diese beiden Gesichtspunkte müssen unter der Beschränkung einer sehr begrenzten Mathematikausbildung verfolgt werden. Nach Meinung des Autors ist diese so gestellte Aufgabe im Deutschen immer noch nicht befriedigend gelöst, und es wird mit dem vorliegenden Buch ein Versuch unternommen, dem, so hofft der Autor, ein bescheidener Erfolg beschieden sein mag.

Bei einer Einführung in die Wahrscheinlichkeitstheorie stellt sich sofort die Frage, ob man zuerst die diskrete und dann die kontinuierliche Theorie behandeln soll, oder gleich die kontinuierliche mit dem Spezialfall der diskreten Theorie.

Nach Auffassung des Autors ist es – bei obiger Zielsetzung und Beschränkung – fast zwingend, die erstere Vorgehensweise zu wählen.

Die diskrete Theorie ist nämlich sehr anschaulich, technisch nicht verwickelt, und sie vermittelt bereits die wesentlichen wahrscheinlichkeitstheoretischen Begriffe, wie Verteilung, Erwartungswert usw.

Die zweite Vorgehensweise birgt die Gefahr in sich, daß die rein technischen Probleme die essentiell wahrscheinlichkeitstheoretischen Fragestellungen verdecken. Hinzu kommt, daß diese technischen Probleme, die im wesentlichen aus Meßbarkeitsproblemen resultieren, für den wirtschaftswissenschaftlichen Anwender rein theoretische Probleme bleiben.

Weiter kann die kontinuierliche Theorie als eine Idealisierung angesehen werden. die beliebig gute Meßgenauigkeit voraussetzt. Da aber praktisch nie beliebig gute Meßgenauigkeit gegeben ist, könnte man sich für praktische Anwendungen auf die diskrete Theorie beschränken. Die Bedeutung der kontinuierlichen Theorie liegt aber darin, daß sie viele Sachverhalte wesentlich einfacher zu beschreiben gestattet. Als Beispiel sei die Normalverteilung genannt, die oft in sehr guter Näherung praktisch vorliegt, im Rahmen der diskreten Theorie könnte man aber nur alle möglichen Stufen der Approximation der Normalverteilung behandeln.

Schließlich erfordert die Behandlung dieser Probleme einen mathematischen Aufwand, der die Möglichkeiten eines Studenten der Wirtschaftswissenschaften bei weitem übersteigt.

Angesichts dieser Situation wurde die folgende Vorgehensweise gewählt.

Die diskrete Theorie wird relativ ausführlich behandelt. Bei der Entwicklung der kontinuierlichen Theorie werden die theoretischen Probleme möglichst anschaulich und in der Regel ohne Beweise dargestellt und, soweit die Überlegungen analog denen im diskreten Fall verlaufen, werden sie knapper gehalten mit einem Verweis auf die entsprechenden Überlegungen im diskreten Fall.

Auf die inhaltliche Interpretation des Wahrscheinlichkeitsbegriffes wird im Rahmen dieser Einführung, die Lehrbuch-Charakter haben soll, auch nicht ausführlich eingegangen.

In dieser vorliegenden Einführung kann nur ein unerläßlicher Grundbestand des wahrscheinlichkeitstheoretischen Instrumentariums erarbeitet werden. Es kann auch nicht eingegangen werden auf die vielen – auch für den Wirtschaftswissenschaftler – wichtigen Anwendungen in der Warteschlangentheorie, der Theorie der Markoffketten, der Statistik, der Ökonometrie usw.

In den einzelnen Kapiteln sind zur Veranschaulichung theoretischer Begriffe Beispiele eingestreut und am Ende eines jeden Kapitels werden zur Vertiefung des Stoffes Übungen und Aufgaben bzw. Ergänzungen gebracht. Aufgaben, die mit * gekennzeichnet sind, besitzen einen höheren Schwierigkeitsgrad.

Bei einigen Abschnitten wird weiterführende und spezielle Probleme behandelnde Literatur aufgeführt.

An dieser Stelle möchte ich den Herren Dr. Klaus Haagen, Dr. Johann Heil und Dr. Hans-Günther Seifert herzlich danken. Sie haben eine erste Fassung des Manuskripts durchgearbeitet und manche Verbesserung eingebracht. Weiter ist es mir eine angenehme Pflicht, meinen Dank abzustatten bei Herrn Dipl.-Volkswirt Martin Weigert, dem Ansprechspartner des Autors beim Verlag, für die immer gedeihliche und effektive Zusammenarbeit. Schließlich möchte ich mich bei Frau Angelika Gerschitz bedanken, welche die sehr strapaziöse und undankbare Aufgabe des Schreibens der Druckvorlage auf sich nahm.

Walter Oberhofer

Vorwort (zur zweiten und dritten Auflage)

Die Konzeption des Werkes hat sich gut bewährt, so daß sie in den Nachauflagen unverändert beibehalten werden konnte. Es wurde aber mehrfach kritisch durchgesehen.

Einleitung

Die Anwendungen mathematischer Methoden und mathematischer Modelle haben in den Wirtschaftswissenschaften in den letzten zwei bis drei Jahrzehnten eine enorme Verbreitung gefunden.

Die praktischen Erfolge in den Wirtschaftswissenschaften – auf diese sind angewandte Wissenschaften wie die Wirtschaftswissenschaften letztlich angewiesen – sind aber durch diese Mathematisierung nicht in dem Maße eingetreten, wie sie von vielen erwartet worden sind.

Die Ursache dafür ist wohl darin zu suchen, daß die Mathematisierung zum Teil um ihrer selbst willen in einem akademisch wissenschaftlichen Rahmen betrieben wurde, wobei der Bezug zur Realität sehr oft verloren ging.

Trotzdem sind gewisse mathematische Methoden und Modelle für die Wirtschaftswissenschaften von großer Bedeutung. Wegen ihrer Komplexität kann man ökonomische Erscheinungen nur vereinfacht darstellen, wobei es darauf ankommt, in der Vereinfachung das Wesentliche zu erfassen und das Unwesentliche zu eliminieren. Das läuft darauf hinaus, die Realität in Modellen zu erfassen. Nun hat es sich gezeigt, daß solche Modelle in einer mathematisch-logischen Form präziser, übersichtlicher und einfacher sind, als z. B. in einer verbal-logischen Form. Darüberhinaus kann man auf der Ebene des mathematischen Modells viel leichter Widersprüche entdecken und Folgerungen ableiten.

Unter den mathematischen Methoden, die in den Wirtschaftswissenschaften – und nicht nur dort – ein breites Anwendungsspektrum besitzen, ist neben den beiden grundlegenden Methoden der Analysis und Linearen Algebra als dritte die Wahrscheinlichkeitstheorie zu nennen. Sie wird den Studenten der Wirtschaftswissenschaften in der Regel im Rahmen der Statistikausbildung vermittelt.

Aus Zeitgründen wird allerdings der dort vermittelte Stoff in aller Regel nicht so umfangreich sein können wie der in diesem Buch vorliegende. Nach Ansicht des Autors ist aber der Umfang der vorliegenden Einführung ein Minimum, das benötigt wird, um die üblichen wahrscheinlichkeitstheoretischen Modelle der Wirtschaftswissenschaften hinsichtlich ihrer Implikationen wirklich begreifen zu können.

Teil 1

1. Kapitel:
Grundbegriffe der Mengenlehre

Die Wahrscheinlichkeitstheorie kann am einfachsten und klarsten durch Verwendung von Begriffen der Mengenlehre formuliert werden.

Es ist das große Verdienst des russischen Mathematikers Kolmogoroff, der die moderne Wahrscheinlichkeitstheorie begründete, daß er die Wahrscheinlichkeitstheorie mit Hilfe der Mengenlehre axiomatisch aufgebaut hat. Wir werden daher in diesem ersten Kapitel kurz grundlegende Begriffe der Mengenlehre einführen.

Untersuchungsgegenstand der Mengenlehre sind **Mengen**. Der Begriff Menge ist, ähnlich wie z.B. der Begriff Punkt in der Geometrie, so elementar, daß wir ihn durch Berufung auf die Erfahrungswelt einführen müssen.

Unter einer Menge verstehen wir eine Zusammenfassung von Objekten. Dabei muß für jedes denkbare Objekt prinzipiell feststellbar sein, ob es zu der Menge gehört oder nicht. Weiter müssen die Objekte der Menge voneinander wohl unterscheidbar sein, wobei die Reihenfolge der Elemente aber keine Rolle spielt.

So können wir von der Menge aller Personen in einem Raum, der Menge der geraden Zahlen, der Menge der Punkte einer geometrischen Figur oder der Menge aller Wörter eines Buches sprechen. Diese Überlegungen führen zu der folgenden Definition:

Definition 1

Eine Menge ist eine eindeutige Zusammenfassung wohlunterschiedener Objekte. Ein einzelnes Objekt der Menge heißt ein **Element** der Menge. Wir sagen, ein Element a ist **enthalten in** oder **gehört zu** der Menge M, symbolisch $a \in M$.

Wenn b nicht zu M gehört, so schreiben wir dafür $b \notin M$.

Eine Menge kann endlich viele oder auch unendlich viele Elemente enthalten. Im ersten Falle heißt die Menge **endlich** und im zweiten Falle **unendlich.**

△

Beispiele:

1) Die Menge der Personen, die im Laufe eines Jahres sterben, ist zu Beginn des Jahres keine wohldefinierte Menge, da für eine konkrete Person nicht exakt gesagt werden kann, ob sie zu dieser Menge gehört oder nicht. Die Menge ist erst nach Ablauf des Jahres wohldefiniert.
2) Wir betrachten die dekadische Zahl 179769 und dazu die Menge der Ziffern, aus denen sie besteht.

   Diese Menge besteht aus den Ziffern 1, 7, 9 und 6; es zählt also jede Ziffer nur einmal. Würden wir beide in der Zahl auftretenden Ziffern 7 in die Menge aufnehmen, so hätten wir zwei nicht unterscheidbare Elemente.
3) Die Menge aller natürlichen Zahlen 1, 2, 3, ... ist der Prototyp einer unendlichen Menge.

Eine endliche Menge können wir durch Angabe aller Elemente charakterisieren; dabei schreiben wir diese Elemente in geschweiften Klammern und durch Kommata getrennt.

Beispiel:

Die Menge der Primzahlen kleiner 10 schreibt sich z. B. folgendermaßen $\{1,2,3,5,7\}$. Dabei spielt die Reihenfolge, in der die Elemente angegeben werden, keine Rolle.

△

Eine Menge kann man auch durch Angabe einer Eigenschaft kennzeichnen, die ihren Elementen und nur diesen zukommt: M sei die Menge aller x mit der Eigenschaft E, symbolisch schreiben wir dafür

$M = \{x \mid x \text{ hat die Eigenschaft } E\}$

Beispiel:

Die obige Menge von Primzahlen können wir folgendermaßen schreiben

$\{x \mid x \text{ ist Primzahl und kleiner } 10\}$

△

Zwei Mengen sind **gleich**, wenn sie genau dieselben Elemente enthalten. Dabei ist die Reihenfolge, in der die Elemente jeweils angegeben werden, irrelevant.

Definition 2

Als **Teilmenge** einer Menge M bezeichnen wir eine Menge N mit der Eigenschaft, daß jedes Element von N auch Element von M ist.

Symbolisch: $N \subset M$. Dafür sagen wir auch, N ist in M **enthalten** oder M **umfaßt** N.

△

Beispiel:

Die Menge der Primzahlen ist eine Teilmenge der Menge der ganzen Zahlen.

△

Speziell soll auch eine Menge M selbst Teilmenge von M sein. Wir bezeichnen M auch als **unechte** Teilmenge von M. Manchmal wird die Gleichheit zweier Mengen N und M auf die folgende Weise gezeigt: N ist enthalten in M und M ist enthalten in N und daher muß N gleich M sein.

Für viele Überlegungen ist es zweckmäßig, auch wenn es seltsam erscheinen mag, die Menge zu betrachten, die kein Element enthält. Diese Menge heißt **leere Menge**; symbolisch schreiben wir dafür $\emptyset$.

Mengen können miteinander verknüpft werden, so daß eine neue Menge resultiert. Die einfachste Art der Verknüpfung besteht darin, daß wir die Elemente zweier Mengen zu einer Menge vereinen.

Definition 3

Es seien N und M zwei Mengen. Als **Vereinigung** der beiden Mengen bezeichnen wir die Menge aller Elemente, die zu N oder zu M gehören. Symbolisch schreiben wir dafür

$$N \cup M$$

Wir sagen auch, daß wir N und M zu der Menge $N \cup M$ **vereinen**.

△

Beispiel:
Es sei N die Menge aller ungeraden Zahlen kleiner 10, d. h.

$$N = \{1, 2, 3, 5, 7, 9\},$$

und M die Menge aller Primzahlen kleiner 15, d. h.

$$M = \{1, 2, 3, 5, 7, 11, 13\},$$

dann ergibt sich

$$N \cup M = \{1, 2, 3, 5, 7, 9, 11, 13\}.$$

△

In der der Vereinigung erscheint also ein Element, das sowohl in N als auch in M vorkommt, nur einmal.
Man kann natürlich auch mehr als zwei Mengen, und sogar unendlich viele, zu einer Menge vereinen.

Dazu ein **Beispiel:**
Es sei I_1 die Menge aller Zahlen größer 0 und kleiner gleich 1, I_2 die Menge aller Zahlen größer 1 und kleiner gleich 2, I_3 die Menge aller Zahlen größer 2 und kleiner gleich 3, usw. Dann ist die Vereinigung V von $I_1, I_2, I_3, \ldots$ gleich der Menge P aller positiven Zahlen. Dies folgt daraus, daß einerseits jede positive Zahl Element einer der Mengen I_i ist, d. h. $P \subset V$ und andererseits alle I_i nur positive Zahlen enthalten, d. h. $V \subset P$. Aus $P \subset V$ und $V \subset P$ folgt aber, daß beide Mengen gleich sind.
Für die Vereinigung V von n Mengen $I_1, I_2, \ldots, I_n$ schreiben wir

$$V = I_1 \cup I_2 \cup I_3 \cup \ldots \cup I_n$$

oder kurz

$$V = \bigcup_{i=1}^{n} I_i$$

Dabei kann n auch unendlich sein.

△

Bei der Vereinigung spielt die Reihenfolge der Mengen offensichtlich keine Rolle. So gilt z. B.

$$A \cup B \cup C = A \cup C \cup B = B \cup A \cup C = B \cup C \cup A = C \cup A \cup B = C \cup B \cup A$$

Man sagt daher, daß die Operation „Vereinigung" **kommutativ** ist. Es spielt auch keine Rolle, in welcher Weise wir assoziieren. Es ist also z. B. $A \cup B \cup C = A \cup (B \cup C) = (A \cup B) \cup C$, d. h., ob wir zuerst B und C vereinen und das Ergebnis mit A, oder zuerst A und B vereinen und dieses Ergebnis mit C, in beiden Fällen resultiert dieselbe Menge.

Eine weitere Verknüpfung von zwei Mengen besteht darin, daß wir die Elemente, die beiden Mengen gemeinsam sind, zu einer neuen Menge zusammenfassen.

Definition 4

Es seien N und M zwei Mengen. Als **Durchschnitt** von N und M bezeichnen wir die Menge, welche alle Elemente enthält, die sowohl zu N als auch zu M gehören. Symbolisch schreiben wir dafür

$$N \cap M$$

Wir sagen auch, daß wir N und M **schneiden**, mit dem Ergebnis $N \cap M$.

△

Beispiel:

Es sei N die Menge aller Studierenden und M die Menge aller verheirateten Personen. Dann ist $N \cap M$ die Menge aller Studierenden, die verheiratet sind.

△

Man kann auch den Durchschnitt von mehr als zwei und sogar von unendlich vielen Mengen betrachten.

Dazu ein **Beispiel:**

Es sei I_1 die Menge aller nichtnegativen Zahlen kleiner gleich 1, I_2 die Menge aller nichtnegativen Zahlen kleiner gleich 1/2, I_3 die Menge aller nichtnegativen Zahlen kleiner gleich 1/3 usw.

Dann ist der gemeinsame Durchschnitt von $I_1, I_2, I_3, \ldots$ die Menge D, welche nur die Null enthält. Die Null ist nämlich die einzige Zahl, die in allen Mengen I_1, I_2, $I_3, \ldots$ enthalten ist. Für diesen Durchschnitt schreiben wir symbolisch

$$D = I_1 \cap I_2 \cap I_3 \cap \ldots$$

oder kurz

$$D = \bigcap_{i=1}^{\infty} I_i$$

△

Bei der Durchschnittsbildung spielt die Reihenfolge der Mengen offensichtlich keine Rolle. So ist z. B.

$$A \cap B \cap C = A \cap C \cap B = B \cap A \cap C = B \cap C \cap A = C \cap A \cap B = C \cap B \cap A$$

Man sagt dafür, daß die Operation „Durchschnitt“ **kommutativ** ist. Genau wie bei der Vereinigung können wir auch beliebig assoziieren; so ist

$$A \cap B \cap C = A \cap (B \cap C) = (A \cap B) \cap C$$

Mengen, die kein Element gemeinsam haben, heißen **disjunkt**. Der Durchschnitt disjunkter Mengen ergibt die leere Menge $\emptyset$.

Nun betrachten wir zwei Mengen M und N, wobei N eine Teilmenge von M ist, und bilden die Menge aller Elemente, die in M aber nicht in N enthalten sind.

Definition 5

Es sei N eine Teilmenge von M. Als **Komplement** von N (bezüglich M) bezeichnen wir die Menge aller Elemente, die zu M aber nicht zu N gehören.

Symbolisch schreiben wir dafür kurz: $\bar{N}$. Dabei ist die Menge M in dieser Schreibweise nicht mit angegeben, da davon ausgegangen wird, daß bekannt ist, welches die Obermenge M ist.

△

Aus der Definition folgt unmittelbar, daß N und $\bar{N}$ disjunkt sind, und daß die Vereinigung von N und $\bar{N}$ gerade M ergibt. Weiter ist das Komplement des Komplements von N wieder gleich N. Symbolisch erfassen wir diesen Sachverhalt folgendermaßen

$$\bar{\bar{N}} = N$$

Die Mengenoperationen Vereinigung, Durchschnitt und Komplement können auch in der Sprechweise der Logik formuliert werden. Dies überlegen wir uns genauer.

Dabei gehen wir davon aus, daß die Elemente einer Menge M durch eine Eigenschaft E ausgezeichnet sind, und zwar in dem Sinne, daß jedem Element von M die Eigenschaft E zukommt und jedem Objekt, das nicht Element von M ist, die Eigenschaft E nicht zukommt. Wir sagen kurz, M wird durch die Eigenschaft E **charakterisiert.**

Im folgenden bezeichnen wir das logische und mit „und“, das logische oder mit „oder“ und die logische Negation mit „nicht“.

Sei nun M eine Menge mit der charakterisierenden Eigenschaft E und N eine Menge mit der charakterisierenden Eigenschaft F, so wird der Durchschnitt

$$M \cap N$$

durch die Eigenschaft E „und“ F, die Vereinigung

$$M \cup N$$

durch die Eigenschaft E „oder“ F und, falls N eine Teilmenge von M ist, das Komplement von N (bezüglich M) durch die Eigenschaft E „und“ („nicht“ F) charakterisiert.

Beispiel:

Sei M die Menge aller Primzahlen kleiner zehn und N die Menge aller Primzahlen größer zwei. M wird charakterisiert durch die Eigenschaft E: Primzahl „und“ kleiner als zehn zu sein und N durch die Eigenschaft F: Primzahl „und“ größer als

zwei zu sein. Dann ist E „oder“ F gleich der Eigenschaft Primzahl zu sein, und E „und“ F gleich der Eigenschaft Primzahl „und“ größer zwei sowie kleiner zehn zu sein.
Offensichtlich wird $N \cup M$ durch E „oder“ F bzw. $N \cap M$ durch E „und“ F charakterisiert.

△

Die Mengenoperationen Durchschnitt, Vereinigung und Komplement kann man auch graphisch veranschaulichen. Dabei werden Mengen durch Punktmengen in der Ebene dargestellt.

Die Vereinigung zweier (nichtdisjunkter) Mengen M und N ist in Abbildung 1 veranschaulicht.

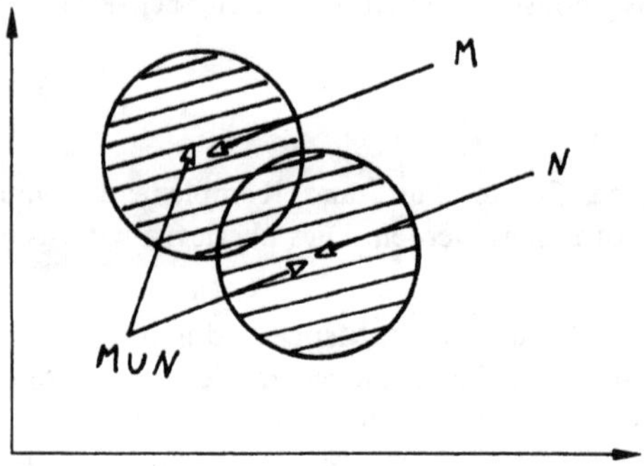

Abb. 1

Solche Abbildungen werden als **Venn-Diagramme** bezeichnet. Die Vereinigung der beiden Kreisscheiben entspricht der schraffierten Fläche.

Entsprechend wird der Durchschnitt zweier (nichtdisjunkter) Mengen M und N in Abbildung 2 schraffiert dargestellt.

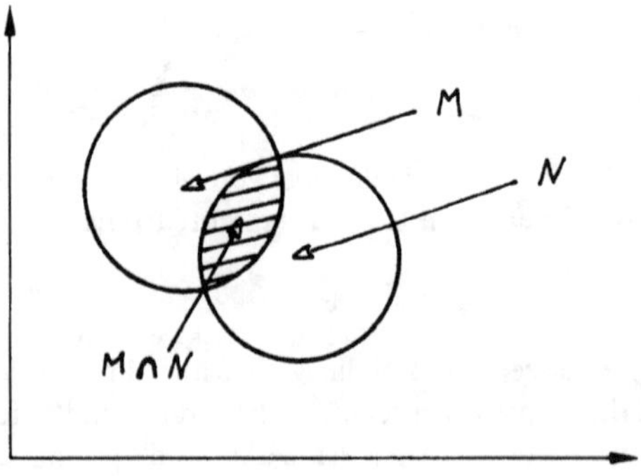

Abb. 2

Schließlich wird in Abbildung 3 das Komplement einer Menge N bezüglich einer Menge M schraffiert dargestellt.

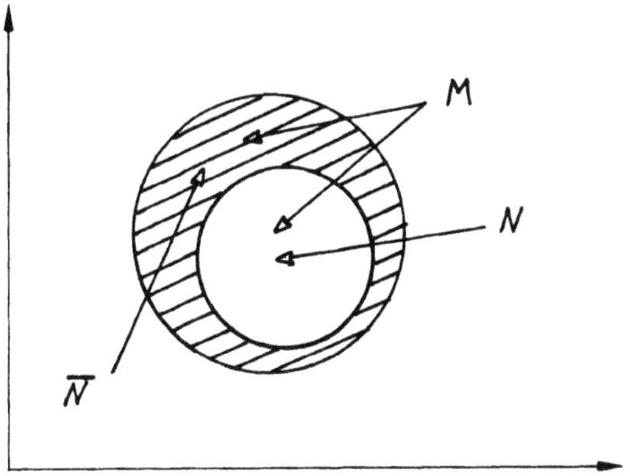

Abb. 3

Wir erklären noch die Operation **Differenz,** die manchmal verwendet wird. Es seien N und M zwei Mengen, dann verstehen wir unter

$$N - M$$

die Menge aller Elemente, die zu N gehören, ausschließlich derer, die zum Durchschnitt $N \cap M$ gehören.

Man kann auch durch verschiedene Operationen mehrere Mengen miteinander verknüpfen.

So können wir die folgende Menge charakterisieren

$$M \cap (N \cup P)$$

Diese Menge entsteht folgendermaßen: zuerst vereinen wir N und P, und dann schneiden wir das Ergebnis mit M. In Abbildung 4 ist das entsprechende Venn-Diagramm dargestellt. Die Ergebnismenge ist schraffiert.

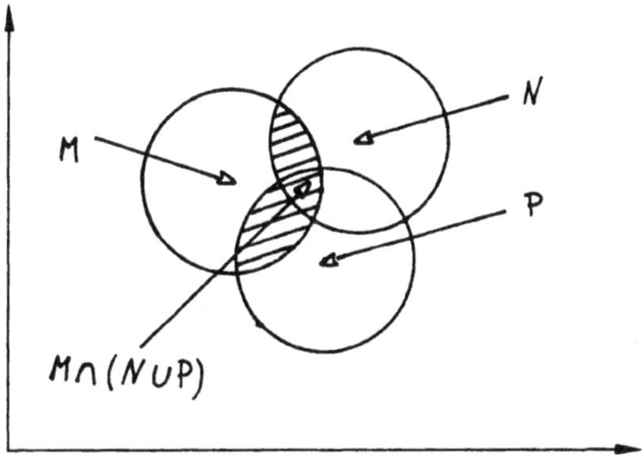

Abb. 4

In analoger Weise können Menge mit Hilfe von noch mehr Mengenoperationen gebildet werden.

Dabei ist eine Klammerregel zu beachten. So ist die Menge

$$M \cap (N \cup P)$$

eine andere als die Menge

$$(M \cap N) \cup P$$

Erstere ist in Abbildung 4 veranschaulicht und die zweite in Abbildung 5.

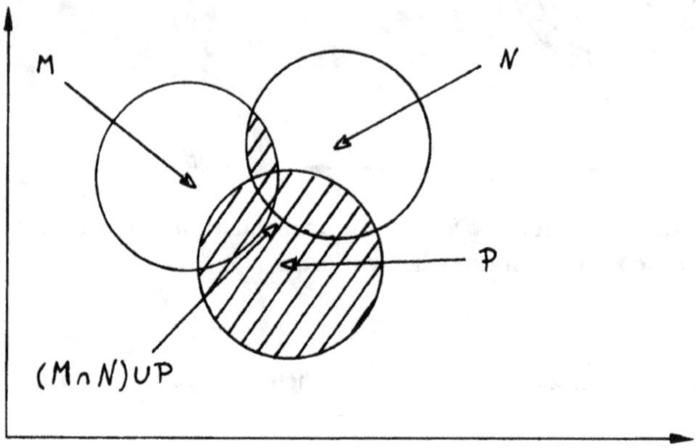

Abb. 5

Für Mengenoperationen ergeben sich die folgenden Distributivregeln

$$M \cap (N \cup P) = (M \cap N) \cup (M \cap P)$$
$$M \cup (N \cap P) = (M \cup N) \cap (M \cup P)$$

Beispiel:
Seien A, B, C und D vier Mengen. Dann ergibt sich

$$\begin{aligned}(A \cup B) \cap (C \cup D) &= ((A \cup B) \cap C) \cup ((A \cup B) \cap D) \\ &= (A \cap C) \cup (B \cap C) \cup (A \cap D) \cup (B \cap D).\end{aligned}$$

Dieser Sachverhalt ist in Abbildung 6 veranschaulicht.

△

Man prüfe diese Regel an einem Venn-Diagramm nach, indem man zuerst die Menge $A \cup B$ bildet, dann die Menge $C \cup D$ und diese beiden schneidet. Dann betrachte man die Mengen $A \cap C$, $B \cap C$, $A \cap D$ und $B \cap D$ und vereinige diese vier Mengen. Das Ergebnis ist in beiden Fällen dasselbe.

Nun überlegen wir uns noch zwei wichtige Rechenregeln, die sogenannten **De Morgan-Gesetze.**

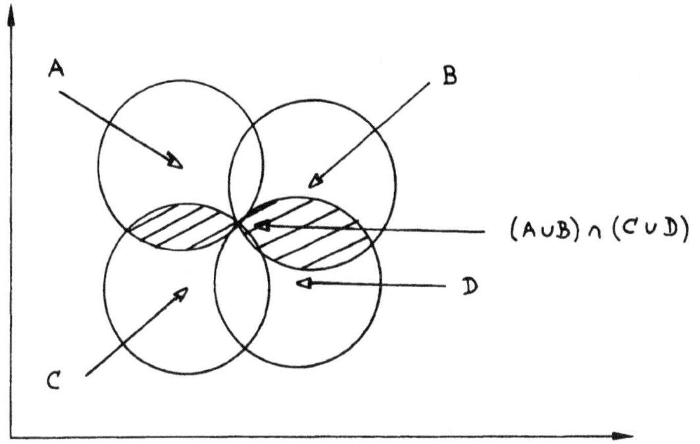

Abb.6

(1) $\overline{A \cup B} = \bar{A} \cap \bar{B}$

und

(2) $\overline{A \cap B} = \bar{A} \cup \bar{B}$

Die erste Regel besagt, daß das Komplement der Vereinigung von A und B gleich ist dem Durchschnitt des Komplements von A und des Komplements von B.

Die zweite Regel besagt, daß das Komplement des Durchschnitts von A und B gleich ist der Vereinigung des Komplements von A und des Komplements von B.

Wir wollen die Regel (1) anhand eines Venn-Diagramms überlegen. Die Regel (2) wird genau so gezeigt.

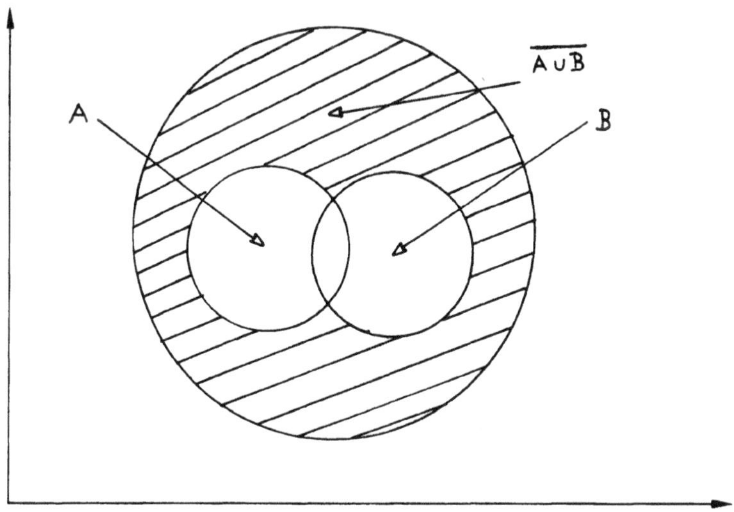

Abb.7

In Abbildung 7 ist die schraffierte Fläche gleich $\overline{A \cup B}$ und auch gleich $\bar{A} \cap \bar{B}$.

Wir formulieren diese Rechenregel in der Sprechweise der Logik. Es seien E und F zwei Eigenschaften, dann ist die Negation von (E „oder" F) gleich der Negation von E „und" der Negation von F.

Die Gesetze von De Morgan können auf die Verknüpfung von mehr als zwei Mengen verallgemeinert werden. So gilt z. B. in Verallgemeinerung von (1)

$$\overline{A \cup B \cup C \cup D} = \bar{A} \cap \bar{B} \cap \bar{C} \cap \bar{D}$$

Oft ist es zweckmäßig, Teilmengen einer Menge M wieder als Elemente einer neuen Menge aufzufassen.

Beispiel:

Es sollen alle möglichen Gruppen, die man aus drei Personen bilden kann, betrachtet werden.

Wir symbolisieren die drei Personen durch die Buchstaben a, b und c. Dann ergeben sich die folgenden sieben Gruppen, d. h. Teilmengen der drei Personen

$\{a\}$, $\{b\}$ und $\{c\}$,
$\{a, b\}$, $\{a, c\}$ und $\{b, c\}$
und $\{a, b, c\}$.

Nun betrachten wir die Menge aller Gruppen, bestehend aus zwei Personen. Diese Menge lautet

$$\{\{a, b\}, \{a, c\}, \{b, c\}\}$$

△

Eine Menge von Teilmengen heißt auch ein **Mengensystem**. Die Menge aller Teilmengen einer Menge M einschließlich der leeren Menge heißt **Potenzmenge** von M. Symbolisch schreiben wir dafür

$$\mathfrak{P}(M).$$

Beispiel:

Für die Menge $M = \{a, b, c\}$ ergibt sich

$$\mathfrak{P}(M) = \{\emptyset, \{a\}, \{b\}, \{c\}, \{a, b\}, \{a, c\}, \{b, c\}, \{a, b, c\}\}$$

Ergänzende Literatur:

1. *Kamke, E.:* Mengenlehre. Göschen Band, W. de Gruyter, 1955.

In vielen Büchern zur Wahrscheinlichkeitstheorie wird eine Einführung in die Mengenlehre, soweit sie für die Wahrscheinlichkeitstheorie relevant ist, gegeben. So z. B. in

2. *Goldberg, S.:* Die Wahrscheinlichkeit. Vieweg, 1964.
oder in
3. *Richter, H.:* Wahrscheinlichkeitstheorie. Springer Verlag, 1966.

Übungen und Aufgaben

1. Welche der folgenden Beziehungen ist richtig

   $A = B$, $A \subset B$, $A \neq B$, $A \supset B$,

   wenn

   a) $A = \{1, 2, 3\}$, $B = \{2, 1, 3\}$
   b) $A = \{x \mid x = \text{gleichseitiges Dreieck}\}$, $B = \{x \mid x = \text{Kreis}\}$
   c) $A = \{x \mid x = \text{Lebewesen}\}$, $B = \{x \mid x = \text{Mensch}\}$
   d) $A = \{x \mid x = \text{natürliche Zahl}\}$, $B = \{x \mid x = \text{Primzahl}\}$?

2. Welche der folgenden Beziehungen ist richtig

   a) $x = \{x\}$
   b) $x \in \{x, y\}$
   c) $0 \in \emptyset$
   d) $\{x\} \cap \{y\} = \emptyset$
   e) $\{x\} \cap \{x\} = \{x\}$
   f) $\{x\} \cup \{x\} = \{x\}$?

3. Es sei M die Menge aller positiven Zahlen kleiner gleich acht.

   Weiter sei A die Menge aller positiven Zahlen kleiner gleich fünf, B die Menge aller positiven geraden Zahlen kleiner gleich acht und C die Menge aller positiven ungeraden Zahlen kleiner gleich acht.

   Man bestimme

   $A \cup B$, $B \cup C$, $A \cap B$, $A \cap (B \cap C)$ und

   das Komplement von B (bezüglich M).

4. Wir bezeichnen mit $n(M)$ die Anzahl der Elemente einer endlichen Menge M.

   Man überlege sich

   $n(A \cup B) = n(A) + n(B) - n(A \cap B)$

5. Von 100 Stimmen bei einer Wahl, bei der nur Partei A oder Partei B gewählt werden konnte, entfielen 65 auf Partei A, 50 der Wähler waren Frauen und 20 der männlichen Wähler haben Partei B gewählt.

   Mit Hilfe einer Tabelle berechne man, wieviele der männlichen Wähler und wieviele der weiblichen Wähler Partei A gewählt haben.

6. Man zeichne die folgende Mengenoperation in einem Venn-Diagramm

   $$(A \cap B) \cup (C \cap D)$$

7. Zu zwei und mehr Mengen kann man sogenannte Mitgliedstafeln bilden. Dabei bilden wir ein rechteckiges Schema, bei dem spaltenweise die Mengen stehen und zeilenweise alle Elemente aller Mengen.

   Sei a ein solches Element, dann schreiben wir in der entsprechenden Zeile in einer Spalte das Symbol $\in$, wenn das Element a in der entsprechenden Menge enthalten ist.

   Beispiel:

   $A = \{a, b, c\}$ und $B = \{a, d\}$

Wir betrachten die Mitgliedstafel von A, B, $A \cap B$ und $A \cup B$

	A	B	$A \cup B$	$A \cap B$
a	$\in$	$\in$	$\in$	$\in$
b	$\in$		$\in$	
c	$\in$		$\in$	
d		$\in$	$\in$	

Man zeige die Gleichheit von $\overline{A \cap B} = \bar{A} \cup \bar{B}$, indem man die Mitgliedstafel von A, B, $\overline{A \cap B}$ und $\bar{A} \cup \bar{B}$ berechnet, wobei die Gesamtmenge gleich ist $A \cup B$.

8. Man überlege sich an einem Venn-Diagramm aus
   $A \subset B$ folgen $\bar{A} \supset \bar{B}$, $A \cap B = A$ und $A \cup B = B$

9. Bei der Mengenbildung muß man auf unsinnige Ergebnisse achten. Es ist nicht jede Mengenbildung erlaubt. So ist die Menge aller Mengen eine unsinnige, da diese als Menge ihr eigenes Element sein müßte, was nicht sein kann, da eine Menge nicht gleich einem der Elemente sein kann, sondern das Zusammen aller Elemente ist. Bekannt geworden ist das folgende Beispiel einer unsinnigen Mengenbildung.

   Jede Bibliothek besitzt einen Katalog, in dem die in der Bibliothek vorhandenen Bücher verzeichnet sind. Es gibt Kataloge, in denen der Katalog selbst als Bestandteil der Bibliothek aufgeführt wird und Kataloge, für die dies nicht gilt.

   Man denke sich eine Bibliothek B, die nur die Kataloge aller Bibliotheken enthält, und zwar solche Kataloge, welche sich selbst nicht enthalten. Zu dieser Katalogbibliothek wird ein Katalog K erstellt. Falls K zu der Katalogbibliothek B gehören soll, darf in diesem Katalog K der Katalog selbst nicht aufgeführt werden, da nur sich nicht selbst enthaltende Kataloge Bestandteil dieser Bibliothek B sind. Enthält er sich aber selbst nicht, so ist K ein Katalog, der zu der Bibliothek B gehören muß, und dann muß er sich selbst enthalten. Offensichtlich kann ein solcher Katalog K nicht erstellt werden. Die Menge B dieser Kataloge ist unsinnig.

2. Kapitel: Diskussion einiger grundlegender Begriffe der Wahrscheinlichkeitstheorie anhand empirischer Sachverhalte

Wenn wir Vorgänge der realen Welt, sogenannte **empirische Sachverhalte**, beschreiben und erklären wollen, so verwenden wir oft ein **gedankliches Modell**, in dem die für eine **konkrete Fragestellung wesentlichen Aspekte** möglichst gut erfaßt werden sollen.

Bei Verwendung solcher gedanklicher Modelle bedient man sich meistens, der mathematisch-logischen Sprache, d.h. man verwendet Begriffe und Regeln der Mathematik und Logik. Wir unterscheiden dabei mehrere Phasen. In einer ersten Phase beschreiben wir empirische Sachverhalte so weit als möglich durch empirische Begriffe, d.h. wir geben Bedingungen, Gesetzmäßigkeiten und mögliche Ergebnisse an.

In einer zweiten Phase ordnen wir den empirischen Objekten mathematische Objekte zu und beschreiben die Gesetzmäßigkeiten durch mathematische Beziehungen zwischen den mathematischen Objekten. In der dritten Phase werden aus dem mathematischen Modell logische Folgerungen gezogen, die in der vierten Phase wieder empirisch interpretiert werden. Falls das Modell noch überprüft wird, so schließt sich eine fünfte Phase an, in der die aus dem Modell gewonnenen empirischen Aussagen mit der Realität verglichen werden. Falls dieser Vergleich keine hinreichende Übereinstimmung bringt, kehren wir wieder zur zweiten Phase zurück, d.h. wir modifizieren das Modell.

Bei der Modellbildung hat man immer eine bestimmte **Fragestellung** im Sinne, die durch das Modell möglichst genau beantwortet werden soll. Im Hinblick auf diese Fragestellung sind gewisse Aspekte im empirischen Sachverhalt wichtig und andere nicht so wichtig. Im Interesse eines möglichst einfachen und überschaubaren Modells werden daher im Modell nur die wesentlichen Aspekte erfaßt.

Bei Modellen der Wahrscheinlichkeitstheorie geht es hauptsächlich darum, den Aspekt der **Zufälligkeit** und **Wahrscheinlichkeit** zu erfassen und zu operationalisieren.

Diese beiden Begriffe werden im täglichen Sprachgebrauch immer wieder verwendet und geben einen bestimmten Grad von Unkenntnis wieder. Es geht also darum diesen Grad der Unkenntnis möglichst gut zu quantifizieren und aufgrund dieser Quantifizierung weitergehende quantitative Aussagen zu erhalten.

Wir beschreiben nun empirische Sachverhalte, die bei Modellen der Wahrscheinlichkeitstheorie analysiert werden.

Im täglichen Leben begegnen wir immer wieder dem folgenden Sachverhalt: Vorgegeben ist ein **Bedingungskomplex** B aus einer Menge $\mathscr{B}$ von möglichen Bedingungskomplexen, ferner eine Menge $\mathscr{E}$ von möglichen sich gegenseitig ausschließenden **Ergebnissen** E und schließlich ein **Mechanismus** $\mathscr{T}$, der jedem B aus $\mathscr{B}$ ein Ergebnis E aus $\mathscr{E}$ zuordnet.

Wir wollen diese sehr allgemeine und abstrakte Beschreibung durch einige Beispiele erläutern.

Beispiel 1:

Ein Bedingungskomplex B aus $\mathscr{B}$, symbolisch $B \in \mathscr{B}$, bestehe

(1) aus den physikalischen Eigenschaften eines Würfels, wie z. B. der konkreten geometrischen Form, der Dichteverteilung, den elastischen Eigenschaften usw.;

(2) aus den physikalischen Eigenschaften einer Tischplatte, wie z. B. deren Oberflächenbeschaffenheit, elastische Eigenschaften usw.;

(3) aus den physikalischen Eigenschaften des Luftraumes über der Platte, z. B. dessen Beschleunigungsfeld, Luftbewegung usw.

(4) der genauen Ausgangslage des Würfels.

Ein Ergebnis $E \in \mathscr{E}$ ist eine mögliche Augenzahl des Würfels. Das Werfen des Würfels auf die Tischplatte und die Gesetze der Mechanik bilden den Mechanismus $\mathscr{T}$.

△

Beispiel 2:

Ein $B \in \mathscr{B}$ bestehe

(1) aus physikalischen, chemischen, geologischen Eigenschaften der Erde zu einem Zeitpunkt t;

(2) den Einflüssen, denen die Erde als Planet im Weltall im Zeitpunkt t ausgesetzt ist.

Ein $E \in \mathscr{E}$ ist ein möglicher Wetterzustand der Erde im Zeitpunkt t, der beschrieben werden kann durch die Druckverteilung, Temperaturverteilung usw. auf der Erde. Die Naturgesetze und Eingriffe des Menschen bilden den Mechanismus $\mathscr{T}$.

△

Beispiel 3:

Ein $B \in \mathscr{B}$ bestehe aus allen Bedingungen, die Datum für eine Volkswirtschaft sein können und zwar zu einem Zeitpunkt t. Dazu gehören z. B. Art und Umfang der Ressourcen, das Wetter, politische Zustände usw.

Ein $E \in \mathscr{E}$ ist ein Zustand der Volkswirtschaft zum Zeitpunkt t, der beschrieben werden kann durch Konsum, die Preise usw. Der Mechanismus $\mathscr{T}$ besteht aus vielen Komponenten, z. B. dem Gewinnmaximierungsprinzip, dem Machtbedürfnis usw.

Wir ersehen aus diesem Beispiel, daß es in einem gewissen Grade willkürlich ist, ob man eine Größe G auffaßt als Datum, also zu B gehörend, oder ob man weiter zurückgeht und die Ursachen dieser Größe G als Datum nimmt und dafür die Gesetze, die aus den Ursachen die Größe G werden ließen, zum Mechanismus $\mathscr{T}$ schlägt.

△

Beispiel 4:

Auf einem Computer werden Pseudozufallszahlen nach folgender Vorschrift ermittelt. Man geht von einer Startzahl z_0 aus, die ganzzahlig ist und bis zu 8-stellig sein kann. Vorgegeben sei eine weitere ganze bis zu 8-stellige Zahl p.

Man bildet rekursiv

$w_1 = pz_0$ und läßt bei w_1 so viele führende Ziffern weg bis eine 8-stellige Zahl z_1 entsteht; dann berechnet man

$w_2 = pz_1$ und läßt bei w_2 wieder so viele führende Ziffern weg, bis eine 8-stellige Zahl z_2 entsteht usw.

Ein $B \in \mathscr{B}$ besteht dann aus einem konkreten z_0 und p. $\mathscr{T}$ ist festgelegt durch die Multiplikationsvorschrift und Abschneidevorschrift. Ein Ergebnis E ist eine 8-stellige ganze Zahl.

△

Im folgenden betrachten wir öfters empirische Sachverhalte, die durch ein solches Tripel $(\mathscr{B}, \mathscr{E}, \mathscr{T})$ beschrieben werden können.

Wenn wir uns auf einen **streng deterministischen** Standpunkt stellen, so sind alle Ergebnisse, die durch einen Mechanismus erzeugt werden, **eindeutig** bestimmt aus entsprechenden Bedingungskomplexen. Schwierig wird es im physikalischen Mikrobereich, wo man heute der Ansicht ist, daß dieser streng deterministischen Standpunkt nicht gerechtfertigt ist.

Wir wollen vorläufig für unserer Überlegungen annehmen, daß alles **streng deterministisch** erklärbar ist aus Bedingungen und aus physikalischen, biologischen und chemischen Gesetzen.

Dieser Standpunkt entspricht der klassischen naturwissenschaftlichen Denkweise des 17., 18. und 19. Jahrhunderts, der heute im Rahmen der modernen Physik (Quantenphysik) nicht mehr in der Form eingenommen wird.

Trotz dieses „deterministischen“ Standpunktes sind viele Ergebnisse nicht exakt **prognostizierbar** und zwar aus drei Gründen: entweder man kennt die Bedingungen überhaupt nicht (Beispiel 3) oder nur ungefähr (Beispiel 1) bzw. man kennt den Mechanismus nicht (Beispiel 3) oder nur in etwa (Beispiel 2). Man muß hinzufügen, daß man oft nicht einmal $\mathscr{E}$ vollständig kennt (Beispiel 3). Es ist also Mangel an Information bzw. Komplexität der Zusammenhänge, die uns nicht gestatten, exakte Prognosen zu machen. Die konkret resultierenden Ergebnisse bezeichnen wir dann als **zufällig** oder **stochastisch.**

Wir könnten den Begriff der Zufälligkeit auch erklären, indem wir die Zufälligkeit als selbstständiges Element unserer Welt ansehen, wobei deterministische Ergebnisse Grenzfälle von zufälligen sind, nämlich solche, die sicher (mit extrem hoher Wahrscheinlichkeit) auftreten. Aber auch wenn wir einen deterministischen Standpunkt einnehmen, so hat der Begriff der Zufälligkeit seine Bedeutung. Man kann auch sagen, daß sich dieser Begriff auf dem Hintergrund eines deterministischen Standpunktes besonders deutlich abhebt.

Zufälligkeit besagt aber nicht, daß wir gar keine Vorstellung über das Eintreten eines Ergebnisses haben. Meistens haben wir einen **bestimmten** Grad **der Erwartung,** daß ein Ergebnis auftritt. Ein quantitatives Maß für den Grad dieser Erwartung wird als **Wahrscheinlichkeit** bezeichnet.

Dieser Begriff ist – wie der Name Wahrscheinlichkeitstheorie zum Ausdruck bringt – fundamentel für die ganze Theorie. Im folgenden befassen wir uns mit diesem Begriff. Vorher erarbeiten wir uns noch einige wichtige Bezeichnungen.

Wir sprechen von einem **Experiment** im Hinblick auf einen Ergebnisraum $\mathscr{E}$ unter dem Mechanismus $\mathscr{T}$, wenn aus einer Menge von Bedingungskomplexen ein B einmal oder auch öfters realisiert werden kann und unter $\mathscr{T}$ daraus ein Ergebnis E resultiert. Das B entzieht sich oft der genauen Kenntnis dessen, der beobachtet oder die Vorrichtungen, die B erzeugen, sind nicht genau kontrollierbar.

Gehen wir von obigem Beispiel 1, dem Würfelbeispiel, aus, so liegt ein Experiment vor, bei dem wir durch einen Wurf ein B realisieren.

Wenn wir öfters würfeln, so halten wir gewisse Bedingungen fest, z. B. den Würfel (die Abnutzung durch das Würfeln vernachlässigt) und die Platte. Gewisse andere Bedingungen können wir nur ungefähr gleich halten, z. B. die Ausgangslage des Würfels und die Beschaffenheit des Raumes, in dem der Würfel fällt (Luftbewegungen).

Wir sagen dann, daß wir die **Rahmenbedingungen** des Experiments einhalten, und wir sprechen von einem **Versuch**, wenn wir einmal die Rahmenbedingungen einhalten und ein Ergebnis beobachten. Bei Einhaltung der Rahmenbedingungen sind die Ergebnisse zufällig. Lange Zeit war man der Meinung, daß zufällige Ergebnisse keiner Gesetzmäßigkeit unterliegen. Im 16. Jahrhundert hat man sich zum ersten Mal systematisch mit solchen Experimenten – nämlich im Rahmen von Glücksspielen – beschäftigt. So entstand die Wahrscheinlichkeitsrechnung, die aber bis etwa 1930 nicht als abstrakte mathematische Theorie entwickelt war.

Im Rahmen der Wahrscheinlichkeitsrechnung stieß man bald auf eine Art „Gesetzmäßigkeit". Man stellte fest, daß in vielen Experimenten mit **endlich vielen** Ergebnissen und mit konstanten Rahmenbedingungen die relativen Häufigkeiten des Eintretens von Ergebnissen sich mit wachsender Anzahl von Versuchen immer enger beieinander befinden.

Sei z. B. die Häufigkeit des Auftretens der Augenzahl 1 beim Würfelexperiment in n Versuchen gleich h_n, so liegen die relativen Häufigkeiten h_n/n bei vielen Versuchsserien vom Umfang n um so dichter beisammen, je größer n ist.

In Abbildung 8 wird so ein Sachverhalt graphisch dargestellt. Dabei wird h_n/n gegen n aufgetragen.

Anscheinend konvergiert die Folge der relativen Häufigkeiten $h_1/1$, $h_2/2$, $h_3/3$, ... gegen einen Grenzwert. Wenn dies der Fall wäre, so wäre es naheliegend diesen Grenzwert als Maß für die Erwartung des Auftretens des Ergebnisses anzusehen. Es würde nämlich der Wert 0 resultieren, wenn das Ergebnis praktisch nie auftreten würde, und der Wert 1, wenn das Ergebnis praktisch immer auftreten würde und entsprechend der Häufigkeit ein Wert zwischen 0 und 1.

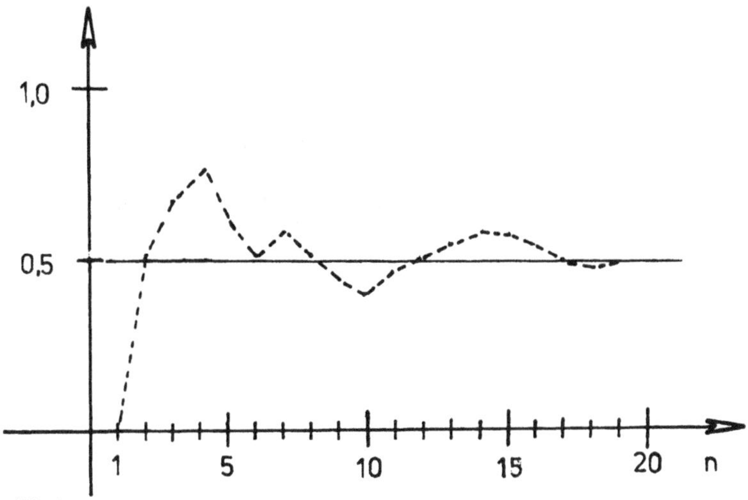

Abb. 8

Die Frage ist aber, ob diese Folge konvergiert oder nicht. In der Analysis wird ein Kalkül entwickelt, der meistens zu entscheiden gestattet, ob eine Folge konvergiert. Dabei werden aber Folgen betrachtet, bei denen das Bildungsgesetz bekannt ist. So lautet z. B. das Bildungsgesetz der geometrischen Folge $q, q^2, q^3, \ldots$: das n-te Glied der Folge ist zu berechnen als die n-te Potenz von q. Damit ist jedes beliebige Glied der Folge konkret angebbar, und der Grenzwert berechenbar.

Bei der Folge der relativen Häufigkeiten ist dies nicht möglich.

Wir kennen das Bildungsgesetz nicht und können die Folgenglieder nur eins nach dem anderen in einer konkreten Serie erzeugen. Dabei sind der Länge der Serie natürliche Grenzen gesetzt. So können wir keine Versuchsserie durchführen, die beliebig lange dauert. Damit bleibt uns das asymptotische Verhalten der Folge letztlich verborgen.

Daher kann als Maß für die Erwartung des Eintretens eines Ereignisses, also für die entsprechende Wahrscheinlichkeit, nicht der Grenzwert der relativen Häufigkeiten angesehen werden.

Wir könnten allerdings allgemein – und insbesondere bei solchen Experimenten, die nur einen Versuch zulassen – die Wahrscheinlichkeit, die von einer Person einem Ergebnis zugeordnet wird, ansehen als den **Grad der persönlichen Überzeugung** dafür, daß dieses Ergebnis eintritt. Um diesen Grad der Überzeugung zu quantifizieren, können wir die Person veranlassen anzugeben, welchen Betrag sie **maximal** gegen eine bestimmte Summe auf das Eintreten dieses Ergebnisses wetten würde. Der Wettquotient wäre dann eine Maßzahl der persönlichen Überzeugung für das Eintreten des Ergebnisses.

Es gibt Vertreter der Wahrscheinlichkeitstheorie, die sogenannten **Subjektivisten**, welche die Wahrscheinlichkeiten auf diese Weise begründen. Die entsprechenden Wahrscheinlichkeiten heißen **subjektive Wahrscheinlichkeiten**.

Sie haben den großen Nachteil, daß sie nicht objektiv sind und daher von Person zu Person verschieden sein können.

Es gibt noch eine dritte Möglichkeit in manchen Situationen die Wahrscheinlichkeit zu begründen. Liegt ein Experiment mit endlich vielen Ergebnissen vor, z.B. bei einem Münzexperiment oder bei einem Würfelexperiment oder beim Lotto oder beim Roulett, so sehen wir alle Ergebnisse als gleichwahrscheinlich an, da wir nicht einsehen können, daß bei einer ausbalancierten Münze oder einem ausbalancierten Würfel eine Seite wahrscheinlicher sein soll als eine andere. Wir verfahren dabei nach dem sogenannten **Prinzip vom unzureichenden Grunde.** Die entsprechenden Wahrscheinlichkeiten heißen **Laplace-Wahrscheinlichkeiten.**

Allerdings ist dieser Wahrscheinlichkeitsbegriff sehr eng, da er z.B. auf den Fall eines gefälschten Würfels nicht angewendet werden kann.

Alle drei oben diskutierten Möglichkeiten sind nicht geeignet um die Wahrscheinlichkeiten zwingend und allgemeingültig zu begründen.

Deswegen kann aber trotzdem eine mathematische Theorie entwickelt werden, in der eine Wahrscheinlichkeit eingeführt wird. Es ist ja gerade ein Kennzeichnen mathematischer Theorien, daß die Begriffe inhaltlich nicht festgelegt sind und verschieden interpretiert werden können.

Der Anwender der mathematischen Theorie muß allerdings genau wissen, welche inhaltliche Bedeutung den einzelnen Begriffen zukommt, da er mit Hilfe dieser Begriffe konkrete empirische Sachverhalte beschreiben will.

Da es aber, wie die obigen Überlegungen zeigen, nicht möglich ist den Begriff Wahrscheinlichkeit inhaltlich in naheliegender und zwingender Weise zu füllen, gibt es verschiedene Interpretationen dieses Begriffs.

Einmal die **Häufigkeitsinterpretation**, bei der davon ausgegangen wird, daß die Wahrscheinlichkeiten als Grenzwerte relativer Häufigkeiten anzusehen sind. Diese Interpretation ist besonders anschaulich, und sie hat bei der Entwicklung der Wahrscheinlichkeitstheorie sicher die wichtigste Rolle gespielt, wie man an Festlegungen und Begriffsbildungen leicht feststellen kann.

Diese Interpretation ist aber bei einmaligen Ergebnissen, die nicht öfters realisiert werden können, sehr fragwürdig. Eine weitere Möglichkeit besteht darin, die Wahrscheinlichkeiten als Laplacewahrscheinlichkeiten anzusehen. Diese Interpretation ist allerdings selten sinnvoll, da es oft Gründe dafür gibt, daß die Wahrscheinlichkeiten von Ereignissen verschieden sind. Die dritte Möglichkeit ist die Interpretation als subjektive Wahrscheinlichkeit. Sie hat den Nachteil der Subjektivität.

In vielen Fällen könnte man argumentieren, daß die subjektiven Wahrscheinlichkeiten letztlich über relative Häufigkeiten begründet werden.

Dazu zwei Beispiele:

Betrachten wir etwa das Ergebnis, Bayern München gewinnt am 24.4.1974 im Pokalspiel gegen Budapest, und zwar bevor der Versuch stattgefunden hat, so wird jeder interessierte Fußballanhänger eine gewisse, wenn auch nicht präzise Vorstellung von der Wahrscheinlichkeit dieses Ergebnisses haben. Zu dieser Vorstellung kommt er dadurch, daß er andere Experimente (Bundesligaspiele, Pokalspiele von Bayern München), bei denen der Versuch bereits stattgefunden hat, heranzieht und deren Ergebnisse betrachtet. In einer gewissen Weise wird eine relative Häufigkeit berechnet, was nur unter der Voraussetzung möglich ist, daß sich die verschiedenen Experimente nicht zu sehr voneinander unterscheiden. Ferner werden andere Bedingungen herangezogen, die an dem speziellen Experiment eine Rolle spielen (z. B. ein guter Spieler ist bei dem Pokalspiel nicht einsatzfähig, oder besonders hohe Siegesprämien usw.).

Um diese neuen Einflüsse auf das vorliegende Experiment abzuschätzen, werden wieder ähnliche Experimente herangezogen, bei denen solche Bedingungen auch vorlagen. Wieder wird in einer gewissen Weise mit relativen Häufigkeiten gerechnet.

Wir wollen ein weiteres Beispiel bringen; es geht hier um das Ergebnis: „Vernünftige Lebewesen leben auf anderen Planeten als der Erde".

Dieses Ergebnis wurde untersucht, und man kam zu der Aussage, daß es eine extrem hohe Wahrscheinlichkeit hat. Man sah die Entstehung von vernünftigen Lebewesen auf der Erde als einen Versuch in einem Experiment an und untersuchte einige Komponenten des dabei vorliegenden Bedingungskomplexes B (z. B. Größe der Erde, chemische Zusammensetzung der Erde usw.) und fragte sich, ob es andere Planeten gibt, bei denen ein ähnlicher Bedingungskomplex B vorgelegen haben kann und schloß damit auf die oben erwähnte Wahrscheinlichkeit.

$\triangle$

Wir werden uns im folgenden nicht mehr weiter mit dem Problem der inhaltlichen Deutung der Wahrscheinlichkeit befassen, sondern die Wahrscheinlichkeiten definitorisch einführen. Allerdings werden wir öfters die Häufigkeitsinterpretation der Wahrscheinlichkeit heranziehen, da diese vielen Sachverhalte sehr gut zu veranschaulichen gestattet.

Kolmogoroff hat im Jahre 1933 den Schritt von der Wahrscheinlichkeitsrechnung zur Wahrscheinlichkeitstheorie getan, indem er ein exaktes mathematisches Modell für Experimente eingeführt hat.

Diesen Schritt vollziehen wir nun nach. Dabei gehen wir vom Ergebnisraum aus.

Ergänzende Literatur:

Ein kurzer Überblick über die geschichtliche Entwicklung der Wahrscheinlichkeitstheorie ist zu finden bei

1. *Hinderer, K.:* Wahrscheinlichkeitstheorie. Springer Verlag, 1972. Seite 18–21.

Dort ist auch auf weiterführende Literatur verwiesen. Das grundlegende Werk der Wahrscheinlichkeitstheorie ist

2. *Kolmogoroff, A. N.:* Grundbegriffe der Wahrscheinlichkeitsrechnung. In Band 2 der „Ergebnisse der Mathematik", Springer Verlag, 1933.

Ausführlichere Überlegungen zum Wahrscheinlichkeitsbegriff findet man in

3. *Richter, H.:* Wahrscheinlichkeitstheorie. Springer Verlag, 1966. Seite 44–60.

3. Kapitel: Der Ergebnisraum und seine Erweiterung

In diesem Abschnitt geht es hauptsächlich darum, die Menge der Ergebnisse durch weitere, oft auch interessierende, „komplexere“ Ergebnisse zu erweitern und diese dann in mathematischer Form zu erfassen.

Es hat sich in der Wahrscheinlichkeitstheorie eingebürgert, die Ergebnismenge $\mathscr{E}$ mit Ω zu bezeichnen und die Ergebnisse mit ω_i, $i \in I$, wobei I eine Indexmenge ist, mit deren Hilfe die ω durchnumeriert sind. Meistens ist I gleich der Menge $\{1, 2, \ldots, n\}$ oder der Menge $\mathbb{N}$ der natürlichen Zahlen. Im ersten Fall besteht Ω aus den n Elementen $\omega_1, \omega_2, \ldots, \omega_n$ und im zweiten Fall enthält Ω unendlich viele Elemente $\omega_1, \omega_2, \omega_3, \ldots$. Man spricht vom **Ergebnisraum** Ω und nicht von der Ergebnismenge. An diese Notation wollen wir uns auch halten.

Beispiele:

Wenn eine Münze geworfen wird, so resultieren zwei Ergebnisse: $\omega_1 =$ Kopf und $\omega_2 =$ Adler. In diesem Fall ist $I = \{1, 2\}$ und $n = 2$. Wenn wir die Anzahl von radioaktiven Teilchen betrachten, die in einer Zeitperiode zerfallen, so sind die Ergebnisse nichtnegative ganze Zahlen: $\omega_1 = 0, \omega_2 = 1, \omega_3 = 2, \ldots$. De facto ist natürlich nur eine endliche Anzahl N von Teilchen vorhanden und daher ist die Anzahl der Teilchen, die in der Zeitperiode zerfallen, sicher kleiner oder gleich N. Da wir aber N nicht angeben können, ist es zweckmäßig theoretisch alle nichtnegativen Zahlen als Ergebnisse zuzulassen. In diesem Falle ist $I = \{1, 2, 3, \ldots\} = \mathbb{N}$.

Schließlich betrachten wir den Fall, daß innerhalb einer Stunde, beginnend von einem Zeitpunkt t_0 an, ein Telefongespräch ankommt. Es interessiere der Zeitpunkt der Ankunft des Telefongesprächs. Ein Ergebnis ω kann beschrieben werden durch: x Stunden nach t_0 kommt das Gespräch an. Wenn wir ein Ergebnis ω konkret angeben müssen, so geben wir x mit einer festen Stellenzahl an, z. B. mit drei Stellen hinter dem Komma. Dadurch sind nur endlich viele verschiedene Ergebnisse beobachtbar. Wenn wir uns von der konkreten Meßgenauigkeit lösen, so ist es zweckmäßig **alle** reellen Zahlen zwischen 0 und 1 als mögliche Werte für x zuzulassen. Dann ist $I = [0, 1]$, also gleich der Menge aller reellen Zahlen zwischen 0 und 1. Die Ergebnisse ω können durch eine reelle Zahl zwischen 0 und 1 eindeutig gekennzeichnet werden. Man bezeichnet daher oft die reellen Zahlen x selbst als die Ergebnisse. Dann ist $\Omega = [0, 1]$.

△

Weiter sollen die Ergebnisse sich gegenseitig ausschließen und **vollständig** sein, d. h. bei einem Versuch tritt von allen Ergebnissen eines sicher auf. Dafür können wir auch sagen, daß bei einem Versuch **ein** Ergebnis immer auftritt aber auch **nur** eins.

Im folgenden werden wir die theoretischen Überlegungen oft durch das sehr einfache Würfelbeispiel veranschaulichen. Dabei handle es sich um einen „reellen“ sechsseitigen Würfel mit den 6 Ergebnissen $\omega_i =$ „Augenzahl i“ $(1 \leqq i \leqq 6)$.

Offensichtlich schließen sich die Ergebnisse gegenseitig aus. Wir vereinbaren auch, daß es nur gültige Versuche gibt. Wenn z. B. der Würfel „irgendwohin" fällt, so daß nicht festgestellt werden kann, ob sich eine bestimmte Augenzahl realisiert hat oder nicht, so zählt dieser Versuch nicht. Dann sind die sechs Ergebnisse auch vollständig.

Bei einem Experiment interessieren sehr häufig „komplexere" Ergebnisse, die durch logische Verknüpfungen aus den Ergebnissen resultieren.

Im Würfelbeispiel interessiere etwa das „komplexe" Ergebnis: „gerade Anzahl von Augen"; dieses wird logisch in folgender Weise durch Ergebnisse beschrieben:

„entweder zwei Augen oder vier Augen oder sechs Augen". Solche „komplexen" Ergebnisse, die durch logische oder – Verknüpfung von Ergebnissen entstehen, bezeichnen wir als **Ereignisse.** Ereignisse beschreiben wir in mathematischer Form einfach durch Angabe der Menge der Ergebnisse, die durch logisches „oder" verknüpft das Ereignis ausmachen.

Im Würfelbeispiel ist ω_i das Ergebnis „Augenzahl i"; dann beschreiben wir das Ereignis „gerade Augenzahl" mathematisch durch die Menge

$$\{\omega_2, \omega_4, \omega_6\}$$

und das Ereignis „Augenzahl größer vier" mathematisch durch die Menge

$$\{\omega_5, \omega_6\}.$$

Damit entspricht jede mindestens zweielementige Teilmenge von Ω einem Ereignis, nämlich dem Ereignis, das durch oder – Verknüpfung aus den Ergebnissen entsteht, die in dieser Teilmenge zusammengefaßt sind.

Damit wir einheitliche Objekte haben, identifizieren wir das Ergebnis ω_i mit der einelementigen Teilmenge $\{\omega_i\}$. Solche Ereignisse bezeichnen wir auch als **Elementarereignisse.** Damit stellt **jede** Teilmenge von Ω ein Ereignis in mathematischer Form dar.

Definition 1

Wir gehen aus von einer Menge Ω von Ergebnissen $\omega \in \Omega$. **Ereignisse** sind durch logisches „oder" verbundene Ergebnisse. Mathematisch stellen wir ein Ereignis dar als die Menge der Ergebnisse, welche durch logisches „oder" verknüpft das Ereignis ausmachen. Ein Ergebnis ω entspricht dem Ereignis $\{\omega\}$ und wird als **Elementarereignis** bezeichnet. Mathematisch wird es durch die einelementige Teilmenge $\{\omega\}$ von Ω dargestellt.

Damit entspricht jeder Teilmenge von Ω ein Ereignis.

△

Nach Definition 1 entsprechen auch Teilmengen mit unendlich vielen Elementen Ereignissen.

Bei obigem Beispiel, bei dem ein Telefongespräch innerhalb einer Stunde ankommt, war $\Omega = [0, 1]$, also der Menge aller reellen Zahlen zwischen 0 und 1. Dann entspricht das Intervall $[0, 0.5]$ einem Ereignis, nämlich dem Ereignis, daß das Gespräch innerhalb der ersten halben Stunde ankommt. Dieses Ereignis wird gebildet aus unendlich vielen Ergebnissen.

Man kann sich nun fragen, ob wir auch durch andere logische Verknüpfungen aus Ergebnissen wieder Ereignisse erhalten können. Da sich die Ergebnisse gegenseitig ausschließen, erhalten wir durch Verknüpfung zweier Ergebnisse mit dem logischen „und" ein **unmögliches Ereignis.**

Im Würfelbeispiel ist es z.B. nicht möglich, daß bei einem Wurf „Augenzahl zwei" und „Augenzahl vier" auftritt.

Die Negation ist auch eine logische Operation. Durch Negation erhalten wir aus einem Ergebnis auch ein Ereignis nämlich das **komplementäre** Ereignis.
Im Würfelbeispiel resultiert aus der Negation von ω_3 das Ereignis „nicht Augenzahl drei", das folgendermaßen mathematisch dargestellt werden kann

$$\{\omega_1, \omega_2, \omega_4, \omega_5, \omega_6\}.$$

Satz 1
Aus den Ergebnissen resultieren durch die drei logischen Operationen „und", „oder" und „Negation" alle Ereignisse und nur Ereignisse.
Dabei ergibt sich auch das unmögliche Ereignis.

△

Nun wollen wir uns überlegen, ob wir auch aus Ereignissen durch logische Verknüpfungen neue Ereignisse bzw. „komplexere" Ereignisse erhalten können.

Zuerst untersuchen wir die logische oder-Verknüpfung wieder am Würfelbeispiel.

Wir betrachten die beiden Ereignisse S_1 „gerade Augenzahl", dargestellt durch $\{\omega_2, \omega_4, \omega_6\}$ bzw. S_2 „Augenzahl kleiner gleich zwei", dargestellt durch $\{\omega_1, \omega_2\}$.
Durch oder-Verknüpfung erhalten wir das Ereignis $S =$ „ω_1 oder ω_2 oder ω_4 oder ω_6" dargestellt durch $\{\omega_1, \omega_2, \omega_4, \omega_6\}$. Wir stellen fest, daß $\{\omega_1, \omega_2, \omega_4, \omega_6\}$ die mengentheoretische **Vereinigung** von $\{\omega_2, \omega_4, \omega_6\}$ und $\{\omega_1, \omega_2\}$ ist, symbolisch:

$$\{\omega_1, \omega_2, \omega_4, \omega_6\} = \{\omega_1, \omega_2\} \cup \{\omega_2, \omega_4, \omega_6\}$$

Dies gilt allgemein: wenn S_1 und S_2 zwei Ergebnisse sind und $S = S_1$ „oder" S_2, so entspricht S die Menge, die als Vereinigung der S_1 und S_2 entsprechenden Mengen resultiert. Verknüpfen wir also zwei Ereignisse durch logisches „oder", so resultiert wieder ein Ereignis.

Nun untersuchen wir, was resultiert, wenn wir zwei Ereignisse durch logisches „und" verbinden.
Verknüpfen wir die beiden oben beschriebenen Ereignisse S_1 und S_2, so resultiert das Ereignis S, welches der Menge $\{\omega_2\}$ entspricht.

Wenn man nämlich weiß, daß eine gerade Augenzahl und eine Augenzahl kleiner gleich zwei aufgetreten ist, so muß es die Augenzahl zwei sein.

Wir stellen fest, daß $\{\omega_2\}$ der mengentheoretische **Durchschnitt** von $\{\omega_2, \omega_4, \omega_6\}$ und $\{\omega_1, \omega_2\}$ ist, symbolisch:

$$\{\omega_2\} = \{\omega_2, \omega_4, \omega_6\} \cap \{\omega_1, \omega_2\}.$$

Es gilt allgemein: wenn S_1 und S_2 zwei Ereignisse sind und $S = S_1$ „und" S_2, so entspricht S die Menge, die als Durchschnitt der S_1 und S_2 entsprechenden Mengen resultiert. Verknüpfen wir also zwei Ereignisse durch logisches „und" so resultiert wieder ein Ereignis.

Verknüpfen wir speziell die beiden Ereignisse, denen die Menge $\{\omega_1, \omega_2\}$ bzw. $\{\omega_5, \omega_6\}$ entspricht, durch logisches „und", so resultiert ein unmögliches Ereignis, denn die Augenzahl kann nicht kleiner gleich zwei und (gleichzeitig) größer gleich fünf sein. Bilden wir aber den Durchschnitt der beiden Mengen, so erhalten wir die leere Menge $\emptyset$. Es ist daher naheliegend dem **unmöglichen** Ereignis die leere Menge zuzuordnen.

Man beachte auch, daß die gesamte Ergebnismenge Ω dem sicheren Ereignis entspricht, denn eines aller möglichen Ergebnisse tritt sicher auf (vollständig).

Schließlich können wir die **logische Negation** eines Ereignisses betrachten. Sei in unserem Würfelbeispiel S das Ereignis „gerade Augenzahl", so ist das Ereignis nicht-S gleich „ungerade Augenzahl". Es entspricht S die Menge $\{\omega_2, \omega_4, \omega_6\}$ und nicht-S die Menge aller Elemente aus Ω, die nicht zu $\{\omega_2, \omega_4, \omega_6\}$ gehören, also gerade das mengentheoretische Komplement von S. Dieses Resultat gilt natürlich allgemein und nicht nur für das spezielle Beispiel.

Wir fassen die obigen Überlegungen in zwei Sätzen zusammen.

Satz 2

Betrachten wir zu einem Ergebnisraum Ω alle Ereignisse, so erhalten wir durch logische „und" bzw. durch logische „oder" Verknüpfung und durch Negation wieder Ereignisse. Wir bezeichnen die Menge der Ereignisse daher als **abgeschlossen** bezüglich dieser logischen Operationen.

△

Die Menge aller Ereignisse bezeichnen wir kurz auch als **Ereignissystem** oder als **Ereignisraum.**

Satz 3

Wir betrachten einen Ergebnisraum Ω.

Den logischen Ereignissen entsprechen auf der mathematischen Ebene Teilmengen von Ω.

Insbesondere entspricht dem unmöglichen Ereignis die leere Menge $\emptyset$ und dem sicheren Ereignis Ω.

Weiter entsprechen den logischen Operationen auf der mathematischen Ebene mengentheoretische Operationen: dem logischen „oder" entspricht die Vereinigung, dem logischen „und" der Durchschnitt und der Negation das mengentheoretische Komplement.

△

Die Menge aller Teilmengen von Ω (einschließlich $\emptyset$ und Ω) heißt Potenzmenge von Ω, symbolisch $\mathfrak{P}(\Omega)$; sie entspricht dem gesamten Ereignissystem.

Wir haben zum Ereignissystem einschließlich der logischen Operation ein **isomorphes** mathematisches Abbild gefunden.

Im folgenden argumentieren wir der Einfachheit halber oft mit den mathematischen Größen und Operationen anstelle der Ereignisse und logischen Operationen. Wir sprechen also von einer Teilmenge von Ω als Ereignis oder von der Vereinigung von Ereignissen.

Beispiele:

Wir betrachten zuerst ein Fußballspiel mit den drei Ergebnissen Sieg $= \omega_1$, Unentschieden $= \omega_2$ und Niederlage $= \omega_3$. Andere Ergebnisse (z. B. Spielabbruch) soll es nicht geben. Es folgt unmittelbar, daß die Ergebnisse vollständig sind und sich gegenseitig ausschließen.

Das **Ereignissystem** besteht dann aus folgenden Ereignissen:

logische Darstellung	mathematische Darstellung
das unmögliche Ereignis	$\emptyset$
Sieg	$\{\omega_1\}$
Unentschieden	$\{\omega_2\}$
Niederlage	$\{\omega_3\}$
Sieg oder Unentschieden	$\{\omega_1, \omega_2\}$
Sieg oder Niederlage	$\{\omega_1, \omega_3\}$
Unentschieden oder Niederlage	$\{\omega_2, \omega_3\}$
Sieg oder Unentschieden oder Niederlage = sicheres Ereignis	$\{\omega_1, \omega_2, \omega_3\} = \Omega$

Als zweites betrachten wir ein Beispiel aus der Medizin, bei dem es um die Wirksamkeit eines Medikaments bei einer Krankheit geht.

Versuchspersonen, die von der Krankheit befallen sind, werden in zwei Gruppen eingeteilt; die erste Gruppe nimmt das Medikament ein und die zweite nicht. Im Hinblick auf die Fragestellung ist es zweckmäßig die folgenden vier Ergebnisse zu betrachten:

$\omega_1 =$ Einnahme des Medikaments und Heilung
$\omega_2 =$ Einnahme des Medikaments und keine Heilung
$\omega_3 =$ keine Einnahme des Medikaments und Heilung
$\omega_4 =$ keine Einnahme des Medikaments und keine Heilung

Wenn wir unterstellen, daß immer eindeutig feststeht, ob das Medikament eingenommen wird oder nicht, bzw. ob Heilung vorliegt oder nicht, so sind die vier obigen Ergebnisse vollständig und schließen sich gegenseitig aus. Daher resultert der Ergebnisraum

$\Omega = \{\omega_1, \omega_2, \omega_3, \omega_4\}$.

Im folgenden betrachten wir einige in diesem Zusammenhang interessierende Ereignisse. Zuerst das Ereignis ω_1 „oder“ ω_3, das der Heilung entspricht. In mathematischer Form ist dies gleich

$$S_1 = \{\omega_1, \omega_3\}.$$

Das Ereignis ω_1 „oder“ ω_2 entspricht der Einnahme des Medikaments. In mathematischer Form lautet dieses Ereignis

$$S_2 = \{\omega_1, \omega_2\}.$$

Dazu erhalten wir noch die Negation „keine Heilung“ bzw. „keine Einnahme des Medikaments“, die sich in mathematischer Form folgendermaßen schreiben:

$$S_3 = \bar{S}_1 = \{\omega_2, \omega_4\}$$

bzw.

$$S_4 = \bar{S}_2 = \{\omega_3, \omega_4\}$$

Die Ereignisse, die in mathematischer Form den dreielementigen Teilmengen von Ω entsprechen, sind in diesem Zusammenhang nicht so interessant. So ist z.B. $S_5 = \{\omega_1, \omega_2, \omega_3\}$ das mengentheoretische Komplement von $\{\omega_4\}$, und daher entspricht S_5 dem Ereignis, das aus der Negation von ω_4 entsteht; verbal logisch lautet dieses Ereignis: entweder Einnahme des Medikaments oder Heilung.

3.1. Zusammengesetzte Ergebnisräume

In vielen Fällen kann man den für eine bestimmte Fragestellung interessierenden Ergebnisraum aus einfacheren Ergebnisräumen aufbauen.

Beispiel:

In einem Würfelbecher befinden sich zwei Würfel. Es werde einmal gewürfelt. Wir erhalten dann Ergebnisse folgender Art:

ω_1 = bei beiden Würfeln Augenzahl 1

ω_2 = beim ersten Würfel Augenzahl 1 und beim zweiten Augenzahl 3

usw.

Wenn wir den ersten Würfel für sich allein betrachten, so ergibt sich ein Ergebnisraum $\Omega' = \{\omega_1, \omega_2, \ldots, \omega_6\}$, wobei ω_i gleich ist dem Ergebnis „Augenzahl i“.

Man spricht hier auch von der **ersten Stufe** des Experiments. Anlog ergibt sich, wenn wir den zweiten Würfel für sich allein betrachten, der Ergebnisraum $\Omega'' = \{\omega_1, \omega_2, \ldots, \omega_6\}$, wobei ω_i gleich ist dem Ergebnis „Augenzahl i“.

Hierbei spricht man von der **zweiten Stufe** des Experiments. Eine zweckmäßige Darstellung der Ergebnisse, die sich bei beiden Würfeln ergeben, wäre dann die folgende: (ω_i, ω_j), wobei dieses Paar angibt, daß beim ersten Würfel ω_i und beim zweiten Würfel ω_j resultiert.

Der Ergebnisraum Ω (für beide Würfel) besteht also aus Ergebnissen ω, die dargestellt werden können durch Paare von Ergebnissen der Ergebnisräume Ω' und Ω'':

$$\omega = (\omega_i, \omega_j),$$

wobei $\omega_i \in \Omega'$, $\omega_j \in \Omega''$.

Wir bezeichnen Ω als **(kartesisches) Produkt** der Räume Ω' und Ω'', symbolisch

$$\Omega = \Omega' \times \Omega''$$

Die beiden Ergebnisräume Ω' und Ω'' müssen dabei nicht identisch sein. Diesen Sachverhalt erläutern wir an obigem Beispiel aus der Medizin. Dabei betrachten wir auf der ersten Stufe die beiden Ergebnisse ω_1' = „Einnahme des Medikaments" und ω_2' = „keine Einnahme des Medikaments" und auf der zweiten Stufe die beiden Ergebnisse ω_1'' = „Heilung" und ω_2'' = „keine Heilung".

Dann resultieren die dort betrachteten Ergebnisse:

$$\omega_1 = (\omega_1', \omega_1''),\ \omega_2 = (\omega_1', \omega_2''),\ \omega_3 = (\omega_2', \omega_1'') \text{ und } \omega_4 = (\omega_2', \omega_2'')$$

△

Die Überlegungen lassen sich unmittelbar auf den Fall übertragen, daß jedes Experiment aus mehr als zwei Stufen besteht.

Wenn z.B. drei Stufen vorliegen mit den Ergebnisräumen Ω', Ω'' und Ω''', so resultieren als Ergebnisse Tripel der Art

$$\omega = (\omega_i', \omega_j'', \omega_k''') \quad \text{mit} \quad \omega_i' \in \Omega',\ \omega_j' \in \Omega'' \text{ und } \omega_k''' \in \Omega'''$$

Den Ergebnisraum Ω schreiben wir formal folgendermaßen

$$\Omega = \Omega' \times \Omega'' \times \Omega'''$$

Wenn Ω' insgesamt n′ bzw. Ω'' insgesamt n″ bzw. Ω''' insgesamt n‴ Ergebnisse enthält, so enthält Ω insgesamt $n' \cdot n'' \cdot n'''$ Ergebnisse.

In Abbildung 9 ist dieser Sachverhalt für zwei Stufen graphisch dargestellt.

Dabei ist $\Omega' = \{\omega_1', \omega_2', \omega_3', \omega_4'\}$ und $\Omega'' = \{\omega_1'', \omega_2'', \omega_3'', \omega_4'', \omega_5''\}$.

Die ω_i' sind auf der Abszisse und die ω_j'' auf der Ordinate abgetragen. Die $\omega = (\omega_i', \omega_j'')$ sind als Punkte in der Ebene dargestellt mit der ersten Koordinate ω_i' und der zweiten ω_j''.

Oft ist der Fall gegeben, daß im Gesamtexperiment auf jeder Stufe **dasselbe** Teilexperiment wiederholt wird.

Beispiel:

In einer Urne befinden sich r rote und s schwarze Kugeln. Eine Person zieht n-mal hinteinander „zufällig" eine Kugel und legt jede Kugel nach dem Ziehen direkt wieder in die Urne. Es liegt also ein Experiment vor bestehend aus n Stufen. Da vor

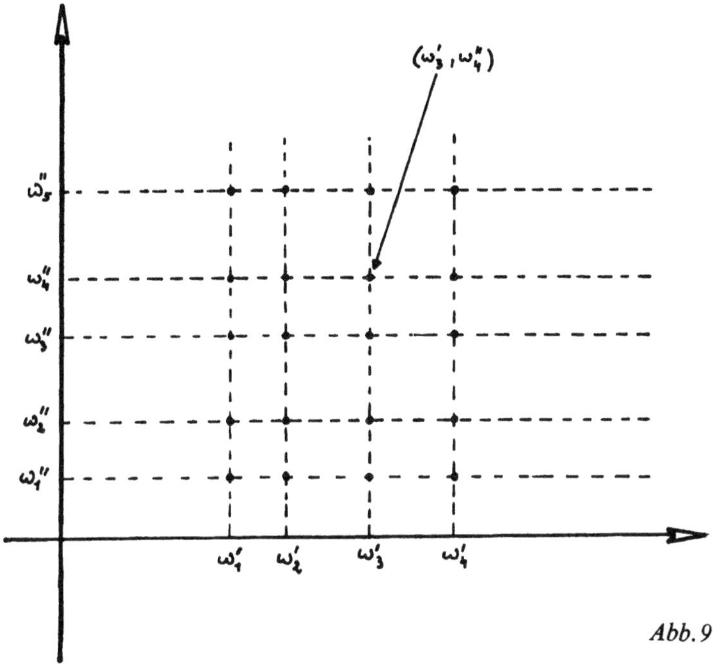

Abb. 9

jedem einzelnen Zug die Situation immer wieder dieselbe ist, können wir uns die Ergebnisse auch in anderer Weise entstanden denken.

Wir können n Urnen nebeneinander stellen, wobei in jeder Urne sich r rote und s schwarze Kugeln befinden.

Dann ziehen n Personen gleichzeitig, jede aus einer anderen Urne, jeweils eine Kugel.

Es liegen also zwei Experimente vor: beim ersten werden n Versuche hintereinander durchgeführt und beim zweiten nur einer.

Aus der Sicht der Ergebnisse sind die beiden Experimente äquivalent. Wir werden im weiteren Verlaufe feststellen, daß die beiden Experimente unter gewissen Voraussetzungen auch noch aus der Sicht der Wahrscheinlichkeiten äquivalent sind.

Vorläufig halten wir fest, daß Ergebnisse aus Experimenten bestehend aus m Stufen, wobei auf jeder Stufe ein gleichartiges Experiment vorliegt, auf zwei verschiedene Weisen entstanden sein können: entweder in **Serie** d.h. es wird hintereinander m-mal **dasselbe** Teilexperiment durchgeführt oder in **Reihe**, d.h. es wird mit einem Mal **ein** Gesamtexperiment durchgeführt, wobei dieses Gesamtexperiment aus m **gleichartigen** Teilexperimenten besteht.

Wir überlegen uns noch, wie die **Ereignisse** von Experimenten bestehend aus mehreren Stufen aussehen.

Wenn wir bei obigem Beispiel mit den zwei Würfen eines Würfels bleiben, so resultieren also Paare der Art (ω_i, ω_j). Die **Ereignisse** sind dann Mengen von solchen Paaren. So charakterisiert zum Beispiel die Menge

$\{(\omega_2, \omega_4), (\omega_3, \omega_1)\}$

das Ereignis: „beim ersten Wurf 2 Augen und beim zweiten 4 Augen" oder „beim ersten Wurf 3 Augen und beim zweiten 1 Auge".

Das Ereignis „beim ersten Wurf Augenzahl i" (und beim zweiten „beliebige Augenzahl") wird folgendermaßen dargestellt:

$$\{(\omega_i, \omega_1), (\omega_i, \omega_2), (\omega_i, \omega_3), (\omega_i, \omega_4), (\omega_i, \omega_5), (\omega_i, \omega_6)\}$$

Übungen und Aufgaben

1. Man konstruiere zu dem Experiment Münzwurf (mit den Ergebnissen Zahl und Kopf) das Ereignissystem und prüfe an einigen Beispielen nach, daß durch logische Verknüpfung der Ereignisse wieder Ereignisse resultieren.
2. Vorgegeben seien für das Würfelbeispiel die vier Ereignisse
   $S_1 = \{\omega_2, \omega_4, \omega_6\}$, $S_2 = \{\omega_1, \omega_3, \omega_5\}$, $S_3 = \{\omega_3, \omega_4\}$ und
   $S_4 = \{\omega_4, \omega_5, \omega_6\}$.
   Man überlege sich, welches Ereignis durch
   $S = (S_1 \cap S_2) \cup (S_3 \cap S_4)$
   dargestellt wird und zwar zuerst in der logischen Form, dann in der mathematischen Form und schließlich in graphischer Form durch Punktmengen in der Ebene.
3. Man überlege sich, daß für das Würfelspiel auch das folgende System von Ereignissen abgeschlossen ist
   $\emptyset$, $\{\omega_2, \omega_4, \omega_6\}$, $\{\omega_1, \omega_3, \omega_5\}$ und $\{\omega_1, \omega_2, \omega_3, \omega_4, \omega_5, \omega_6\}$.
4. Im Würfelbeispiel könnte man auch die beiden Ereignisse: gerade Augenzahl bzw. ungerade Augenzahl als aus dem Experiment gegebene „Ergebnisse" ansehen. In diesem Falle entspräche der Würfel einer Münze, bei der es nur zwei natürliche Ergebnisse gibt. Allerdings wären das nicht die „natürlichen" Ergebnisse beim Würfel, sondern aus diesen gewonnene komplexere Ergebnisse. Diese Vorgehensweise wird oft dann gewählt, wenn von allen natürlich gegebenen Ergebnissen nur bestimmte Ergebnisse interessieren bzw. nur bestimmte Ereignisse. Wenn z.B. durch einen Würfel eine ja – nein Entscheidung getroffen werden soll, so kann man als „Ereignisse" auch zwei disjunkte und vollstädinge Ereignisse S_1 und S_2 nehmen und diese als Ergebnisse interpretieren, wobei dann die ja Entscheidung bei S_1 und die nein Entscheidung bei S_2 getroffen wird. Dabei müssen die Ereignisse, damit die Entscheidung beim ersten Versuch eindeutig wird, die Eigenschaften haben, die von Ergebnissen gefordert werden, also sich ausschließen (disjunkt sein) und vollständig sein, d.h. $S_1 \cup S_2 = \Omega$ (S_1 „oder" S_2 = sicher). Dies ist bei den Ereignissen gerade Augenzahl bzw. ungerade Augenzahl garantiert. Man könnte aber z.B. auch Augenzahl kleiner gleich drei und Augenzahl größer gleich vier wählen.
5. Bei einem Test werden einer Versuchsperson drei Aufgaben vorgelegt. Bei jeder Aufgabe sind zwei Lösungen angegeben und nur eine davon ist richtig. Man

gebe dazu einen Ergebnisraum Ω an und bestimme die Ereignisse: (1) die ersten beiden Aufgaben werden richtig gelöst, (2) nur eine Aufgabe wird richtig gelöst, (3) keine Aufgabe wird richtig gelöst. Welchen Ergebnisraum Ω' legt man zweckmäßigerweise zugrunde, wenn jede richtige Lösung einen Punkt bringt und nur die gesamte Punktzahl interessiert? Man beschreibe das Ergebnis E „2 Punkte“ im zweiten Fall durch Ergebnisse im ersten Fall.

6. Man überlege sich, ob die folgenden Aussagen richtig sind:

   (1) wenn $A \subset B \subset \Omega$, so tritt das Ereignis A sicher dann ein, wenn das Ereignis B eingetreten ist

   (2) das Ereignis Ω tritt immer ein

   (3) wenn $A_1 \cup A_2 \cup A_3 = \Omega$, so tritt eines der Ereignisse A_1, A_2 oder A_3 sicher auf

   (4) A und $\bar{A}$ treten nie gemeinsam auf.

7. Es seien A und B zwei Ereignisse. Man überlege sich, daß der Negation von (A „und“ B) das Ereignis „Negation von A“ oder „Negation von B“ entspricht. Ferner, daß der Negation von (A „oder“ B) das Ereignis „Negation von A „und“ Negation von B“ entspricht.

   Diese Regeln der Logik entsprechen den mengentheoretischen De Morgan Gesetzen

   $$\overline{A \cap B} = \bar{A} \cup \bar{B} \quad \text{bzw.} \quad \overline{A \cup B} = \bar{A} \cap \bar{B}.$$

8. Wir betrachten ein Experiment bestehend aus drei Stufen. Auf jeder Stufe sind die zwei Erebnisse ω_1 und ω_2 möglich.

   Man beschreibe das Ereignis S_1 „auf der ersten Stufe ω_1“ als Ereignis des Gesamtexperiments. Analog beschreibe man das Ereignis S_2 „auf der ersten und der letzten Stufe gleiches Ergebnis“.

9. Man überlege sich, daß disjunkte Ereignisse (in mathematischer Sprechweise) unvereinbare Ereignisse (in der Sprechweise der Logik) sind.

10. Bei einem Experiment bestehend aus mehreren Stufen gibt es verschiedene Arten von Ergebnissen. Im folgenden betrachten wir den Fall von zwei Stufen.

    Wir erhalten dann drei Arten von Ergebnissen.
    Ergebnisse auf der ersten Stufe: ω_i',
    Ergebnisse auf der zweiten Stufe: ω_j''
    und Ergebnisse des gesamten Experiments: $\omega = (\omega_i', \omega_j'')$.

    Ein Ergebnis ω'_i auf der ersten Stufe kann aber auch angesehen werden als ein **Ereignis** $S \subset \Omega$ des gesamten Experiments, das folgendermaßen beschrieben wird:

    auf der ersten Stufe ergibt sich ω_i' und auf der zweiten ein beliebiges $\omega_j'' \in \Omega''$.

    Das heißt, es ist S die Menge aller ω, wobei die erste Komponente gleich ist ω_i' und die zweite alle $\omega'' \in \Omega''$ durchläuft.

Formal schreiben wir für S auch

$$S = \{\omega'_i\} \times \Omega'' \subset \Omega' \times \Omega'' = \Omega$$

Dazu das Würfelbeispiel, bei dem zweimal gewürfelt wird. Es ist $\Omega' = \Omega'' = \{\omega_1, \omega_2, \omega_3, \omega_3, \omega_4, \omega_5, \omega_6\}$.

Wir betrachten das Ergebnis ω_1 auf der ersten Stufe. Dieses entspricht dem Ereignis $S \subset \Omega = \Omega' \times \Omega''$

$S = \{(\omega_1, \omega_1), (\omega_1, \omega_2), (\omega_1, \omega_3), (\omega_1, \omega_4), (\omega_1, \omega_5), (\omega_1, \omega_6)\}$.

Entsprechend kann ein **Ereignis** auf der ersten Stufe, nämlich S′, dargestellt werden als Ereignis $S \subset \Omega$.

Dabei ist S gleich der Menge aller ω, wobei die erste Komponente ein ω' aus S′ ist und die zweite beliebig aus Ω''. Formal schreiben wir dafür

$$S = S' \times \Omega$$

Für das Würfelbeispiel kann das Ereignis, auf der ersten Stufe „ω_1 oder ω_2" beschrieben werden durch die folgende Menge von Ergebnissen

$\{(\omega_1, \omega_1), (\omega_1, \omega_2), (\omega_1, \omega_3), (\omega_1, \omega_4), (\omega_1, \omega_5), (\omega_1, \omega_6),$
$(\omega_2, \omega_1), (\omega_2, \omega_2), (\omega_2, \omega_3), (\omega_2, \omega_4), (\omega_2, \omega_5), (\omega_2, \omega_6)\}$

Analog können wir Ereignisse S″, die auf der zweiten Stufe anfallen, ansehen als Ereisnisse $S \subset \Omega$.

Formal entspricht S″ die Menge

$$\Omega' \times S'' \subset \Omega' \times \Omega''$$

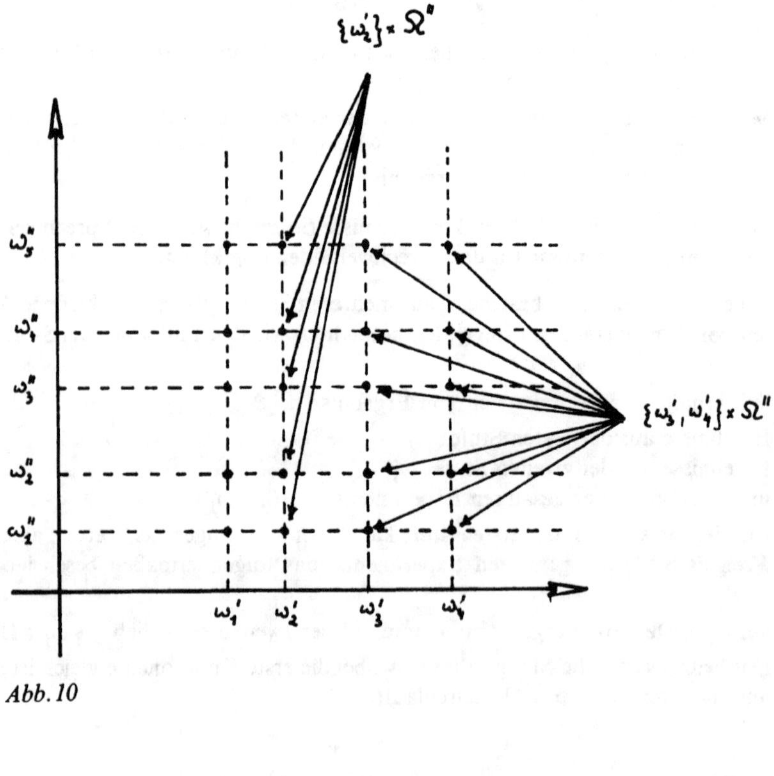

Abb. 10

Ausgehend von dem in Abbildung 9 dargestellten Sachverhalt stellen wir in Abbildung 10 die Ereignisse

$\{\omega'_2\} \times \Omega''$ und $\{\omega'_3, \omega'_4\} \times \Omega''$ dar.

Schließlich können wir auch Ereignisse der Art

$S = S' \times S''$

betrachten, wobei $S' \subset \Omega'$ und $S'' \subset \Omega''$.

Dabei ist S gleich der Menge aller $\omega = (\omega'_i, \omega''_j)$, wobei ω'_i beliebig aus S' und ω''_j beliebig aus S'' ist.

Wieder gehen wir von dem in Abilldung 9 dargestellten Sachverhalt aus und stellen in Abbildung 11 das Ereignis

$\{\omega'_2, \omega'_3\} \times \{\omega''_1, \omega''_4\}$

graphisch dar.

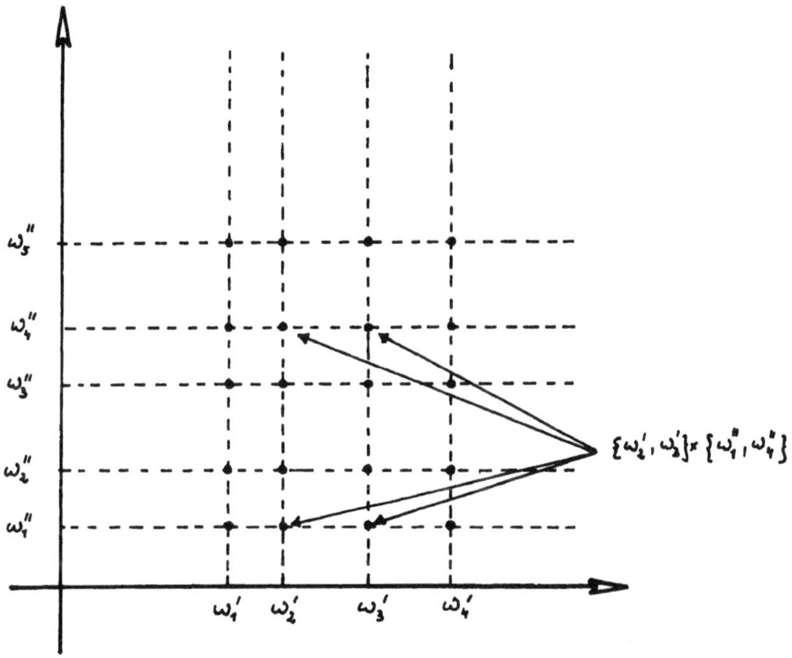

Abb. 11

Die Überlegungen sind auch übertragbar auf Experimente bestehend aus mehr als zwei Stufen. Da unmittelbar klar ist, wie dies zu geschehen hat, gehen wir nicht darauf ein.

Teil 2

4. Kapitel: Diskrete Wahrscheinlichkeitsräume

Die Anzahl der möglichen Ergebnisse ω der Ergebnismenge Ω kann endlich oder unendlich sein.

In der praktischen Anwendung genügt es immer nur endlich viele mögliche Ergebnisse zu betrachten, auch wenn theoretisch unendlich viele Ergebnisse möglich wären. Dazu ein **Beispiel.**

Wir betrachten die Lebensdauer einer Maschine, d.h. die Zeit von der Installation bis zur Verschrottung. A priori (vor Installation der Maschine) ist die Lebensdauer zufällig; es resultiert daher als Ergebnis irgend eine Länge der Lebensdauer, also eine nichtnegative reelle Zahl.

Wenn wir die Lebensdauer völlig exakt messen könnten, so wären alle nichtnegativen reellen Zahlen mögliche Ergebnisse, d.h. die Anzahl der Ergebnisse ist unendlich und zwar auch dann, wenn wir die Lebensdauer nach oben beschränken. Praktisch allerdings werden doch nur endlich viele Ergebnisse resultieren.

Wir werden uns auf eine Zeiteinheit z.B. eine Stunde festlegen und die Lebensdauer in ganzen Betriebsstunden angeben. Bei Maschinen mit kürzerer Lebensdauer werden wir vielleicht bei der Angabe der Lebensdauer, gemessen in Betriebsstunden, noch eine oder zwei Stellen hinter dem Komma mit angeben. Weiter ist es immer möglich, die Lebensdauer nach oben durch eine endliche Zahl zu begrenzen. Damit sind praktisch nur endlich viele Ergebnisse möglich.

In der praktischen Anwendung treten immer Größen auf, die eine Anzahl angeben oder in einer bestimmten Dimension z.B. Stunden, Kilogramm, Meter usw. gemessen werden. Daher liegen analoge Verhältnisse vor, wie in dem obigen Beispiel.

Wir könnten uns daher in der praktischen Anwendung immer auf endlich viele Ergebnisse beschränken.

Aus zwei wichtigen Gründen werden in der Wahrscheinlichkeitstheorie aber auch Modelle mit unendlich vielen Ergebnissen betrachtet. Erstens hängt in den Fällen, wo theoretisch unendlich viele Ergebnisse möglich sind, die Anzahl der Ergebnisse davon ab, wie „genau“ man die Ergebnisse erfaßt. In der praktischen Anwendung muß man sich natürlich auf eine bestimmte Meßgenauigkeit festlegen; theoretisch ist es aber wünschenswert, jede Meßgenauigkeit mit zu erfassen und dies geschieht am besten, indem man beliebig genau mißt, d.h. unendlich viele Ergebnisse zuläßt. Zweitens werden viele Sachverhalte der Wahrscheinlichkeitstheorie nur dadurch relativ einfach beschreibbar, daß unendlich viele Ergebnisse zugelassen sind. Als Beispiel sei die Normalverteilung genannt, die auch in der Anwendung eine große Bedeutung hat, und welche ausgehend von unendlich vielen Ergebnissen entwickelt werden muß.

Die hier beschriebene Situation ergibt sich ähnlich auch im Bereich der reellen Zahlen: praktisch kommt man mit endlich vielen reellen Zahlen aus, da man in der

Anwendung immer mit Dezimalzahlen und einer beschränkten Anzahl von Stellen nach dem Komma rechnen kann. Theoretisch aber werden alle reellen Zahlen betrachtet. Damit ist man unabhänig von einer speziellen Genauigkeitsstufe und man kann z.B. die Länge der Diagonale im Einheitsquadrat, nämlich $\sqrt{2}$, exakt angeben. Auch die sogenannte natürliche Zahl $e \simeq 2{,}7$, die sehr gut geeignet ist zur Beschreibung des Bestandes einer Population, die sich ungehemmt vermehrt, kann durch eine endliche Dezimalzahl nicht exakt angegeben werden.

Wir werden also im folgenden Modelle entwickeln, bei denen auch unendlich viele Ergebnisse möglich sind. Es ist aber ein Resultat der Mengenlehre, daß es verschiedene „Größen" von unendlich gibt.

Diesen Sachverhalt wollen wir uns am Beispiel der reellen Zahlen klar machen. Die Menge der natürlichen Zahlen $\mathbb{N} = \{1, 2, 3, \ldots\}$ ist der Prototyp einer Menge mit unendlich vielen Elementen.

Aber auch die Menge $\mathbb{Z}$ der geraden Zahlen ist unendlich. Offensichtlich enthält letztere „weniger" Element als $\mathbb{N}$. Daher ist man versucht zu glauben, daß es verschiedene „Größen" von unendlich gibt. Da man aber unendliche Mengen nicht zählen kann, geht man etwas anders vor, um zu entscheiden, ob eine unendliche Menge „größer" als bzw. „gleich groß" wie eine andere ist.

Es ist bekannt, daß man zwei endliche Mengen in ihrer Anzahl vergleichen kann, ohne sie zu zählen. Will man z.B. wissen, ob in einem Saal gleich viel Personen anwesend wie Sitze vorhanden sind, so kann man dies nachprüfen, ohne die Personen und Sitze zu zählen. Man läßt die Personen sich setzen; wenn alle Personen Platz finden und kein Stuhl übrig bleibt, so gibt es gleich viel Personen wie Sitze.

Formal haben wir dann eine **umkehrbar eindeutige** (eineindeutige) Zuordnung der Menge der Personen und der Menge der Sitze gefunden, d.h. jeder Person wurde ein Sitz und jedem Sitz eine Person zugeordnet.

Diese Überlegungen kann man auch auf unendliche Mengen übertragen. Wir bezeichnen zwei Mengen als **gleich mächtig**, wenn es eine umkehrbar eindeutige Zuordnung der Elemente der einen zu den Elementen der anderen Menge gibt. Offensichtlich bedeutet gleichmächtig für endliche Mengen gleichviel.
Wir bezeichnen weiter alle Mengen, die gleich mächtig sind wie $\mathbb{N}$, als **abzählbar**.

Wir überlegen uns nun, daß die Menge der geraden und die Menge der natürlichen Zahlen gleichmächtig sind.

Dazu betrachten wir die Zuordnung

$$n \leftrightarrow 2n,$$

die jeder natürlichen Zahl n ($n = 1, 2, 3, \ldots$) die gerade Zahl $2n$ und jeder geraden Zahl m ($m = 2, 4, 6, \ldots$) die natürliche Zahl $m/2$ zuordnet. Diese Zuordnung ist umkehrbar eindeutig, und daher sind beide Mengen gleichmächtig.

Man kann auch zeigen, daß die Menge aller rationalen Zahlen abzählbar ist, d.h. gleichmächtig wie $\mathbb{N}$, die Menge der natürlichen Zahlen.

Aufgrund dieser Überlegungen könnte man versucht sein zu glauben, daß alle unendlichen Mengen abzählbar sind.

Wir überlegen uns nun, daß die Menge der reellen Zahlen zwischen 0 und 1 nicht abzählbar ist.

Mit Ausnahme der Null kann jede Zahl zwischen 0 und 1 **eindeutig** als unendlicher Dezimalbruch mit einer Null vor dem Komma geschrieben werden. So lautet z.B. 0,5 als unendliche Dezimalzahl geschrieben: 0,4999.... Im folgenden gehen wir davon aus, daß eine Dezimalzahl immer als unendlicher Dezimalbruch geschrieben wird.

Wir betrachten eine beliebige Zuordnung, aufgrund der jeder natürlichen Zahl n eine reelle Zahl x zwischen 0 und 1 zugeordnet wird, die wir mit x_n bezeichnen. Damit resultiert eine Folge $x_1, x_2, x_3, \ldots$

Nun geben wir aber eine Zahl x zwischen 0 und 1 an, die in dieser Folge nicht vor kommt. Diese Zahl hat eine Null vor dem Komma. Die erste Stelle nach dem Komma sei beliebig nur ungleich der Zahl, die bei x_1 an erster Stelle nach dem Komma steht. Die zweite Stelle nach dem Komma sei beliebig nur ungleich der Zahl die bei x_2 an zweiter Stelle nach dem Komma steht usw. Offensichtlich kommt x in der Folge $x_1, x_2, x_3, \ldots$ nicht vor, denn, wenn x in der Folge vorkäme, so gäbe es ein n mit $x = x_n$; dies kann aber nicht sein, da sich x zumindestens an der n-ten Stelle nach dem Komma von x_n unterscheidet. Also kommt die Zahl x in der Folge nicht vor. Da diese Folge aus einer beliebigen Zuordnung resultierte, gibt es zu jeder Zuordnung immer eine Zahl zwischen 0 und 1, die nicht erfaßt wird. Also ist die Menge der reellen Zahlen zwischen 0 und 1 nicht abzählbar.

Aus dem Beweis resultiert auch, daß es „mehr" reelle Zahlen zwischen 0 und 1 als natürliche Zahlen gibt, weil bei jeder Zuordnung, d.h. Durchzählung mit den natürlichen Zahlen, immer mindestens eine reelle Zahl übrig bleibt.

Wir bezeichnen die Menge der reellen Zahlen zwischen 0 und 1 als **Kontinuum** C und jede unendliche Menge, die nicht gleichmächtig ist wie die Menge der natürlichen Zahlen als **überabzählbar**.

Man kann zeigen, daß die Menge **aller** reellen Zahlen gleichmächtig ist wie das Kontinuum.

Auch die Menge aller Paare, aller Tripel und allgemein aller n-Tupel von reellen Zahlen ist gleichmächtig wie das Kontinuum.

In der Wahrscheinlichkeitstheorie werden Ergebnismengen betrachtet, die endlich oder abzählbar oder überabzählbar sind. Dabei ist der Fall, daß die Ergebnismenge **diskret**, also endlich oder abzählbar ist, wesentlich einfacher als der Fall, daß die Ergebnismenge **kontinuierlich**, also überabzählbar ist.

Wir betrachten zuerst den diskreten Fall. Dies hat didaktische Gründe, da bei Vorliegen einer diskreten Ergebnismenge die Überlegungen viel anschaulicher und naheliegender sind. Zudem ergeben sich gewisse tieferliegende und recht abstrakte maßtheoretische Probleme erst bei Vorliegen einer kontinuierlichen Ergebnismenge.

Würden wir den allgemeinen Fall gleich mitbehandeln, so bestünde die Gefahr, daß rein technische Probleme das Verständnis der im Prinzip sehr anschaulichen Wahrscheinlichekeitstheorie zu sehr beeinträchtigen würden.

Ergänzende Literatur:
Die Begriffe der Abzählbarkeit und Überabzählbarkeit spielen auch in der Gleichgewichtstheorie eine zentrale Rolle.
Weitergehende Überlegungen über die Mächtigkeit von Mengen sind zu finden in

1. *Kamke, E.:* Mengenlehre. Göschenband, W. de Gruyter 1955.

4.1. Der mathematische Wahrscheinlichkeitsbegriff

Im folgenden betrachten wir nur diskrete Ergebnisräume Ω, d.h. Ω ist endlich oder abzählbar.

Die mathematischen Wahrscheinlichekeiten werden nun **definitorisch eingeführt ohne zu begründen, wie diese entstanden sein könnten.**

Dabei bleibt offen, ob sie als Grenzwerte relativer Häufigkeiten anzusehen sind oder subjektiv ermittelt oder nach dem Prizip vom unzureichenden Grunde konstruiert. Allerdings werden wir im folgenden die relativen Häufigkeiten heranziehen, um die mathematischen Wahrscheinlichkeiten geeignet zu normieren. Auch bei anderen Überlegungen, z.B. bei der Einführung der bedingten Wahrscheinlichkeiten, dienen die relativen Häufigkeiten als Vorbild.

Wir **nehmen** an, daß jedem Ergebnis $\omega_i \in \Omega$ eindeutig eine Zahl p_i, die wir **mathematische Wahrscheinlichkeit** (kurz Wahrscheinlichkeit) nennen, zugeordnet ist.

Die Zahlen p_i sollen **nicht negativ sein**. Dies entspricht einer Begrenzung der Meßwerte nach unten und ist eine reine Normierung, die dadurch nahegelegt wird, daß dies für die relativen Häufigkeiten gilt und damit für Grenzwerte relativer Häufigkeiten gelten würde.

Weiter fordern wir, daß die Summe aller Wahrscheinlichkeiten $p_1 + p_2 + \ldots + p_n$ bzw. $p_1 + p_2 + p_3 + \ldots$ gleich 1 ist. Auch dies ist letztlich eine Begrenzung der Meßwerte und zwar nach oben, die dadurch nahegelegt wird, daß dies für die relativen Häufigkeiten gilt und damit für die eventuell existierenden Grenzwerte auch gelten würde.

Aus beiden Annahmen folgt natürlich

$$0 \leqq p_i \leqq 1 .$$

Die Zuordnung, die jedem Ergebnis ω_i eine Wahrscheinlichkeit p_i zuordnet, heißt die **Zähldichte** (des Wahrscheinlichkeitsraumes). Dafür schreiben wir auch symbolisch $\omega \to p(\omega)$ und p symbolisiert die Zähldichte.

Definition 1
Gegeben sei ein abzählbarer Ergebnisraum Ω.

Als Zähldichte bezeichnen wir eine Vorschrift p, die jedem $\omega_i \in \Omega$ eine Zahl $p_i = p(\omega_i)$ mit folgenden Eigenschaften zuordnet

$$0 \leqq p_i \leqq 1$$

$$\sum_i p_i = 1$$

Dabei heißt p_i die Wahrscheinlichkeit des Ergebnisses ω_i.

△

Damit haben wir den Ergebnissen Wahrscheinlichkeiten (definitorisch) zugeordnet, wobei diese in einer bestimmten Weise normiert sind. Wir wollen aber auch den Ereignissen Wahrscheinlichkeiten zuordnen. Da jedes Ergebnis einem Elementarereignis entspricht, ist dies für Elementarereignisse bereits geschehen.

Wir werden sehen, daß wir ausgehend von den p_i allen Ereignissen in naheliegender Weise auch Wahrscheinlichkeiten zuordnen können.

Bei den relativen Häufigkeiten ist es so, daß für ein Ereignis, das Vereinigung mehrerer Ergebnisse ist, die relative Häufigkeit gleich ist der Summe der relativen Häufigkeiten der einzelnen Ergebnisse.

Wenn im Würfelbeispiel in n Versuchen die Häufigkeit für Augenzahl 1 gleich $h_n(\omega_1)$ und für Augenzahl 2 gleich $h_n(\omega_2)$ ist, so ist in denselben Versuchen die Häufigkeit von Augenzahl 1 „oder" Augenzahl 2 gleich $h_n(\omega_1) + h_n(\omega_2)$. Befindet sich $h_n(\omega_1)$ bzw. $h_n(\omega_2)$ für wachsendes n immer näher bei p_1 bzw. p_2, so befindet sich $h_n(\omega_1) + h_n(\omega_2)/n$ immer näher bei $p_1 + p_2$.

Damit ist es naheliegend, Ereignissen als Wahrscheinlichkeit die Summe der Wahrscheinlichkeiten der einzelnen Ergebnisse, die das Ereignis ausmachen, zuzuordnen.

Sei also $S = \{\omega_3, \omega_4, \omega_6\}$, und ordnen wir ω_i die Wahrscheinlichkeit p_i zu, so werden wir S die Wahrscheinlichkeit $p_3 + p_4 + p_6$ zuordnen. Die Wahrscheinlichkeit von S bezeichnen wir dann symbolisch kurz mit P(S).

Im folgenden zeigen wir wichtige Eigenschaften der so festgelegten Zuordnung P.

Sind S_1 und S_2 zwei disjunkte Ereignisse (die also kein Element gemeinsam haben), symbolisch $S_1 \cap S_2 = \emptyset$, so entspricht der Vereinigung $S = S_1 \cup S_2$ die „Summe" der Elemente aus S_1 und S_2. Damit folgt nach Definition von P(S) zwingend

$$P(S) = P(S_1) + P(S_2).$$

Analoges gilt natürlich auch dann, wenn wir mehr als zwei paarweise disjunkte Ereignisse $S_1, S_2, \ldots S_m$ vereinen zu $S = S_1 \cup S_2 \cup \ldots \cup S_m$:

$$P(S) = P(S_1) + P(S_2) + \ldots + P(S_m).$$

Diesen Sachverhalt formuliert man kurz folgendermaßen: Falls die S_i $i \in I$ paarweise disjunkt sind ($S_i \cap S_j = \emptyset$ für $i \neq j$), so gilt für

$$S = \bigcup_{i \in I} S_i$$

$$P(S) = \sum_{i \in I} P(S_i)$$

Dabei kann I auch unendlich sein.

Dazu ein Beispiel, nämlich das Würfelbeispiel. Es sei S_1 das Ereignis „Augenzahl $\leqq$ zwei", S_2 das Ereignis „Augenzahl drei" und S_3 das Ereignis „Augenzahl $\geqq$ fünf". Es gilt dann, daß die Ereignisse

$$S_1 = \{\omega_1, \omega_2\}, \; S_2 = \{\omega_3\} \text{ und } S_3 = \{\omega_5, \omega_6\}$$

disjunkt sind.

Die Vereinigung $S = S_1 \cup S_2 \cup S_3$ lautet

$$S = \{\omega_1, \omega_2, \omega_3, \omega_5, \omega_6\}$$

Hat ω_i die Wahrscheinlichkeit 1/6, so ergibt sich nach Definition

$$P(S_1) = \tfrac{2}{6}, \; P(S_2) = \tfrac{1}{6}, \; P(S_3) = \tfrac{2}{6}$$

und

$$P(S) = \tfrac{2}{6} + \tfrac{1}{6} + \tfrac{2}{6} = \tfrac{5}{6}.$$

Damit gilt

$$P(S) = P(S_1) + P(S_2) + P(S_3)$$

Betrachten wir aber die beiden nicht disjunkten Ereignisse

$$S_1 = \{\omega_1, \omega_2\} \text{ und } S_2 = \{\omega_2, \omega_3, \omega_4\},$$

wobei

$$S = S_1 \cup S_2 = \{\omega_1, \omega_2, \omega_3, \omega_4\},$$

so ergibt sich wieder nach Definition

$$P(S_1) = \tfrac{2}{6}, \; P(S_2) = \tfrac{3}{6} \text{ und } P(S) = 4/6.$$

In diesem Falle ist aber

$$P(S) < P(S_1) + P(S_2),$$

weil in der Vereinigung S das Element ω_3, das in S_1 **und** S_2 vorhanden ist, nur einmal zählt, während es in S_1 und S_2 je einmal zählt.

△

Man beachte, daß dem Ergebnis ω_i die Wahrscheinlichkeit p_i zugeordnet ist und dem äquivalenten Elementarereignis $\{\omega_i\}$ auch die Wahrscheinlichkeit p_i: $P(\{\omega_i\}) = p_i$.

Weiter folgt aus der Tatsache, daß die Summe aller p_i gleich 1 ist,

$$P(\Omega) = 1.$$

Aus der Nichtnegativität der p_i folgt auch

$$P(S) \geqq 0.$$

Dem unmöglichen Ereignis ordnen wir noch die Wahrscheinlichkeit 0 zu, d.h.

$$P(\emptyset) = 0.$$

Dies ist naheliegend, da das unmögliche Ereignis auch die relative Häufigkeit 0 hat.

Wir fassen die obigen Überlegungen in einem Satz zusammen.

Satz 1

Gegeben seien ein Ergebnisraum Ω und eine Zähldichte p. Dazu resultiert eine Vorschrift, nach der jeder Teilmenge von Ω eine Zahl zugeordnet wird. Sei S eine Teilmenge und die Indexmenge I erfasse alle Elemente aus S, d.h. alle ω_i mit $i \in I$ machen gerade S aus. Dann ergibt sich

$$P(S) = \sum_{i \in I} p_i$$

und

$$P(\emptyset) = 0.$$

Die Zuordnung P hat die folgenden Eigenschaften

$$0 \leqq P(S) \leqq 1$$

$$P(\emptyset) = 0, \quad P(\Omega) = 1$$

und, falls die S_i disjunkt sind,

$$P(\bigcup S_i) = \sum_i P(S_i).$$

△

Aus der Vorschrift P erhalten wir wieder die Zähldichte

$$p_i = P(\{\omega_i\}).$$

Daher können wir auch von P ausgehen und daraus erst die Zähldichte ableiten.

Nach diesen Überlegungen definieren wir, was wir unter einem diskreten Wahrscheinlichkeitsraum verstehen wollen.

Dabei legen wir nicht die Zähldichte zugrunde, was naheliegender wäre, sondern die Zuordnung P. Der Grund dafür liegt in der Tatsache, daß wir beim noch zu entwickelnden kontinuierlichen Wahrscheinlichkeitsraum die Vorschrift P zugrundelegen werden, weil dies dann zweckmäßiger ist, und wir in beiden Fällen den Wahrscheinlichkeitsraum einheitlich definieren wollen.

Definition 2

Ein diskreter Wahrscheinlichkeitsraum ist ein Paar (Ω, P), wobei Ω abzählbar ist und P eine Abbildung, die jeder Menge $S \subset \Omega$ (oder $S \in \mathfrak{P}(\Omega)$) eine Zahl zwischen 0 und 1 zuordnet. Dabei gilt

$P(\Omega) = 1, \; P(\emptyset) = 0$

und für

$$S = \bigcup_{i \in I} S_i,$$

wobei die S_i disjunkt sind, gilt

$$P(S) = \bigcup_{i \in I} P(S_i).$$

$\omega \in \Omega$ heißen **Ergebnisse** und $S \in \mathfrak{P}(\Omega)$ heißen **Ereignisse**. Die einelementigen Mengen $\{\omega\} \in \mathfrak{P}(\Omega)$ heißen **Elementarereignisse** und $P(S)$ heißt die **Wahrscheinlichkeit** des Ereignisses S. Die Zuordnung P heißt auch **Wahrscheinlichkeitsmaß** oder **Verteilung** (des Wahrscheinlichkeitsraumes). Nicht zu verwechseln mit der später zu definierenden Verteilungsfunktion. Die Vorschrift

$$p\colon \omega_i \to p_i = P(\{\omega_i\})$$

heißt **Zähldichte**.

△

Es ist auch üblich (bei nicht diskreten Wahrscheinlichkeitsräumen notwendig), die Ereignismenge explizit in die Definition mitaufzunehmen, d.h. wir betrachten dann ein Tripel

$$(\Omega, \mathfrak{P}(\Omega), P).$$

Manchmal interessieren nicht alle Ereignisse, sondern nur bestimmte, dann ist das **interessierende** Ereignissystem nicht gleich $\mathfrak{P}(\Omega)$.

Im Würfelbeispiel interessiere z.B. nur Augenzahl gerade oder ungerade, d.h.

$$S_1 = \{\omega_2, \omega_4, \omega_6\} \text{ und } S_2 = \{\omega_1, \omega_3, \omega_5\}.$$

Wir beschränken uns dann nicht auf ein Ereignissystem bestehend aus S_1 und S_2, sondern nehmen noch alle daraus durch logische Operationen (das bedeutet mathematisch durch Durchschnitt, Vereinigung und Komplementbildung) ableitbaren Ereignisse dazu, d.h. ein **vollständiges** Ereignissystem. Das bestünde in diesem Falle aus $\emptyset$, S_1, S_2 und Ω und wäre nicht gleich der Potenzmenge.

Die Zuordnungsvorschrift P laute:

$$P(\emptyset) = 0, \; P(S_1) = \tfrac{1}{2}, \; P(S_2) = \tfrac{1}{2}, \; P(\Omega) = 1.$$

Beispiel:

Wir betrachten wieder das Fußballbeispiel mit den drei Ergebnissen: ω_1 = Sieg, ω_2 = Unentschieden und ω_3 = Niederlage. Dazu konstruieren wir ein mathematisches Modell nämlich einen diskreten Wahrscheinlichkeitsraum. Zuerst nehmen wir an, daß diesen drei Ergebnissen drei nichtnegative Zahlen zugeordnet sind:

$$\omega_1 \rightarrow p_1 \geqq 0$$
$$\omega_2 \rightarrow p_2 \geqq 0$$
$$\omega_3 \rightarrow p_3 \geqq 0$$

Dabei gelte: $p_1 + p_2 + p_3 = 1$.

Wie man in einem konkreten Falle diese Wahrscheinlichkeiten p_1, p_2 und p_3 erhält oder berechnet, bleibt offen.

Damit beschäftigt sich die Statistik; dort schätzt man Wahrscheinlichkeiten aus Beobachtungen. Wahrscheinlichkeiten können aber auch aus sachlogischen Überlegungen resultieren z.B. nach dem Prinzip vom unzureichenden Grund.

Nun ergibt sich, wie oben geschrieben, daß in folgender Weise jedem Ereignis eine Wahrscheinlichkeit zugeordnet werden kann.

Ereignisse $\xrightarrow{P}$	Wahrscheinlichkeiten
$\emptyset$	0
$\{\omega_1\}$	p_1
$\{\omega_2\}$	p_2
$\{\omega_3\}$	p_3
$\{\omega_1, \omega_2\}$	$p_1 + p_2$
$\{\omega_1, \omega_3\}$	$p_1 + p_3$
$\{\omega_2, \omega_3\}$	$p_2 + p_3$
$\{\omega_1, \omega_2, \omega_3\}$	$p_1 + p_2 + p_3 = 1$

Die Zähldichte können wir auch in Tabellenform angeben

ω_i	ω_1	ω_2	ω_3	...
p_i	p_1	p_2	p_3	...

Wenn die Ergebnisse reelle Zahlen sind, so können wir die Zähldichte auch graphisch veranschaulichen.

Wir betrachten die folgende konkrete Tabelle

ω_i	1	2	4	4.5
p_i	0.15	0.2	0.15	0.5

Dazu resultiert die graphische Darstellung in Abbildung 12.

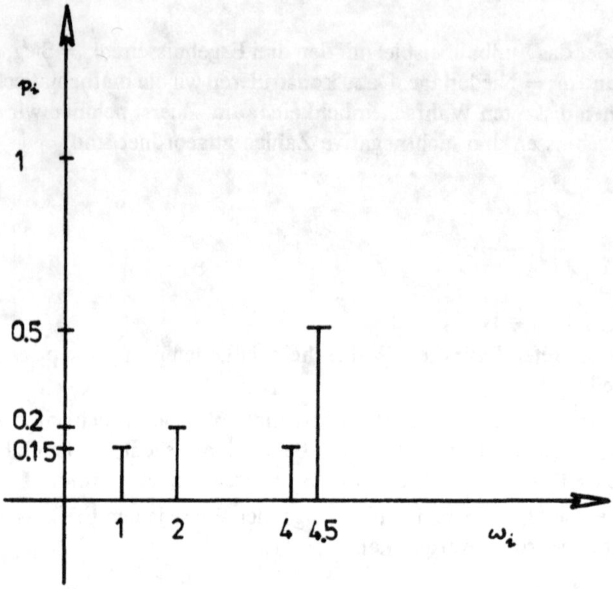

Abb. 12

4.1.1. Wahrscheinlichkeiten bei zusammengesetzten Ergebnisräumen

Bei den häufig vorkommenden zusammengesetzten Ergebnisräumen ist es angebracht, bei der Zähldichte eine etwas andere Notation einzuführen.

Zuerst betrachten wir ein Experiment, das aus zwei Stufen besteht. Auf der ersten Stufe resultieren die Ergebnisse $\omega' \in \Omega'$ und auf der zweiten Stufe die Ergebnisse $\omega'' \in \Omega''$. Ein Ergebnis des Experiments ist also ein Paar $\omega = (\omega'_i, \omega''_j)$ mit $\omega'_i \in \Omega'$ und $\omega'_j \in \Omega''$.

In diesem Falle bezeichnen wir zweckmäßigerweise die Wahrscheinlichkeit, die $\omega = (\omega'_i, \omega''_j)$ zugeordnet ist, mit p_{ij}.

Dies bedeutet, daß wir die Werte der Zähldichte nicht mit den natürlichen Zahlen durchnumerieren, also p_i für $i = 1, 2, \ldots$ schreiben, sondern mit Paaren von natürlichen Zahlen (i, j). Die Indexmenge I besteht also aus Paaren von natürlichen Zahlen.

Entsprechend könnten auch die Ergebnisse $\omega = (\omega'_i, \omega''_j)$ durch Paare von natürlichen Zahlen durchnumeriert werden. Anstatt $\omega = (\omega'_i, \omega''_j)$ könnten wir nämlich kurz ω_{ij} schreiben.

Wir wissen, daß Indexmengen, die aus Paaren von natürlichen Zahlen bestehen, auch abzählbar sind! Daher ist es eine reine Frage der Zweckmäßigkeit, ob wir die Ergebnisse mit natürlichen Zahlen oder Paaren von natürlichen Zahlen durchnumerieren.

Wir erhalten dann eine zweidimensionale Tabelle der Werte der Zähldichte.

ω_i' \ ω_j''	ω_1''	ω_2''	...
ω_1'	p_{11}	p_{12}	...
ω_2'	p_{21}	p_{22}	...
ω_3'	p_{31}	p_{32}	...
⋮	⋮	⋮	

Wenn die Ergebnisse ω_i' und ω_j'' reelle Zahlen sind, so können wir die Zähldichte auch graphisch im dreidimensionalen Raum veranschaulichen. Zu der folgenden konkreten Tabelle

ω_i' \ ω_j''	1	2	3
0	0.1	0.2	0.3
2	0.2	0.1	0.1

ergibt sich gemäß Abbildung 13 eine graphische Darstellung, wobei eine Projektion in die Zeichenebene vorgenommen wurde.

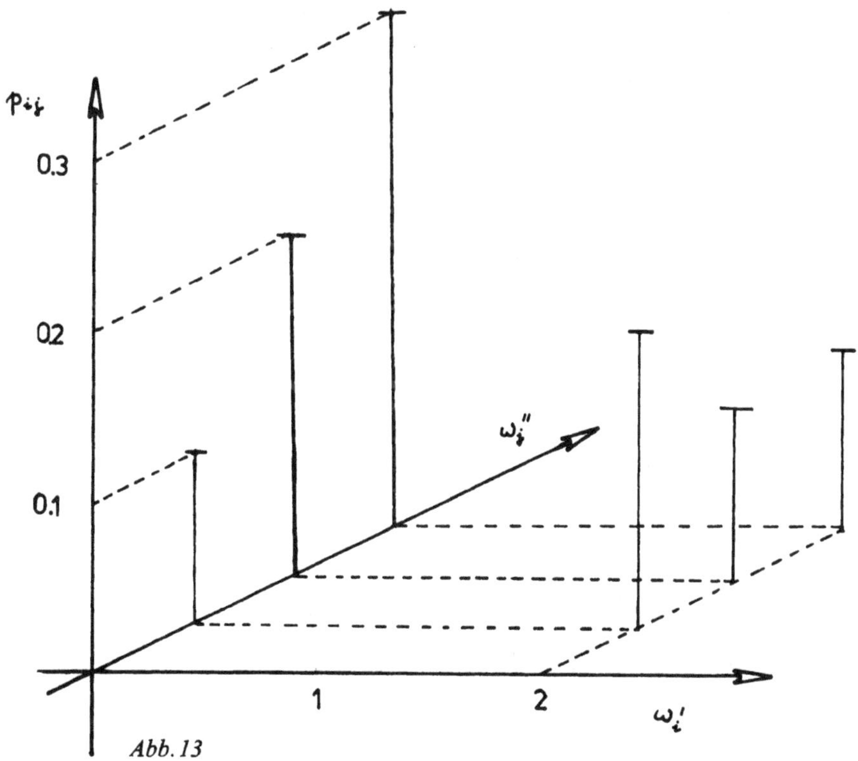

Abb. 13

Wenn wir bei einer zweidimensionalen Tabelle der Zähldichte die Zeilensumme bilden, so resultieren gerade die Wahrscheinlichkeiten für die Ergebnisse der ersten Stufe und bei der Spaltensumme die Wahrscheinlichkeiten der Ergebnisse der zweiten Stufe.

Dies folgt unmittelbar aus der Tatsache, daß ein Ergebnis ω_i' auf der ersten Stufe gleich ist einem Ereignis S, das logisch folgendermaßen beschrieben werden kann:

$$(\omega_i', \omega_1'') \text{ „oder“ } (\omega_i', \omega_2'') \text{ „oder“ } (\omega_i', \omega_3'') \text{ „oder“ } \ldots$$

Dabei besteht S aus allen Paaren, deren erste Komponente gleich ist ω_i' und deren zweite Komponente beliebig aus Ω'' ist. Also wird P(S) gleich der Summe aller p_{ij}, die in Zeile i stehen.

Entsprechendes gilt für die Ergebnisse ω_j'' auf der zweiten Stufe.

Dabei entspricht ω_j'' einem Ereignis S, das alle Paare enthält, deren erste Komponente beliebig aus Ω' ist, und deren zweite Komponente gleich ist ω_j''.

Also wird P(S) gleich der Summe aller p_{ij}, die in Spalte j stehen.

Wir bezeichnen daher die beiden Zähldichten, die den einzelnen Stufen zugeordnet sind, als **Randzähldichten** und die Verteilungen als **Randverteilungen**. Die Zähldichte des gesamten Experiments heißt auch **gemeinsame Zähldichte** und die Verteilung **gemeinsame Verteilung.**

Beispiel:

Es liege das folgende Experiment vor bestehend aus zwei Stufen. Auf der ersten Stufe seien die Ergebnisse folgendermaßen definiert:

ω_1' = Zunahme des Lohnsatzes unter 5%
ω_2' = Zunahme des Lohnsatzes von 5% bis unter 8%
ω_3' = Zunahme des Lohnsatzes von 8% und mehr.

Auf der zweiten Stufe seien die Ergebnisse folgendermaßen festgelegt:

ω_1'' = reales Wachstum unter 1%
ω_2'' = reales Wachstum von 1% bis unter 3%
ω_3'' = reales Wachstum von 3% bis unter 5%
ω_4'' = reales Wachstum von 5% oder mehr.

Dazu liege die folgende Tabelle der Zähldichte vor

ω_j' \ ω_i''	ω_1''	ω_2''	ω_3''	ω_4''	$\sum$
ω_1'	0.02	0.06	0.11	0.01	0.20
ω_2'	0.07	0.19	0.30	0.04	0.60
ω_3'	0.01	0.05	0.09	0.05	0.20
$\sum$	0.10	0.30	0.50	0.10	1

Dann ergibt sich für die erste Stufe die folgende Zähldichte

ω_1'	ω_2'	ω_3'
0.20	0.60	0.20

und für die zweite

ω_1''	ω_2''	ω_3''	ω_4''
0.10	0.30	0.50	0.10

△

Bei der Diskussion von zusammengesetzten Ergebnisräumen hatten wir den Fall besprochen, daß das dahinterliegende Experiment aus mehreren Stufen besteht, und auf jeder Stufe ein gleichartiges Teilexperiment vorliegt. Wir hatten uns überlegt, daß die Ergebnisse auf zwei verschiedene Arten resultieren können. Entweder in Serie, d.h. wir führen **ein** Teilexperiment m-mal durch oder in Reihe, d.h. wir führen ein Experiment bestehend aus m gleichartigen Teilexperimenten **einmal** durch.

Wir können also z.B. aus einer Urne durch m-maliges „unabhängiges" Ziehen (mit Zurücklegen) ein Los ziehen oder aus m gleichartigen Urnen gleichzeitig „unabhängig" voneinander m Lose.

Oder, wenn m Haushalte über eine längere Zeit dasselbe Konsumverhalten aufweisen, so können wir eine Querschnittstichprobe machen, d.h. für eine Periode den Konsum von m Haushalten erfragen, oder eine Längsschnittstichprobe machen, d.h. den Konsum **eines** Haushalts für m Perioden hintereinander erfragen.

Es ist plausibel, daß sich die relativen Häufigkeiten in beiden Fällen langfristig denselben Werten nähern. Das heißt, wenn wir ein Experiment bestehend aus m Stufen sehr oft durchführen, so resultieren in Serie und in Reihe in beiden Fällen angenähert dieselben Werte für die relativen Häufigkeiten. Wir wollen daher annehmen, daß auch gleiche Wahrscheinlichkeiten zugrunde liegen.

Das bedeutet, daß in beiden Fällen derselbe Wahrscheinlichkeitsraum vorliegt.

Aus wahrscheinlichkeitstheoretischer Sicht macht es daher keinen Unterschied, ob wir die Ergebnisse uns in Reihe oder in Serie entstanden denken.

Wir werden im weiteren Verlaufe der Überlegungen öfters Ergebnisse, die unabhängig in Serie entstanden sind, auffassen als Ergebnisse, die unabhängig in Reihe entstanden sind, da die letztere Betrachtungsweise oft zweckmäßiger ist.

4.1.2. Laplace-Wahrscheinlichkeitsräume

Wir wollen nun einige spezielle Wahrscheinlichkeitsräume betrachten, wobei uns nicht so sehr Ω sondern P interessieren wird.

Falls Ω endlich viele – und zwar n Ergebnisse – enthält, so können alle p_i gleich, nämlich $\frac{1}{n}$, sein.

In diesem Falle sind alle Ergebnisse **gleichwahrscheinlich**, die Wahrscheinlichkeit eines Ereignisses bestehend aus m Ergebnissen ist dann einfach m/n. Solche Wahrscheinlichkeitsräume heißen auch **Laplace-Wahrscheinlichkeitsräume**, und wir sprechen in diesem Zusammenhang von einem **Laplace-Experiment**. Die inhaltliche Festlegung der Wahrscheinlichkeiten kann dabei nach dem Prinzip vom unzureichenden Grunde erfolgen, da in vielen Fällen kein Ergebnis vor dem anderen in dem Sinne ausgezeichnet ist, daß es in einer experimentellen Anordnung eine größere Realisierungschance hätte. Insbesondere bei Glücksspielen, bei Losverfahren und wenn man über die Realisierungschancen der Ergebnisse keine Vorstellungen hat, scheint dieses Prinzip sinnvoll. Es gibt z. B. keinen Grund bei einem „ausbalancierten" Würfel anzunehmen, daß eine Augenzahl eine größere Realisierungschance hat als eine andere.

Für die Laplace-Wahrscheinlichkeitsräume benötigen wir Hilfsmittel aus der Kombinatorik, die wir uns nun erarbeiten wollen.

4.1.2.1. Kombinatorische Überlegungen

Vorgegeben seien n Objekte, z. B. Buchstaben oder Ziffern. Aus den Objekten bilden wir Gruppen von je r Objekten. Die Frage ist dann, wie viele verschiedene Gruppen es gibt.

Wir wollen dies an einem konkreten Beispiel diskutieren. Es liegen die $n = 3$ Objekte A, B und C vor, und wir betrachten Gruppen bestehend aus je $r = 2$ Objekten.

1) Wenn ein Objekt in einer Gruppe auch öfters vorkommen kann, und die Reihenfolge in der Gruppe relevant ist, so ergeben sich die folgenden 9 Möglichkeiten

   AA, AB, AC, BA, BB, BC, CA, CB, CC.

   Die Anordnungen heißen **r-Permutationen mit Wiederholung**.

2) Wenn ein Objekt in einer Gruppe nur einmal vorkommen kann, und die Reihenfolge in der Gruppe relevant ist, so ergeben sich die folgenden 6 Möglichkeiten

   AB, AC, BA, BC, CA, CB.

   Die Anordnungen heißen **r-Permutationen ohne Wiederholung**. In diesem Falle muß natürlich $n \geqq r$ sein.

3) Wenn ein Objekt in einer Gruppe nur einmal vorkommen kann, und die Reihenfolge in der Gruppe nicht relevant ist, so ergeben sich die folgenden 3 Möglichkeiten

   AB, AC, BC.

   Die Anordnungen heißen **r-Kombinationen ohne Wiederholung**. Auch in diesem Falle muß $n \geqq r$ sein.

4) Wenn schließlich ein Objekt in einer Gruppe auch öfters vorkommen kann, und die Reihenfolge in der Gruppe nicht relevant ist, so ergeben sich die folgenden 6 Möglichkeiten

   AA, AB, AC, BB, BC, CC.

   Die Anordnungen heißen **r-Kombinationen mit Wiederholung**.

Für diese 4 Fälle berechnen wir nun die Anzahl der möglichen Gruppen.

1. Fall

Bei den r-Permutationen mit Wiederholung gibt es n verschiedene Möglichkeiten die erste Stelle in der Gruppe zu besetzen und unabhängig davon n Möglichkeiten die zweite Stelle in der Gruppe zu besetzen usw.

Das heißt, es gibt insgesamt

$$\underbrace{n \times n \times \ldots \times n}_{r\text{-mal}}$$

also n^r Möglichkeiten.

Wenn die n Objekte speziell die Zahlen 1 bis n sind, so können wir alle Tupel $(n_1, n_2, \ldots, n_r)$ betrachten, wobei die n_i natürliche Zahlen sind mit

$$\begin{aligned} 1 &\leqq n_1 \leqq n \\ 1 &\leqq n_2 \leqq n \\ &\vdots \\ 1 &\leqq n_r \leqq n \end{aligned}$$

Beispiel:

Wie viele Zahlen kann man mit den beiden Ziffern 0 und 1 darstellen, wenn man alle dreistelligen Ziffernkombinationen betrachtet (= Dualzahlen)?

Es ergeben sich die folgenden Dualzahlen

000, 001, 010, 011, 100, 101, 110, 111

also 2^3 verschiedene Zahlen.

Im dekadischen System ergeben sich 10^r verschiedene r-stellige Zahlen.

△

2. Fall

Bei den r-Permutationen ohne Wiederholung gibt es n verschiedene Möglichkeiten die erste Stelle in der Gruppe zu besetzen und unabhängig davon n − 1 Möglichkeiten (da ein Objekt bereits die Stelle 1 besetzt) die zweite Stelle zu besetzen usw. Das heißt, es gibt insgesamt

$$n(n-1)(n-2)\ldots(n-r+1)$$

Möglichkeiten.

Falls wir aus den n Objekten auch Gruppen zu je n Objekten bilden, d.h. r = n, so ergibt sich speziell für die Anzahl

$$1 \cdot 2 \cdot 3 \ldots n$$

Für dieses Produkt schreiben wir abkürzend n! (sprich n Fakultät). Wir vereinbaren noch 0! = 1.

Beispiel:

Wieviel verschiedene Möglichkeiten gibt es, n Personen um einen Tisch herum anzuordnen?

Wir bilden aus den n Personen Gruppen zu je n, wobei die Reihenfolge relevant ist. Daher gibt es n! Möglichkeiten.

△

Obige allgemeine Formel (für $r \leqq n$) können wir auch folgendermaßen schreiben

$$n!/(n-r)! = \frac{1 \cdot 2 \cdot 3 \dots n}{1 \cdot 2 \cdot 3 \dots n-r} = n(n-1)\dots(n-r+1)$$

3. Fall ($n \geqq r$)
Wir betrachten nun die r-Kombinationen ohne Wiederholung. In diesem Falle ist im Gegensatz zum zweiten Fall die Reihenfolge der Objekte in der Gruppe nicht relevant. Es gibt aber r! Möglichkeiten die Objekte in einer Gruppe verschieden anzuordnen. Daher ist die Anzahl in diesem Falle gleich

$$n(n-1)\dots(n-r+1)/r!$$

Für diesen Ausdruck schreiben wir abkürzend

$$\binom{n}{r} \quad \text{(sprich: n über r)}$$

Man überlegt sich leicht, daß sich $\binom{n}{r}$ auch folgendermaßen schreiben läßt

$$\binom{n}{r} = \frac{n!}{(n-r)!\,r!}$$

Wenn die n Objekte speziell die Zahlen 1 bis n sind, so können wir den Sachverhalt auch so beschreiben, daß wir alle Tupel $(n_1, n_2, \dots, n_r)$ betrachten, wobei die n_i natürliche Zahlen sind mit

$$\begin{aligned} 1 &\leqq n_1 \leqq n \\ n_1 &< n_2 \leqq n \\ n_2 &< n_3 \leqq n \\ &\vdots \\ n_{r-1} &< n_r \leqq n \end{aligned}$$

Durch die Festlegung $n_1 < n_2 < \dots < n_r$ greifen wir nämlich unter allen r! möglichen Anordnungen, in die r gegebene Zahlen gebracht werden können, genau eine heraus; und diese Anordnung steht stellvertretend für alle anderen gleichwertigen Anordnungen.

Beispiel:
Wie viele verschiedene r-elementige Mengen kann man aus n Elementen bilden?
Wir bilden aus den n Elementen Gruppen zu je r Stück, wobei ein Element nur einmal verwendet wird, und die Reihenfolge nicht relevant ist. Daher resultieren $\binom{n}{r}$ verschiedene Mengen.

△

4. Fall

Wir betrachten die r-Kombinationen mit Wiederholung. Um in diesem Fall die Anzahl der Möglichkeiten bequemer berechnen zu können, gehen wir davon aus, daß die n Objekte speziell die n Ziffern 1, 2, 3, ..., n sind.

Da die Reihenfolge in einer Gruppe nicht relevant ist, können wir auch die Anzahl aller Gruppen $(n_1, n_2, \ldots, n_r)$ betrachten mit

$$n_1 \leqq n_2 \leqq n_3 \leqq \ldots \leqq n_r,$$

wobei jedes n_i gleich ist einer der Zahlen von 1 bis n. Dafür können wir schreiben: alle Gruppen von r natürlichen Zahlen $(n_1, n_2, \ldots, n_r)$ werden betrachtet, wobei

$$\begin{aligned} 1 &\leqq n_1 \leqq n \\ n_1 &\leqq n_2 \leqq n \\ n_2 &\leqq n_3 \leqq n \\ &\vdots \\ n_{r-1} &\leqq n_r \leqq n \end{aligned}$$

Diese r Ungleichungen können wir auch folgendermaßen schreiben:

$$\begin{aligned} 1 &\leqq n_1 \leqq n \\ n_1 &< n_2 + 1 \leqq n + 1 \\ n_2 + 1 &< n_3 + 2 \leqq n + 2 \\ &\vdots \\ n_{r-1} + r - 2 &< n_r + r - 1 \leqq n + r - 1 \end{aligned}$$

bzw. mit der Abkürzung $m_i = n_i + i - 1$

$$\begin{aligned} 1 &\leqq m_1 \leqq n \\ m_1 &< m_2 \leqq n + 1 \\ m_2 &< m_3 \leqq n + 2 \\ &\vdots \\ m_{r-1} &< m_r \leqq n + r - 1 \end{aligned}$$

Nun ist jedem Tupel $(m_1, m_2, \ldots, m_r)$ genau ein Tupel $(n_1, n_2, \ldots, n_r)$ zugeordnet.

Die Anzahl der Tupel ändern wir nicht, wenn wir anstatt obiger Ungleichungen die folgenden heranziehen

$$\begin{aligned} 1 &\leqq m_1 \leqq n + r - 1 \\ m_1 &< m_2 \leqq n + r - 1 \\ &\vdots \\ m_{r-1} &< m_r \leqq n + r - 1 \end{aligned}$$

Dies liegt daran, daß gelten muß: $m_1 < m_2 < \ldots < m_r$, und damit kann z. B. m_1 nie größer als n werden.

Damit liegt aber der Fall 3 vor, d. h. die Anzahl der Objekte ist $n + r - 1$, ohne Wiederholung, und die Reihenfolge ist nicht relevant.

Daher ergibt sich die Anzahl

$$\binom{n+r-1}{r}$$

Beispiel:

In einem Betrieb mit 10 Angestellten wird jedes Jahr zu Weihnachten und Neujahr jeweils eine Urlaubsreise verlost, wobei bei beiden Verlosungen alle 10 Angestellten teilnehmen. Wie viele Möglichkeiten der Verteilung der Urlaubsreisen gibt es?

Eine konkrete Verteilung wird durch ein Paar (n_1, n_2) angegeben, wobei n_1 die Nummer des Angestellten angibt, der die erste Reise gewinnt, und n_2 die Nummer des Angestellten, der die zweite Reise gewinnt. Es werden also n Objekte zu Gruppen von je zwei zusammengefaßt, wobei Wiederholung vorliegt und die Reihenfolge nicht relevant ist.

Es gibt also insgesamt

$$\binom{11}{2} = \frac{11!}{2!9!} = \frac{10 \cdot 11}{2} = 55$$

Möglichkeiten.

△

Die oben besprochenen Fälle kann man auch an einem Urnenmodell exemplifizieren.

In einer Urne befinden sich n Lose, die von 1 bis n durchnumeriert sind. Wir ziehen hintereinander r Lose. Mit der i-ten Losnummer werde der i-te Preis gewonnen.

Wir können nun nach jeder Ziehung das Los wieder in die Urne zurücklegen bzw. nicht zurücklegen; dies entspricht in der vorhergehenden Sprechweise „mit Wiederholung" bzw. „ohne Wiederholung". Wenn alle Preise verschieden sind bzw. gleich sind, so entspricht dies in der vorhergehenden Sprechweise „Reihenfolge relevant" bzw. „Reihenfolge nicht relevant".

Zusammenfassend erhalten wir die folgende Tabelle für die möglichen Anzahlen.

	mit Wiederholung	ohne Wiederholung $n \geqq r$
Reihenfolge relevant (Permutation)	n^r	$\frac{n!}{(n-r)!\,r!}$
Reihenfolge nicht relevant (Kombination)	$\binom{n+r-1}{r}$	$\binom{n}{r}$

Mit Hilfe obiger Überlegungen können wir für viele diskrete Wahrscheinlichkeitsräume die Wahrscheinlichkeiten von Ereignissen berechnen. Dabei muß vorausgesetzt werden, daß die Ergebnisse alle gleichwahrscheinlich sind. Wir rechnen dann zuerst die Anzahl n aller möglichen Ergebnisse aus und dann zu einem Ereignis die Anzahl m aller Ergebnisse, die dieses Ereignis ausmachen. Damit ergibt sich die gesuchte Wahrscheinlichkeit zu m/n.

Beispiele:

1) Wir fragen zuerst nach der Wahrscheinlichkeit, daß bei viermal Würfeln mit einem sechsseitigen Würfel keine Augenzahl gleich einer anderen ist.

   Der Ergebnisraum besteht aus Tupeln der Art

   (i_1, i_2, i_3, i_4), wobei $1 \leqq i_\nu \leqq 6$ und $1 \leqq \nu \leqq 4$.

   Es gibt insgesamt 6^4 verschiedene Kombinationen mit Wiederholung (1. Fall) und $6 \cdot 5 \cdot 4 \cdot 3$ verschiedene Kombinationen ohne Wiederholung (2. Fall).

   Die gesuchte Wahrscheinlichkeit ist also $6 \cdot 5 \cdot 4 \cdot 3/6^4 = 5/18$ oder Anzahl der günstigsten Fälle/Anzahl der möglichen Fälle.

2) Beim Lotto werden 6 Zahlen aus 49 ausgewählt. Ist es unvernünftig anzunehmen, daß die Zahlen 1 bis 6 gezogen werden? Diese sechs Zahlen haben natürlich dieselbe Wahrscheinlichkeit wie jede andere Kombination.

   Wir fragen nach der Wahrscheinlichkeit, daß bei einer Lottoziehung die Zahl 1 oder 49 gezogen wird.

   Der Ergebnisraum besteht aus Tupeln der Art

   $(i_1, i_2, \ldots, i_6)$, $1 \leqq i_\nu \leqq 49$ und $1 \leqq \nu \leqq 6$.

   Es gibt $\binom{49}{6}$ verschiedene Anordnungen und $\binom{47}{6}$ verschiedene Anordnungen ohne die Zahlen 1 und 49.

   Also ist die gesuchte Wahrscheinlichkeit gleich $1 - \binom{47}{6} / \binom{49}{6} = 1 - \frac{43 \cdot 42}{49 \cdot 48}$ $= 1 - 43/56 = \frac{13}{56}$.

   Wir fragen nun wie oft im Mittel bei einer Ziehung 6 Richtige erscheinen werden, wenn 1 Mio. Leute je einmal im Lotto tippen. Dabei gehen wir davon aus, daß die Leute „unabhängig" voneinander tippen.

   Die mögliche Anzahl für 6 Richtige ist:

   $\binom{49}{6} \simeq 14$ Mio.

Also erhalten wir im Mittel nur bei jeder 14. Ziehung einen Tip mit 6 Richtigen.

Übungen und Aufgaben

1. Es soll versucht werden Wahrscheinlichkeiten festzulegen, welche Werte zwischen 0 und 100 annehmen. Wir führen dieselben Überlegungen durch wie beim mathematischen Wahrscheinlichkeitsbegriff, wobei wir aber anstelle der relativen Häufigkeiten prozentuale Häufigkeiten verwenden!

2. **Das Meßproblem in der Wahrscheinlichkeitstheorie.** Wahrscheinlichkeiten sind ganz allgemein „Meßwerte" für einen bestimmten Sachverhalt. Wahrscheinlichkeiten kann man – wie im mathematischen Modell festgelegt – addieren. Damit die Addition sinnvoll ist, müssen die Meßwerte aber eine bestimmte Qualität, nämlich Intervallskalenniveau, haben. Dieses Problem wird in der **Theorie des Messens** behandelt. Diese Qualität liegt vor, wenn Größenvergleich und die Addition von Meßwerten ein sinnvolles empirisches Analogon besitzen. Dies ist der Fall, wenn wir Wahrscheinlichkeiten als relative Häufigkeiten bzw. deren Grenzwerte ansehen. Es ist dann definiert was es heißt, daß ein Ereignis häufiger auftritt als ein anderes und was es heißt, daß ein Ereignis genau so häufig auftritt wie zwei andere, die durch logisches oder verbunden sind. Es gibt sogar einen natürlichen Nullpunkt, da es ein unwahrscheinlichstes Ereignis – nämlich das unmögliche – gibt. Damit ist es sogar plausibel, daß ein **Verhältnisskalenniveau** vorliegt.

   Die Meßwerte sind dann eindeutig festgelegt bis auf Transformationen der Art

   $y = ax \quad \text{mit} \quad a \neq 0.$

   Also kann man auch „Wahrscheinlichkeiten" festlegen, die zwischen 0 und 100 liegen.

3.* Man kann Ω als eine Punktmenge im zweidimensionalen Raum ansehen und P als Flächenmaß, d.h. P(A) gibt die Fläche von A an. Dabei ist die Fläche von Ω zu 1 normiert. Die Regeln

   $0 \leqq P(A), \quad P(A \cup B) = P(A) + P(B),$

   sofern A und B disjunkt sind, haben dann eine unmittelbar einleuchtende geometrische Bedeutung.

   Ebenso kann man Ω als eine Punktmenge im dreidimensionalen Raum ansehen und P als Volumenmaß. Diese Übereinstimmung ist nicht zufällig. Die Maßtheorie enthält als Spezialfälle die Wahrscheinlichkeitstheorie und die Flächen- bzw. Volumentheorie.

   In der Maßtheorie wird allgemein Teilmengen ein Maß zugeordnet. Dieses Maß kann eine Wahrscheinlichkeit oder eine Fläche oder ein Volumen oder eine Masse sein.

4. Man überlege sich die Rechenregeln

   Aus $S_1 \subset S_2$ folgt $P(S_1) \leqq P(S_2)$

   und

   $P(S_1 \cup S_2) = P(S_1) + P(S_2) - P(S_1 \cap S_2)$

   und

   $P(S) + P(\bar{S}) = 1,$

   wobei $\bar{S}$ das zu S komplementäre Ereignis ist.

5.* Ein Experiment bestehe darin, einen sechsseitigen Würfel k-mal zu werfen. Der Ereignisraum besteht aus k-Tupeln

   $(i_1, i_2, \ldots, i_k) \; 1 \leqq i_\nu \leqq 6 \text{ und } 1 \leqq \nu \leqq k$

Das Ereignis A_n = „n-ter Wurf ergibt die Augenzahl drei" ergibt sich aus den folgenden Tupeln:

$\{(i_1, i_2, \ldots, i_k) \mid i_n = 3\}$

Das Ereignis B_n = „n-ter Wurf ergibt erstmals Augenzahl drei" ergibt sich aus den folgenden Tupeln:

$\{(i_1, i_2, \ldots, i_k) \mid i_n = 3,\ i_\nu \neq 3 \text{ für } 1 \leqq \nu < n\}$

Das Ereignis C_n = „n-ter Wurf und Wurf n + 1 ergeben erstmals die Augenzahl drei" ergibt sich aus den folgenden Tupeln:

$\{(i_1, i_2, \ldots, i_k) \mid i_n = i_{n-1} = 3,\ i_\nu \neq 3,\ \nu < n-1\}$

Das Ereignis D = „genau ein Wurf ergibt Augenzahl drei" ergibt sich aus den folgenden Tupeln:

$\{(i_1, i_2, \ldots, i_k) \mid i_\nu \neq 3 \text{ für } \nu \neq \nu_0,\ 1 \leqq \nu \leqq k,\ i_{\nu_0} = 3\}$

Es gilt dann:

$B_1 = A_1,\ B_2 = A_2 - A_1,\ B_3 = A_3 - A_2 - A_1$ usw.

$C_n = B_n \bigcap A_{n+1}$

$D = \bigcup_{n=1}^{k} (A_n - \bigcup_{\mu \neq n} A_\mu)$

$\bigcup_{n=1}^{k-1} C_n$ = es gibt zwei aufeinanderfolgende Würfe mit Augenzahl drei

$\bigcup_n A_n = A_1 \bigcup (A_2 - A_1) \bigcup (A_3 - A_2 - A_1) \bigcup \ldots = \bigcup_n B_n$

Man überlege sich:

$P(A_n) = 1/6$

$P(B_n) = (\frac{5}{6})^{n-1} \cdot \frac{1}{6}$

$P(C_n) = P(B_n)\frac{1}{6}$

6.* Bei einer „Glücksspirale" sind in einer Trommel 70 Kugeln, wovon je 7 die Ziffer 0, je 7 die Ziffer 1 usw. bis zu je 7 die Ziffer 9 enthalten.

Es werden zufällig 7 Kugeln entnommen und deren Ziffern in der Reihenfolge der Ziehung zu einer Zahl angeordnet. Man überlege sich, daß nicht jede 7-stellige Zahl gleich wahrscheinlich ist!

7.* Es wird mit einem sechsseitigen Würfel gewürfelt, solange bis zum 1. Mal zwei gleiche Augenzahlen hintereinander auftreten.

Wie groß ist die Wahrscheinlichkeit, daß das Spiel nach $m \geqq 2$ Würfeln beendet ist?

Es wäre naheliegend als Ergebnisse unendliche Folgen $\omega = (i_1, i_2, \ldots, i_n, \ldots)$ mit $1 \leqq i_\nu \leqq 6$ zu wählen. Es ist aber ein Resultat der Mengenlehre, daß die Menge Ω aller solcher Folgen nicht abzählbar ist.

Daher wählen wir einen einfacheren Ergebnisraum:

Ω' = die Menge aller ω'_n mit $\omega'_n = (i_1, i_2, \ldots, i_n)$, wobei $1 \leqq i_\nu \leqq 6$, $i_\nu \neq i_{\nu+1}$ für $1 \leqq \nu \leqq n-2$ und $i_{n-1} = i_n$ und $n = 2, 3, \ldots$. Es sind dies gerade die Abschnitte der Folgen, die uns interessieren. Von Ω gelangen wir zu Ω' durch folgende Abbildung f: Sei ω ein Elementarereignis aus Ω, dann bezeichnen wir mit ω_n den Abschnitt der ersten n Glieder der entsprechenden Folge ω; allen ω, für die gilt $\omega_n = \omega'_n$, ordnen wir ω'_n zu, d.h. $f(\omega) = \omega'_n$. Natürlich gibt es unendlich viele solcher ω, die auf ein ω'_n abgebildet werden. Man beachte, daß dabei die Folgen ω, bei denen keine zwei aufeinanderfolgenden Augenzahlen gleich sind, gar nicht abgebildet werden.

Nun fragen wir nach der Wahrscheinlichkeit von ω'_n. Wir können formal schreiben:

$\omega = (\omega_n, \tilde{\omega}_n)$.

Zu einem ω gibt es 6^n verschiedene ω_n. Deswegen können wir allen ω, die dasselbe ω_n liefern, die Wahrscheinlichkeit $1/6^n$ zuordnen. Wir gehen dabei davon aus, daß es zu jedem festen ω_n „gleich viel" verschiedene $\tilde{\omega}_n$ gibt.

Nun fragen wir uns, wie groß die Anzahl der möglichen ω_n ist, bei denen nur die beiden letzten Glieder gleich sind. Es gibt 6 Möglichkeiten für i_n: Augenzahl 1 bis 6; für i_ν mit $\nu \leqq n-2$ gibt es dann je 5 Möglichkeiten, da $i_\nu \neq i_{\nu+1}$ sein muß. Wir erhalten also $6 \cdot 5^{n-2}$ Möglichkeiten.

Insgesamt hat also ω'_n die Wahrscheinlichkeit $P'(\{\omega'_n\}) = 6 \cdot 5^{n-2}/6^n$ (= Anzahl der günstigen durch Anzahl der möglichen Fälle).

Die gesuchte Wahrscheinlichkeit α, daß das Spiel nach $m \geqq 2$ Würfen zu Ende ist, lautet:

$$\alpha = \sum_{n=2}^{m} P'(\omega'_n) = \frac{1}{6} \sum_{n=2}^{m} \frac{5^{n-2}}{6^{n-2}} = \frac{1}{6} \frac{1-(\frac{5}{6})^{m-1}}{1-\frac{5}{6}} = 1-(\tfrac{5}{6})^{m-1}$$

Aus der Formel für α sieht man, daß das Spiel mit Wahrscheinlichkeit 1 aufhört $(m \to \infty)$.

8. In Genua wurden im 17. Jahrhundert per Los aus 100 Senatoren 5 ausgewählt, die Ehrenämter erhalten sollten. Ein Genuese bot jedem, der alle 5 gewählten Senatoren erraten würde, den 20000-fachen Einsatz. War die Wette fair?

9. Von 36 Präsidenten der USA hatten 2 am selben Tag Geburtstag. Wie wahrscheinlich ist das Ereignis? Die Wahrscheinlichkeit ist $1 - 365 \cdot 364 \ldots 330/365^{36} \cong 0.8$.

10. Wir hatten uns überlegt, daß es zu einer Menge Ω bestehend aus n Elementen, insgesamt $\binom{n}{r}$ verschiedene r-elementige Teilmengen gibt.

    Wie viele Teilmengen S gibt es zu einer Menge Ω, die n Elemente $\omega_1, \omega_2, \ldots, \omega_n$ enthält, d.h. wie „groß" ist die Potenzmenge?

    Hinweis:

    Jede Teilmenge kann man durch eine n-stellige Dualzahl darstellen. Diese Dualzahl hat an der Stelle i eine 0, wenn ω_i zu der Teilmenge S gehört, und eine 1, wenn ω_i nicht zu der Teilmengen S gehört.

11. Binomialkoeffizienten

    Wir betrachten der Ausdruck

$$(a+b)^n = \underbrace{(a+b)(a+b)\dots(a+b)}_{\text{n-mal}}$$

Wenn wir dieses Produkt ausmultiplizieren, so erhalten wir Ausdrücke der Art $a^i b^j$. Dabei resultiert dieser Ausdruck $a^i b^j$, wenn wir bei den n Faktoren (a + b) i-mal a und j-mal b nehmen. Daher muß gelten $i + j = n$. Nun gibt es aber $\binom{n}{i}$ Möglichkeiten aus den n Faktoren i-mal a auszuwählen (und damit $j = (n-i)$-mal b).

Daher ergibt sich

$$(a+b)^n = a^n + \binom{n}{1} a^{n-1} b^1 + \binom{n}{2} a^{n-2} b^2 + \dots + \binom{n}{n-1} a b^{n-1} + b^n$$

Da $\binom{n}{0}$ gleich ist 1, ergibt sich auch die bekannte Formel

$$(a+b)^n = \sum_{i=0}^{n} \binom{n}{i} a^{n-i} b^i$$

12. Das Pascalsche Dreieck

```
            1
         1     1
      1     2     1
   1     3     3     1
1     4     6     4     1
```

Im Pascalschen Dreieck werden die erste Zeile und zweite Zeile bestehend aus Einsen vorgegeben. In der dritten Zeile wird zwischen den darüberstehenden Zahlen (Einsen) die Summe hingeschrieben, und vorne und hinten eine Eins ergänzt. Allgemein wird in Zeile i zwischen den darüberliegenden Zahlen die Summe hingeschrieben und vorne sowie hinten eine Eins ergänzt.

Man prüfe an einigen Stellen nach, daß in Zeile n + 1 an der Stelle i + 1 gerade $\binom{n}{i}$

Welche Rekursionsformel ergibt sich dadurch für $\binom{n}{i}$?

Man prüfe die Richtigkeit der Rekursionsformel.

13. Nach Aufgabe 11 ergibt sich für $a = b = 1$

$$2^n = \binom{n}{0} + \binom{n}{1} + \binom{n}{2} + \dots + \binom{n}{n}$$

Was hat diese Formel mit Aufgabe 10 zu tun?

4.2. Bedingte Wahrscheinlichkeit

In vielen praktischen Anwendungen interessieren sogenannte „bedingte Ereignisse". Wir wollen an einem konkreten Beispiel aus der Medizin diesen Begriff erläutern. Bei einer Krebsvorsorgeuntersuchung werde ein Test durchgeführt, der positiv (Hinweis auf Krebs) oder negativ (kein Hinweis auf Krebs) ausfallen kann. Da solche Tests nie einen sicheren Hinweis auf Krebserkrankung oder nicht liefern, ist man daran interessiert, den Grad der Zuverlässigkeit abzuschätzen. Man ist also an einer Aussage der folgenden Art interessiert: wenn der Test negativ ausfällt, so liegt mit einer bestimmten Sicherheit kein Krebs vor. Diesen Sachverhalt wollen wir nun in einem Wahrscheinlichkeitsmodell erfassen.

Zweckmäßigerweise betrachten wir die vier Ergebnisse:

ω_1 = der Test fällt positiv aus und es liegt Krebs vor,
ω_2 = der Test fällt positiv aus und es liegt kein Krebs vor,
ω_3 = der Test fällt negativ aus und es liegt Krebs vor
ω_4 = der Test fällt negativ aus und es liegt kein Krebs vor.

Man sieht, daß die Ergebnisse sich gegenseitig ausschließen und vollständig sind.

Wir leiten nun einige interessierende Ereignisse ab:

$A = \{\omega_3, \omega_4\}$ ist gleich dem Ereignis: der Test fällt negativ aus,
$B = \{\omega_2, \omega_4\}$ ist gleich dem Ereignis: es liegt kein Krebs vor.

Es gibt dann noch die komplementären Ereignisse:

$\bar{A} = \{\omega_1, \omega_2\}$: der Test fällt positiv aus,
$\bar{B} = \{\omega_1, \omega_3\}$: es liegt Krebs vor.

Interessiert ist man an dem „Ereignis": es liegt kein Krebs vor unter Voraussetzung, daß der Test negativ ausfällt bzw. an dessen Wahrscheinlichkeit.

Diesen Sachverhalt kann man formal so beschreiben, daß man weiß, das Ereignis A (der Test fällt negativ aus) ist eingetreten. Interessiert ist man aber am Ereignis B bzw. dessen Wahrscheinlichkeit.

Es sei nun p_i die Wahrscheinlichkeit des Eintretens von ω_i. Dann ist die Wahrscheinlichkeit für das Ereignis B gleich $p_2 + p_4$. Wenn wir aber wissen, daß A eintritt, so bedeutet dies eine Information, welche die Wahrscheinlichkeit des Eintretens von B ändert. Wenn wir bei einer Person wissen, daß bei ihr der Test negativ ausgefallen ist, so werden wir, falls der Test sinnvoll ist, damit rechnen, daß es bei ihr unwahrscheinlicher ist, daß Krebs vorliegt, als bei einer Person, bei der kein Test durchgeführt wurde.

Wir werden uns nun überlegen, wie sich diese Wahrscheinlichkeit ändert.

Um diesen Sachverhalt noch klarer zu machen, betrachten wir das besonders anschauliche Würfelbeispiel.

Bei einem sechsseitigen Würfel sei bekannt, daß bei einem Wurf die Augenzahl gerade war. Es ist also das Ereignis $A = \{\omega_2, \omega_4, \omega_6\}$ eingetreten.

Damit weiß man noch nicht, welches Ergebnis wirklich eingetreten ist, aber die Ergebnisse ω_1, ω_3 und ω_5 sind sicher nicht eingetreten.

Nun kann man sich fragen, wie „wahrscheinlich" es unter dieser Information ist, daß z. B. $\{\omega_2\}$ eintritt. Man spricht von der „Wahrscheinlichkeit" von $\{\omega_2\}$ unter der Bedingung A und kurz von der **bedingten Wahrscheinlichkeit** von $\{\omega_2\}$.

Im folgenden werden wir bedingte Wahrscheinlichkeiten analog den mathematischen Wahrscheinlichkeiten einführen. Dabei werden wir wieder auf relative Häufigkeiten und deren Grenzwerte rekurrieren.

Es sei also vorausgesetzt, daß das Ereignis A eintritt, und wir fragen nach der Wahrscheinlichkeit für das Ereignis B gegeben A. Dafür schreiben wir symbolisch $B|A$. Die empirische Häufigkeit für das Eintreten von A in N Versuchen sei $h_N(A)$ und die für das Eintreten von A „und" B, d. h. für

$S = A \cap B$ sei $h_N(A \cap B)$.

Dann ist die relative Häufigkeit des Eintretens von B in den Fällen, in denen A vorliegt, gleich

(1) $h_N(A \cap B)/h_N(A)$

Dies bedeutet für unser Beispiel, daß der Anteil der Nicht-Krebskranken unter denen, bei welchen der Test negativ ausgefallen ist, gleich ist

$$h_N(A \cap B)/h_N(A)$$

Dies ist aber gerade die relative Häufigkeit des Ereignisses $B|A$.

Wir berechnen also den Quotienten der Anzahl der günstigsten Fälle (= A „und" B treten ein) und der Anzahl der möglichen Fälle (= A tritt ein).

Aus (1) erhalten wir durch Erweitern mit N, der Anzahl der Versuche,

(2) $$\frac{h_N(A \cap B)/N}{h_N(A)/N}$$

Bei der Entwicklung des mathematischen Wahrscheinlichkeitsbegriffes haben wir im Sinne der Häufigkeitsinterpretation den Zähler in (2) ersetzt durch

$$P(A \cap B)$$

und den Nenner durch

$$P(A).$$

Damit ist es sehr naheliegend, dem Ereignis $B|A$, d. h. B gegeben A, gemäß (2) die folgende Wahrscheinlichkeit zuzuordnen

(3) $P(B|A) = P(B \cap A)/P(A)$

Definition 3

Dem Ereignis B|A, nämlich B unter der Bedingung A, ordnen wir die folgende Wahrscheinlichkeit zu

$$P(B|A) = P(B \cap A)/P(A)$$

△

Diese Wahrscheinlichkeit heißt **bedingt**, und sie ist nur definiert, wenn $P(A) \neq 0$ ist.

Beispiele:

Nun bringen wir eine Anwendung von (3) und zwar für das Beispiel der Krebsvorsorgeuntersuchung. Dabei liegen die folgenden Informationen vor. Es wurden 1000 Personen zufällig ausgewählt und sowohl einem Krebstest unterzogen als auch einer genauen medizinischen Untersuchung, aufgrund der ein Vorliegen von Krebs sicher diagnostiziert werden kann. Daraus ergaben sich die folgenden relativen Häufigkeiten:

für ω_1: 0.04
für ω_2: 0.01
für ω_3: 0.01
für ω_4: 0.94

Der Statistiker schätzt nun die entsprechenden Wahrscheinlichkeiten durch die relativen Häufigkeiten: $p_1 = 0.04$, $p_2 = 0.01$, $p_3 = 0.01$ und $p_4 = 0.94$.
Es resultiert dann für $A = \{\omega_3, \omega_4\}$ die Wahrscheinlichkeit

$$P(A) = p_3 + p_4 = 0.95.$$

Weiter ergibt sich

$$B \cap A = \{\omega_2, \omega_4\} \cap \{\omega_3, \omega_4\} = \{\omega_4\}$$

und daher

$$P(B \cap A) = p_4 = 0.94.$$

Damit ergibt sich nach (3)

$$P(B|A) = \frac{0.94}{0.95} \simeq 0.99$$

Also ist die Wahrscheinlichkeit, daß kein Krebs vorliegt, wenn der Test negativ ausfällt, gleich 0.99.

Man beachte dabei, daß die Wahrscheinlichkeit, daß kein Krebs vorliegt (Ereignis B) unabhängig von der Durchführung eines Tests, gleich ist 0.95.

Das bedeutet: eine beliebig ausgewählte Person hat mit Wahrscheinlichkeit 0.95 keinen Krebs und eine, bei der der Test negativ war, mit Wahrscheinlichkeit 0.99.

Auch im sehr einfachen und anschaulichen Würfelbeispiel wollen wir Formel (3) anwenden.

Es sei A das Ereignis gerade Augenzahl, d.h. $A = \{\omega_2, \omega_4, \omega_6\}$, und B das Ereignis „Augenzahl 2“, d.h. $B = \{\omega_2\}$.

Wir erhalten $A \cap B = B$ sowie $P(A) = 1/2$ und $P(B) = 1/6$. Dann ergibt sich $P(B|A) = \frac{1/6}{1/2} = 1/3$.

Wenn wir also wissen, daß eine gerade Augenzahl auftritt, so ist die Wahrscheinlichkeit, daß dies Augenzahl zwei ist, gleich 1/3.

Zu diesem Ergebnis kommen wir auch direkt. Wenn wir wissen, daß eine gerade Augenzahl auftritt, so gibt es nur noch drei mögliche Ergebnisse ω_2, ω_4 und ω_6.

△

Wir zeigen noch die Umkehrformel der bedingten Wahrscheinlichkeit.

Satz 2

Es seien A und B zwei Ereignisse, welche nicht die Wahrscheinlichkeit Null haben, so gilt

(4) $$P(A|B) = P(B|A)P(A)/P(B)$$

Beweis

Diese Formel ergibt sich unmittelbar, wenn wir auf beiden Seiten die Wahrscheinlichkeiten

$$P(A|B) = P(A \cap B)/P(B)$$

und

$$P(B|A) = P(A \cap B)/P(A)$$

gemäß Definition ersetzen.

△

Wir wollen nun einen in der Anwendung der Wahrscheinlichkeitstheorie zentralen Satz herleiten.

Satz 3

Es sei A ein beliebiges Ereignis und die Ereignisse $B_1, B_2, \ldots, B_m$ seien disjunkt und vollständig, d. h. $B_i \cap B_j = \emptyset$ für $i \neq j$ und $\bigcup_{i=1}^{m} B_i = \Omega$.

Dann gilt die sogenannte Formel von der **totalen Wahrscheinlichkeit**

(5) $$P(A) = P(A|B_1)P(B_1) + P(A|B_2)P(B_2) + \ldots + P(A|B_m)P(B_m)$$

Beweis

Wir wollen diese Formel zeigen, indem wir die rechte Seite von (5) umformen. Nach Definition der bedingten Wahrscheinlichkeit resultiert für jeden Term

$$P(A|B_i)P(B_i) = P(A \cap B_i).$$

Da die Ereignisse $A \cap B_i$ disjunkt sind (weil dies für die B_i gilt), folgt

$$P(A \cap B_1) + P(A \cap B_2) + \ldots + P(A \cap B_m) = P\left(\bigcup_{i=1}^{m} (A \cap B_i)\right)$$

Weil die B_i vollständig sind, folgt daraus

$$\bigcup_{i=1}^{m} (A \cap B_i) = A$$

und damit

$$P(\bigcup_{i=1}^{m} (A \cap B_i)) = P(A).$$

Womit die rechte Seite von (5) in die linke transformiert worden ist, und (5) gezeigt ist.

△

Die Formel (5) spielt in der Theorie Markoffketten und der Warteschlangentheorie eine zentrale Rolle. Sie gilt auch für $m = \infty$.

Wir wollen die Verwendung dieser Formel an einem sehr allgemein gehaltenen Beispiel erläutern.

Beispiel:
Ein Objekt kann sich im Laufe der Zeit in verschiedenen Zuständen $Z_1, Z_2, Z_3, \ldots$ befinden. Zu den Zeitpunkten $t_1, t_2, t_3, \ldots$ wird der Zustand des Objekts beobachtet. Dabei soll das Objekt von einem Zeitpunkt zum anderen mit der Wahrscheinlichkeit p_{kj} vom Zustand Z_k in den Zustand Z_j übergehen und zwar unabhängig vom Zeitpunkt. Diese Eigenschaft heißt **Markoffeigenschaft.**

Bezeichnen wir mit B_k das Ereignis, daß sich das Objekt zum Zeitpunkt t_i im Zustand Z_k befindet, so sind die B_k disjunkte und vollständige Ereignisse. Sei weiter A_j das Ereignis, daß sich das Objekt zum Zeitpunkt t_{i+1} im Zustand Z_j befindet, so ergibt sich wegen (5) die Formel

$$P(A_j) = \sum_k P(A_j | B_k) P(B_k)$$

bzw.

$$P(A_j) = \sum_k p_{kj} P(B_k)$$

Damit können wir die Zustandswahrscheinlichkeiten zum Zeitpunkt t_{i+1}, nämlich $P(A_j)$, berechnen aus den Zustandswahrscheinlichkeiten zum Zeitpunkt t_i, nämlich $P(B_k)$, bei Kenntnis der p_{kj}, der sogenannten **Übergangswahrscheinlichkeiten**. Sind die Zustandswahrscheinlichkeiten zum Zeitpunkt t_1 (Anfangswerte) vorgegeben, so lassen sich daraus gemäß obiger Rekursionsformel alle weiteren berechnen.

Dabei kann ein Zustand Z_i bedeuten, daß eine Warteschlange die Länge i hat, oder, daß eine Person die Position i in einer Karriereleiter einnimmt, oder, daß sich ein physikalisches Teilchen im Aggregatzustand i befindet u. a.

△

Satz 4

Unter denselben Voraussetzungen wie die Formel von der totalen Wahrscheinlichkeit gilt die **Formel von Bayes**

$$(6) \qquad P(B_k|A) = \frac{P(B_k)P(A|B_k)}{\sum\limits_{i \in I} P(B_i)P(A|B_i)}$$

Beweis

Wir beweisen sie, indem wir die rechte Seite von (6) in die linke umformen. Da die B_k disjunkt und vollständig sind und wegen (3), ergibt sich:

$$\frac{P(B_k)P(A|B_k)}{\sum\limits_{i \in I} P(B_i)P(A|B_i)} = \frac{P(B_k)P(A|B_k)}{P(A)} = \frac{P(B_k)}{P(A)} \cdot \frac{P(A \cap B_k)}{P(B_k)} = P(B_k|A)$$

Damit ist (6) gezeigt.

△

Formel (6) ist grundlegend für die **Bayessche Theorie**. Eine typische Situation in der Bayesschen Theorie ist die folgende:

Man beobachtet eine Größe, die durch unbekannte aber feste Parameter gesteuert wird. Man hat a priori Vorstellung über die Lage der Parameter ausgedrückt durch $P(B_k)$. Ferner weiß man, wie die Beobachtungen verteilt sind, falls die Parameter einen festen Wert haben; dies ist festgehalten in $P(A|B_k)$. Dann folgt nach (6) die a posteriori (durch die Beobachtung korrigierte) Wahrscheinlichkeit über die Lage der Parameter: $P(B_k|A)$.

Übungen und Aufgaben

1. Das klassische Anwendungsbeispiel für bedingte Wahrscheinlichkeiten ist eine Urne mit r roten und s schwarzen Kugeln. Man zieht aus der Urne Kugeln und die Wahrscheinlichkeit gezogen zu werden sei für jede Kugel gleich unabhängig davon, wie oft schon gezogen wurde. Wir ziehen zwei Kugeln ohne Zurücklegen.

   Man berechne die Wahrscheinlichkeit, 2 rote, 2 schwarze und 1 rote „und" 1 schwarze Kugel zu ziehen.
   Es sei R_i bzw. S_i das Ereignis beim Zug i ($1 \leqq i \leqq 2$) eine rote bzw. schwarze Kugel zu ziehen.

   Man überlege sich die folgenden Formeln:

   $$P(S_1) = \frac{s}{r+s}$$

   $$P(R_1) = \frac{r}{r+s}$$

   $$P(R_2|S_1) = \frac{r}{r+s-1},$$

   $$P(R_2|R_1) = \frac{r-1}{r+s-1}$$

   $$P(S_2|S_1) = \frac{s-1}{r+s-1}$$

$$P(S_2|R_1) = \frac{s}{r+s-1}$$

$$P(R_1 \cap R_2) = P(R_2|R_1)P(R_1)$$

2. Drei Maschinen fertigen ein Produkt; die zweite und dritte Maschine produzierten doppelt soviel wie die erste. Die erste hat 5‰, die zweite 10% und die dritte 20% Ausschuß.

   Man macht eine Stichprobe beim Versand des Produkts und erhält ein Ausschußprodukt. Wie groß ist die Wahrscheinlichkeit, daß dieses von Maschine 1 kommt?

   Sei A das Ereignis, daß die Stichprobe Ausschuß ist und M_i das Ereignis, daß die Stichprobe von Maschine i stammt. Dann gilt:

   $P(M_1) = 0.2,\ P(M_2) = 0.4$ und $P(M_3) = 0.4$

   $P(A|M_1) = 0.05,\ P(A|M_2) = 0.1$ und $P(A|M_3) = 0.2$

   Es folgt dann:

   $$P(M_1|A) = P(M_1)P(A|M_1)/\sum_i P(M_i)P(A|M_i)$$
   $$= 0.01/(0.01 + 0.04 + 0.08) = 1/13.$$

3. Die Wahrscheinlichkeit, daß ein Kind Junge ist, sei 0.5. Wie groß ist die Wahrscheinlichkeit für ein Elternpaar, das zwei Kinder hat, daß beide Mädchen sind? Was ist von dem Schluß des Vaters zu halten, der behauptet: da ich schon 3 Jungen habe, ist es sehr wahrscheinlich, daß das nächste Kind ein Mädchen ist?

4. Zwei Freunde wollen sich von 12.00–12.10 Uhr treffen. Jeder kommt zufällig innerhalb dieser Zeit und wartet nur 3 Minuten. Wie groß ist die Wahrscheinlichkeit, daß sie sich treffen? Man rechne nur in ganzen Minuten. Es sei E_i bzw. Z_i das Ereignis, daß der erste bzw. der zweite zu Beginn der Minute i kommt; $1 \leq i \leq 10$. Weiter T das Ereignis, sich zu treffen. Es gilt dann:

$$\begin{aligned}
P(E_i) &= 1/10\\
P(Z_i) &= 1/10\\
P(T|E_1) &= P(Z_1 \cup Z_2 \cup Z_3) = 3/10\\
P(T|E_2) &= P\Big(\bigcup_{i=1}^{4} Z_i\Big) = 4/10\\
P(T|E_3) &= P\Big(\bigcup_{i=1}^{5} Z_i\Big) = 5/10\\
P(T|E_4) &= P\Big(\bigcup_{i=2}^{6} Z_i\Big) = 5/10\\
&\vdots\\
P(T|E_8) &= P\Big(\bigcup_{i=6}^{10} Z_i\Big) = 5/10\\
P(T|E_9) &= P\Big(\bigcup_{i=7}^{10} Z_i\Big) = 4/10\\
P(T|E_{10}) &= P\Big(\bigcup_{i=8}^{10} Z_i\Big) = 3/40
\end{aligned}$$

Es gilt dann:

$$P(T) = \sum_{i=1}^{10} P(T/E_i)\,P(E_i) = 1/100(3+4+6\cdot 5+4+3) = 44/100.$$

5.* In drei Schränken befinden sich je zwei Schubladen. In einem Schrank befinden sich in jeder Schublade je eine Goldmünze, in einem anderen je eine Silbermünze und im letzten eine Gold- und Silbermünze. Man hat zufällig einen Schrank und eine Schublade geöffnet und eine Goldmünze vorgefunden. Wie groß ist die Wahrscheinlichkeit, daß in der anderen Schublade eine Silbermünze liegt?

6. In einer Schulklasse mit 4 Schülern befindet sich ein Schüler, der immer dann, wenn der Lehrer der Klasse den Rücken kehrt, pfeift. Da keiner verrät, wer der Schuldige ist, bestimmt der Lehrer einen Schüler mit dem Los und bestraft diesen. Wie groß ist die Wahrscheinlichkeit α nach 6 Strafen mindestens einmal den richtigen und wie groß ist die Wahrscheinlichkeit β dann alle 4 bestraft zu haben?

Zuerst geben wir den Schülern Nummern von 1 bis 4. O.B.d.A. sei Nummer 1 der Schuldige. Den Losentscheid stellen wir durch einen Vektor (i_1, i_2, i_3, i_4) dar, wobei $i_\nu = 0$ oder 1 ist und nur ein $i_\nu \neq 0$. Dabei bedeutet $i_\nu = 1$, daß Schüler Nummer ν bestraft wird.

Es gibt dann 4^6 mögliche verschiedene Losentscheide. Davon gibt es 3^6 mögliche und verschiedene, wobei Schüler Nummer 1 straflos ausgeht.
Also gilt

$$\alpha = 1 - (\tfrac{3}{4})^6.$$

Wir bezeichnen mit Z_i den Zustand: es sind genau i verschiedene Schüler bestraft worden. Dann führen wir einen Vektor $p^{(t)} = (p_1^{(t)}, \ldots, p_4^{(t)})$ ein, wobei $p_i^{(t)}$ gleich ist der Wahrscheinlichkeit, daß wir nach t Losentscheiden im Zustand Z_i sind. Es gilt:

$$\sum_{i=1}^{4} p_i^{(t)} = 1 \quad \text{und} \quad p_1^{(1)} = 1, \quad p_\nu^{(1)} = 0 \ \text{für} \ 2 \leqq \nu \leqq 4.$$

Sei M die Übergangsmatrix, bei der in Zeile i und Spalte j die Wahrscheinlichkeit durch einen Losentscheid von Z_i nach Z_j zu gelangen, so ist

$$M = \begin{bmatrix} \frac{1}{4} & \frac{3}{4} & 0 & 0 \\ 0 & \frac{1}{2} & \frac{1}{2} & 0 \\ 0 & 0 & \frac{3}{4} & \frac{1}{4} \\ 0 & 0 & 0 & 1 \end{bmatrix}$$

Es gilt dann

$$p^{(t+1)} = M' p^{(t)} \quad \text{und} \quad \beta = p_4^{(6)}.$$

7. Man überlege sich, daß $P(\cdot\,|C)$ bei festem C alle Eigenschaften eines Wahrscheinlichkeitsmaßes hat, wobei C dieselbe Bedeutung hat wie Ω für P.

Das heißt

$0 \leqq P(A|C) \leqq 1$ für alle A

$P(C|C) = 1, \ P(\emptyset|C) = 0$

$P(A \cup B|C) = P(A|C) + P(B|C)$,

sofern A und B disjunkt sind.

Interpretiert man Ω als Punktmenge im zweidimensionalen Raum und P(A) als Fläche von A, so hat Ω die Fläche 1. Nach dieser Interpretation gibt $P(A|C)$ die Fläche der Punktmenge A an, die sie mit C gemeinsam hat, wobei die Fläche von C zu 1 normiert wird.

8. An einer sogenannten Servicestelle (Tankstelle, Schalter usw.) kommen Kunden an, warten und gehen nach der Abfertigung ab. Es bildet sich eine Warteschlange, deren Größe wir unter gewissen Annahmen untersuchen wollen. Die Größe der Warteschlange wird zu diskreten Zeitpunkten $t_1, t_2, t_3, \ldots, t_n$ betrachtet.

Wir machen die sehr vereinfachende Annahme, daß zwischen den Zeitpunkten t_i und t_{i+1} (unabhängig von i) mit Wahrscheinlichkeit p_1 ein neuer Kunde ankommt und, falls noch mindestens ein Kunde vorhanden ist, mit Wahrscheinlichkeit p_2 ein Kunde geht (abgefertigt wird), wobei sich beide Möglichkeiten ausschließen sollen. Damit erhöht sich die Warteschlange mit Wahrscheinlichkeit p_1 um 1 oder (= exklusives „oder") sie verringert sich mit Wahrscheinlichkeit p_2 um 1, falls überhaupt ein Kunde vorhanden ist, oder sie ändert sich mit Wahrscheinlichkeit $p_3 = 1 - p_1 - p_2$ bzw. $1 - p_1$ nicht, jeweils zwischen den Zeitpunkten t_i und t_{i+1}.

Ein Ergebnis beschreiben wir zweckmäßigerweise durch ein n-Tupel von Zahlen $(a_1, a_2, \ldots, a_n)$, wobei a_i angibt, daß im Zeitpunkt i die Warteschlange die Länge a_i hatte. Wir nehmen weiter an, daß zum Zeitpunkt t_1 kein Kunde vorhanden war, d.h. $a_1 = 0$, dann kann die Warteschlange in t_i höchstens die Länge $n_i - 1$ annehmen.

Wir beschränken uns also auf die Ergebnisse $(a_1, a_2, \ldots, a_n)$ mit $0 \leqq a_i \leqq n_1 - 1$.

Es liegt dann ein endlicher Ergebnisraum vor, die Ergebnisse sind insbesondere disjunkt und vollständig.

Wir betrachten dann Ereignisse der Art: die Warteschlange hat zum Zeitpunkt t_i die Länge m und berechnen deren Wahrscheinlichkeit $P_i(m)$. Diese Wahrscheinlichkeiten ergeben sich am besten aus einer Tabelle der „Übergangswahrscheinlichkeiten", die wir im folgenden angeben.

t_i \ t_{i+1}	0	1	2	3	4	5	…	i−3	i−2	i−1	i
0	$1-p_1$	p_1	0	0	0	0	…	0	0	0	0
1	p_2	p_3	p_1	0	0	0	…	0	0	0	0
2	0	p_2	p_3	p_1	0	0	…	0	0	0	0
3	0	0	p_2	p_3	p_1	0	…	0	0	0	0
⋮	⋮	⋮	⋮	⋮	⋮	⋮		⋮	⋮	⋮	⋮
i−1	0	0	0	0	0	0	…	0	p_2	p_3	p_1

Diese Tabelle ist folgendermaßen zu lesen: in Zeile ν und Spalte μ steht die Wahrscheinlichkeit, mit der die Warteschlange von der Größe $\nu - 1$ im Zeitpunkt t_i zur Größe $\mu - 1$ im Zeitpunkt t_{i+1} wird. Man sagt dafür kurz die Wartschlange geht vom Zustand $\nu - 1$ (im Zeitpunkt t_i) über in den Zustand $\mu - 1$ (im Zeitpunkt t_{i+1}).

Aus der Tabelle ergibt sich zum Beispiel, daß die Warteschlange mit Wahrscheinlichkeit p_2 vom Zustand 2 in den Zustand 1 übergeht (Zeile 3 und Spalte 2).

Sei nun A das Ereignis, die Warteschlange befindet sich zum Zeitpunkt t_{i+1} im Zustand $j \geqq 1$ und B_ν das Ereignis, daß sich die Warteschlange im Zeitpunkt t_i im Zustand ν befindet. Dann sind die Ereignisse $B_0, B_1, \ldots, B_{i-1}$ disjunkt und vollständig.

Daher folgt aus (5)

(7) $\quad P(A) = P(A\,|\,B_0)\,P(B_0) + \ldots + P(A\,|\,B_{i-1})\,P(B_{i-1}).$

Aus der Tabelle der Übergangswahrscheinlichkeiten erhalten wir

$$P(A\,|\,B_{j-1}) = p_1 \qquad \text{für } j \neq 0$$

$$P(A\,|\,B_j) = \begin{cases} 1 - p_1 & \text{für } j = 0 \\ p_3 & \text{für } j > 0 \end{cases}$$

$$P(A\,|\,B_{j+1}) = p_2$$

und $\quad P(A\,|\,B_\nu) = 0 \quad$ sonst.

Damit ergibt sich aus (7) für die Wahrscheinlichkeit $P_{i+1}(j)$ (für das Ereignis: die Warteschlange befindet sich im Zeitpunkt t_{i+1} im Zustand j)

(8) $\quad P_{i+1}(j) = p_1 P_i(j-1) + p_3 P_i(j) + p_2 P_i(j+1) \quad \text{für } j \neq 0$

und

(9) $\quad P_{i+1}(0) = (1 - p_1)\,P_i(0) + p_2\,P_i(1)$

Durch (8) und (9) haben wir eine Rekursionsformel in der Hand, aus der sukzessive die $P_i(j)$ berechnet werden können. Wegen der Anfangsbedingung ergibt sich nämlich

$$P_1(0) = 1$$

$$P_1(\nu) = 0 \quad \text{für } \nu \neq 0$$

Damit folgt aus (8) und (9) für $i = 1$

$$P_2(0) = (1 - p_1)\,P_1(0) = (1 - p_1)$$

$$P_2(1) = p_1\,P_1(0) = p_1$$

$$P_2(\nu) = 0 \quad \text{für } \nu > 1$$

Weiter folgt aus (8) und (9) für $i = 2$

$$P_3(0) = (1 - p_1)\,P_2(0) + p_2\,P_2(1) = (1 - p_1)^2 + p_2 p_1$$

$$P_3(1) = p_1\,P_2(0) + p_3\,P_2(1) = p_1(1 - p_1) + p_3 p_1$$

$$P_3(2) = p_1\,P_2(1) = p_1^2$$

$$P_3(\nu) = 0 \quad \text{für } \nu > 3 \quad \text{usw.}$$

Es lassen sich damit rekursiv alle $P_i(j)$ berechnen. Aus obigen Überlegungen wird klar, warum man oft bedingte Wahrscheinlichkeiten auch als Übergangswahrscheinlichkeiten bezeichnet.

4.3. Stochastische Unabhängigkeit

In der praktischen Anwendung ist man oft an Aussagen folgender Art interessiert: Ein Ereignis A „hängt" von einem Ereignis B „ab". In der strengsten Form bedeutet dies, das Ereignis A tritt immer dann ein, wenn das Ereignis B eitritt. Meistens ist dieser Zusammenhang aber nicht so streng, sondern das Ereignis A tritt „eher" in den Fällen auf, in denen B eingetreten ist als in den Fällen, in denen man über das Eintreten von B nichts weiß.

Oft stellt A ein Ereignis dar, von dem man möchte, daß es eintritt, das Ereignis B die Durchführung einer Maßnahme, und man ist interessiert, ob die Maßnahme das Auftreten des Ereignisses A begünstigt.

Dazu ein Beispiel aus der Medizin. Es werde die Wirksamkeit eines Medikaments geprüft. Das Ereignis A sei die Heilung und das Ereignis B die Einnahme des Medikaments. Die Frage ist nun, ob das Ereignis A vom Ereignis B beeinflußt wird oder nicht, d.h. ob A von B „abhängig" ist oder nicht.

Wir wollen nun den Begriff der Abhängigkeit bzw. Unabhängigkeit in einem Wahrscheinlichkeitsmodell operationalisieren. Praktisch geht man bei obiger medizinischer Fragestellung folgendermaßen vor:

Es werden 4 Ergebnisse betrachtet:

ω_1 = Einnahme des Medikaments und Heilung
ω_2 = Einnahme des Medikaments und keine Heilung
ω_3 = keine Einnahme des Medikaments und Heilung
ω_4 = keine Einnahme des Medikaments und keine Heilung

Damit resultieren z.B. die Ereignisse:

$A = \{\omega_1, \omega_3\}$ = Heilung
$B = \{\omega_1, \omega_2\}$ = Einnahme des Medikaments.

Die Frage ist, ob das Ereignis B das Ereignis A in einem wahrscheinlichkeitstheoretischen Sinne beeinflußt, d.h. wenn das Ereignis B eintritt, so ändert sich die Wahrscheinlichkeit für das Ereignis A.

Nach unseren Überlegungen im Rahmen der bedingten Wahrscheinlichkeit reduziert sich die Frage darauf, ob die Wahrscheinlichkeit von A|B nämlich

$$P(A|B)$$

größer ist als die von A nämlich

$$P(A).$$

Diese Überlegungen legen die folgende Definition nahe.

Definition 4
Es seien $A, B \subset \Omega$ Ereignisse und P(B) sowie $P(A) \neq 0$.
Dann sagen wir: A ist von B (stochastisch) **unabhängig**, wenn gilt:

(10) $\quad P(A|B) = P(A)$

Man überlegt sich leicht, daß die Relation „unabhängig" symmetrisch ist, da aus (4) und (10) folgt:

$$P(B|A) = \frac{P(A|B)P(B)}{P(A)} = P(B).$$

Daher sagt man auch, A und B sind **voneinander unabhängig**. Wenn A und B voneinander unabhängig sind, so folgt direkt

(11) $\quad P(A \cap B) = P(A) \cdot P(B),$

weil

$$P(A \cap B) = P(A|B)P(B) = P(A)P(B).$$

Man überlege sich, daß aus (11) Gleichung (10) folgt. Damit sind (10) und (11) gleichwertig. Gleichung (11) hat aber den Vorteil, daß sie auch für $P(A) = 0$ oder für $P(B) = 0$ definiert ist. Gleichung (11) gilt nämlich, falls A oder B oder beide Ereignisse Wahrscheinlichkeit 0 haben. Daher nehmen wir (11) zur Definition der Unabhängigkeit.

Definition 4′

Es seien $A, B \subset \Omega$ Ereignisse. Diese heißen voneinander unabhängig, wenn gilt

$$P(A \cap B) = P(A)P(B).$$

△

Falls zwei Ereignisse nicht unabhängig sind, so bezeichnen wir sie als **abhängig.**

Abhängigkeit kann sich positiv äußern, d.h. $P(A|B) > P(A)$ oder auch negativ, d.h. $P(A|B) < P(A)$.

Die Begriffe abhängig und unabhängig werden in den verschiedensten Bedeutungen verwendet, etwa im Sinne eines kausalen Zusammenhanges.

Wenn wir unsere Häufigkeitsauffassung der Wahrscheinlichkeit zugrunde legen, so bedeutet die Aussage, das Ereignis A ist vom Ereignis B abhängig (im wahrscheinlichkeitstheoretischen Sinne), daß das Ereignis A|B die Tendenz hat häufiger (bei positiver Abhängigkeit) bzw. seltener (bei negativer Abhängigkeit) aufzutreten als das Ereignis A. Damit ist nicht impliziert, daß das Ereignis A durch das Ereignis B kausal beeinflußt wird.

Dies folgt schon formal allein daraus, daß die wahrscheinlichkeitstheoretische Abhängigkeit symmetrisch ist, während die kausale Abhängigkeit immer eine Richtung hat, d. h. entweder ist A von B kausal abhängig oder (exklusives „oder") B von A und nicht beides.

Allerdings folgt aus einer kausalen Abhängigkeit notwendigerweise eine wahrscheinlichkeitstheoretische, was unmittelbar einleuchtend ist. Da die wahrscheinlichkeitstheoretische Abhängigkeit oft beobachtbar (über die entsprechenden relativen Häufigkeiten) und diese notwendig für ein kausale Abhängigkeit ist, wird auf der Suche nach kausaler Abhängigkeit oft zuerst die wahrscheinlichkeitstheoretische geprüft.

In dem obigen Beispiel aus der Medizin wird eigentlich auch nur die wahrscheinlichkeitstheoretische Abhängigkeit der Ereignisse Medikament einnehmen und Heilung untersucht. Falls diese Abhängigkeit gegeben ist, muß das Medikament die Heilung nicht kausal bewirken. Es könnte z. B. sein, daß Patienten, welche das Medikament einnehmen, die Heilung auf autosuggestivem Wege erreichen.

Der Begriff der Unabhängigkeit kann auch auf mehrere Ereignisse übertragen werden.

Definition 5

Seien $A_1, A_2, A_3, \ldots$ Ereignisse; wir sagen, diese Ereignisse sind **voneinander unabhängig**, wenn für jede endliche Anzahl von solchen Ereignissen $A_{i_1}, A_{i_2}, \ldots, A_{i_n}$ gilt

$$P(A_{i_1} \cap A_{i_2} \cap \ldots \cap A_{i_n}) = P(A_{i_1}) P(A_{i_2}) \ldots P(A_{i_n}) \tag{12}$$

Dafür schreiben wir auch kurz

$$P\Big(\bigcap_{\nu=1}^{n} A_{i_\nu}\Big) = \prod_{\nu=1}^{n} P(A_{i_\nu})$$

△

Man kann nun zeigen, daß aus der **paarweisen** Unabhängigkeit von n Ereignissen $A_1, A_2, \ldots, A_n$ nicht folgt, daß sie voneinander unabhängig sind, so wie oben definiert. Siehe Übung 14.

Der Begriff der Unabhängigkeit spielt auch eine wichtige Rolle bei Experimenten, die aus mehreren Stufen bestehen. Wenn ein Experiment aus m Stufen besteht und auf der i-ten Stufe der Ergebnisraum Ω_i vorliegt, so besteht der Ergebnisraum des Gesamtexperiments aus

$$\Omega = \Omega_1 \times \Omega_2 \times \ldots \times \Omega_m$$

Wenn jedes Ereignis, das zur i-ten Stufe gehört, unabhängig ist von jedem Ereignis der j-ten Stufe ($i \neq j$), so bezeichnen wir die beiden Stufen als **unabhängig.** Wenn die Ereignisse aller Stufen voneinander unabhängig sind, so bezeichnen wir alle Stufen des Experiments als unabhängig.

In der praktischen Anwendung wird die Unabhängigkeit der Stufen oft aus sachlogischen Überlegungen begründet.

Dazu ein **Beispiel:**

Es liege eine Urne vor, in der sich r rote und s schwarze Kugeln befinden. Wir ziehen dreimal hintereinander je eine Kugel und legen sie nach jeder Ziehung wieder zurück. In diesem Falle wird angenommen, daß die 3 Stufen voneinander unabhängig sind. Es besteht nämlich kein Grund zur Annahme, daß Ergebnisse auf einer Stufe Ergebnisse auf einer anderen Stufe beeinflussen.

△

Übungen und Aufgaben

1. Sind A und B abhängig, wenn
   a) $A \subset \Omega$ und $B = \Omega$
   b) $A \subset \Omega$ und $B = \emptyset$;
   c) $A, B \subset \Omega$ und $A = B$;
   d) $A, B \subset \Omega$ und $A \subset B$?
2. Falls A, B und C unabhängig sind, so gilt dies auch für die beiden Ereignisse $A \cap B, C$ und auch für die beiden Ereignisse $A \cup B, C$. Man zeige dies.
3. Man zeige, wenn A und B unabhängig sind, so sind es auch $\bar{A}$ und B bzw. A und $\bar{B}$ bzw. $\bar{A}$ und $\bar{B}$.
4. Stimmt die Behauptung: wenn A und B disjunkt sind, so sind sie voneinander unabhängig?
5. Zu einem Experiment bestehend aus zwei Stufen liege die folgende Tabelle der Zähldichtewerte vor

ω' \ ω''	ω''_1	ω''_2	ω''_3
ω'_1	0.10	0.10	0.15
ω'_2	0.15	0.10	0.05
ω'_3	0.05	0.10	0.20

   Man prüfe, ob die beiden Stufen des Experiments voneinander unabhängig sind.

6.* Wie müßte Definition 4 modifiziert werden, wenn wir Wahrscheinlichkeiten als prozentuale Anteile ansehen, d.h. $0 \leqq P(S) \leqq 100$?

7. Es soll der Zusammenhang zwischen Gewinnerwartungen der Unternehmer zu Beginn eines Jahres und tatsächlich getätigte Investitionen in diesem Jahr geprüft werden. Dazu wurden zu Beginn des Jahres in einer Umfrage 200 Unternehmer befragt, ob sie im laufenden Jahr höhere, gleichbleibende oder geringere Gewinnerwartungen haben, als sie zu Beginn des vergangenen Jahres hatten. Am Ende des Jahres wurde dann erhoben, ob die Unternehmen im laufenden Jahr mehr oder weniger investiert hatten als im Vorjahr. Das Ergebnis dieser Umfrage wird in einer Tabelle in übersichtlicher Form festgehalten.

	mehr investiert	weniger investiert	Summe
höhere Erwartungen	60	10	70
gleichhohe Erwartungen	20	20	40
niedrigere Erwartungen	70	20	90
Summe	150	50	200

   Man definiere einen geeigneten Ergebnisraum und untersuche, ob das Ereignis A = mehr investiert abhängt vom Ereignis B = höhere Gewinnerwartung. Dabei verwende man anstatt der Wahrscheinlichkeiten aus der Tabelle resultierende relative Häufigkeiten.

8. In einer Prüfung werden 5 Fragen gestellt. Jede Frage kann nur richtig oder

falsch beantwortet werden. Es liegt also eine Experiment mit 5 Stufen vor. Die Stufen seien voneinander unabhängig. Auf jeder Stufe ist die Wahrscheinlichkeit, die Aufgabe richtig zu lösen, gleich 0,7.

Wie groß ist die Wahrscheinlichkeit mindestens zwei Aufgaben richtig zu lösen?

9. Eine Fernsehsendung läuft über einen Satelliten, d.h. vom Sender zum Satelliten und von dort zum Empfänger. Die Gesamtverbindung (Sender-Empfänger) läuft also über zwei Teilverbindungen) Sender-Satellit, Satellit-Empfänger). Jede Teilverbindung kann funktionieren oder nicht. Es liegt also ein Experiment vor bestehend aus zwei Stufen. Die beiden Stufen seien voneinander unabhängig. Die Wahrscheinlichkeit, daß die erste Teilverbindung klappt sei p und die, daß die zweite klappt sei q. Wie groß ist die Wahrscheinlichkeit, daß die Gesamtverbindung klappt? (Und-Schaltung).

10. Eine Fernsehsendung kann über einen Satelliten oder ein Kabel laufen. Die Übertragung klappt über den Satelliten mit Wahrscheinlichkeit r und unabhängig davon über das Kabel mit Wahrscheinlichkeit s. Wie groß ist die Wahrscheinlichkeit, daß sie mindestens über eine von beiden Verbindungen klappt? (Oder-Schaltung)

11. Eine Fernsehsendung laufe entweder über einen Satelliten, wie in 9 beschrieben, oder über ein Kabel mit einer Zwischenstation. Die Kabelteilverbindungen funktionieren unabhängig voneinander mit der Wahrscheinlichkeit r bzw. s. Wie groß ist die Wahrscheinlichkeit, daß die Verbindung klappt?

12. (Teilungsproblem von Paccioli)

    Zwei Spieler bringen denselben Spieleinsatz ein und spielen ein Spiel, das über mehrere Runden läuft. In jeder Runde kann einer der Spieler gewinnen und der andere verlieren. Den Gesamteinsatz erhält der, welcher zuerst 10 Runden gewonnen hat.

    Es liegt also ein Experiment vor, mit einer minimalen Anzahl von 10 und einer maximalen Anzahl von 19 Stufen. Die Anzahl der Stufen ist zufällig!

    Die Stufen seien voneinander unabhängig, und es sei die Wahrscheinlichkeit, daß Spieler 1 gewinnt gleich $q = 1 - p$. Das Spiel muß beim folgenden Stand abgebrochen werden: Spieler 1 hat 7 Runden gewonnen und Spieler 2 hat 8 Runden gewonnen. Wie kann man den Spieleinsatz „gerecht" verteilen?

    Wir bezeichnen mit (i, k) den Zustand, der sich durch Weiterspielen ergeben würde, wenn Spieler 1 weitere i Runden und Spieler 2 weitere k Runden gewänne. Dann ergibt sich der folgende „Zustandsbaum" mit den entsprechenden Übergangswahrscheinlichkeiten

$$
\begin{array}{lllll}
(0,0) & q \rightarrow & (0,1) & q \rightarrow & (0,2) \\
\downarrow p & & \downarrow p & & \\
(1,0) & q \rightarrow & (1,1) & q \rightarrow & (1,2) \\
\downarrow p & & \downarrow p & & \\
(2,0) & q \rightarrow & (2,1) & q \rightarrow & (2,2) \\
\downarrow p & & \downarrow p & & \\
(3,0) & & (3,1) & &
\end{array}
$$

Es gibt zwei Gewinnzustände für Spieler 1 nämlich (3,0) und (3,1). Zu (3,0) gelangt er über (1,0) und (2,0) mit der Wahrscheinlichkeit p^3. Zu (3,1) gelangt er mit der Wahrscheinlichkeit $3p^3q$ über drei Wege (entweder über (0,1), (1,1), (2,1) oder über (1,0), (1,1), (2,1) oder über (1,0), (2,0), (2,1) jeweils mit Wahrscheinlichkeit p^3q).

Insgesamt gewinnt also Spieler 1 mit Wahrscheinlichkeit $g_1 = p^3 + 3p^3q$.

Die drei Gewinnzustände von Spieler 2 sind (0,2), (1,2) und (2,2). Dahin gelangt der Spieler mit der Wahrscheinlichkeit

$g_2 = q^2 + 2pq^2 + 3p^2q^2 = q^2(1 + 2p + 3p^2)$.

Man überlegt sich leicht, daß sich g_1 und g_2 zu 1 summieren. Eine faire Aufteilung des Einsatzes wäre also eine Aufteilung im Verhältnis g_1/g_2.

Für $p = q - \frac{1}{2}$ resultiert $g_1/g_2 = 5/11$.

Allgemein gilt:

Sei f(i, j) die Wahrscheinlichkeit vom Zustand (0,0) in den Zustand (i, j) zu gelangen, dann ergeben sich die folgenden Formeln, wenn Spieler 1 noch n Runden und Spieler 2 noch m Runden bis zum Sieg gewinnen muß.

$$f(0,0) = 1$$
$$f(i,0) = p^i \quad 1 \leqq i \leqq n$$
$$f(0,j) = q^j \quad 1 \leqq j \leqq m$$
$$f(i,j) = qf(i,j-1) + pf(i-1,j) \quad 1 \leqq i \leqq n-1, \quad 1 \leqq j \leqq m-1$$

Aus diesen Rekursionsformeln folgt

$$f(i,j) = \binom{i+j}{j} p^i q^i \quad i \leqq i \leqq n-1, \quad 1 \leqq j \leqq m-1$$

Weiter gilt für die Gewinnzustände:

$$f(i,m) = qf(i,m-1) = q^m \binom{i+m-1}{m-1} p^i, \quad 1 \leqq i \leqq n-1$$

$$f(n,j) = pf(n-1,j) = p^n \binom{j+n-1}{j} q^j, \quad 1 \leqq j \leqq m-1$$

Damit ergeben sich die gesuchten Wahrscheinlichkeiten als

$$\sum_{i=0}^{n-1} f(i,m) \text{ bzw. } \sum_{j=0}^{m-1} f(n,j).$$

13. Modell aus der Genetik

Ein Gen kann zwei Formen annehmen nämlich g oder b.

Als Beispiel nehmen wir das Gen „Haut bei Mäusen“, dieses kann glatt sein oder behaart.

Jedes Individuum hat zwei Gene. Es gibt dann drei Typen (Ergebnisse): den Typ (g,g), d.h. beide Gene von der Form g, den Typ (b,b), d.h. beide Gene von der Form b und der gemischte Typ (b,g).

Die Frage ist, wie sich die Gentypen in einer Population verbreiten. Dabei wird immer ein Gen von einem Elternteil und das andere vom anderen übertragen. Ist ein Elternteil ein reiner Typ (g,g) bzw. (b,b) so kann von diesem Elternteil nur das Gen der Form g bzw. b übertragen werden. Ist ein Elternteil ein gemischter Typ, so wird mit Wahrscheinlichkeit 1/2 das Gen der Form g und mit Wahrscheinlichkeit 1/2 das Gen der Form b übertragen.

Sei g_n bzw. b_n die Wahrscheinlichkeit, daß bei einer Population in der n-ten Generation ein Individuum vom Typ (g,g) bzw. (b,b) ist. Man kann auch sagen, der Anteil der (g,g) Typen ist in der n-ten Generation gleich g_n. Der Anteil der (g,b) Typen ist dann $1 - g_n - b_n$.

Man zeige, daß gilt

$$g_{n+1} = (g_n + (1 - g_n - b_n)\tfrac{1}{2})\,(g_n + (1 - g_n - b_n)\tfrac{1}{2}) = \left(\frac{1 + g_n - b_n}{2}\right)^2$$

$$b_{n+1} = (b_n + (1 - g_n - b_n)\tfrac{1}{2})\,(b_n + (1 - g_n - b_n)\tfrac{1}{2}) = \left(\frac{1 + b_n - g_n}{2}\right)^2$$

Weiter ergibt sich

$$b_{n+1} - g_{n+1} = b_n - g_n$$

und für die Anfangswerte $g_0 = b_0 = 1/3$

$$g_n = b_n = 1/4 \text{ für alle n.}$$

14. Drei zufällig ausgewählte Personen werden zu einem Sachverhalt befragt und können als Antwort nur ja oder nein geben. Zweckmäßigerweise betrachten wir die folgenden 8 Ergebnisse.

ω_1 = alle drei Personen antworten mit ja = (j,j,j)
ω_2 = nur die ersten beiden Personen antworten mit ja = (j,j,n)
ω_3 = nur die erste und die dritte Person antwortet mit ja = (j,n,j)
ω_4 = nur die erste Person antwortet mit ja = (j,n,n)
ω_5 = nur die zweite und dritte Person antwortet mit ja = (n,j,j)
ω_6 = nur die zweite Person antwortet mit ja = (n,j,n)
ω_7 = nur die dritte Person antwortet mit ja = (n,n,j)
ω_8 = keine Person antwortet mit ja = (n,n,n)

Alle Ergebnisse sollen die gleiche Wahrscheinlichkeit 1/8 haben.

Wir betrachten dann die Ereignisse

A_1 = die erste Person antwortet mit ja = $\{\omega_1, \omega_2, \omega_3, \omega_4\}$
A_2 = die zweite Person antwortet mit ja = $\{\omega_1, \omega_2, \omega_5, \omega_6\}$ und
A_3 = die erste und zweite Person antworten gleich und die dritte anders = $\{\omega_2, \omega_7\}$

Es gilt dann

$$P(A_1) = P(A_2) = 1/2$$
$$P(A_3) = 1/4$$

Wegen

$$A_1 \cap A_2 = \{\omega_1, \omega_2\},\; A_1 \cap A_3 = \{\omega_2\},\; A_2 \cap A_3 = \{\omega_2\}$$

ergibt sich

$$P(A_1 \cap A_2) = 1/4,\; P(A_1 \cap A_3) = 1/8,\; P(A_2 \cap A_3) = 1/8$$

Damit folgt

$P(A_1 \cap A_2) = P(A_1)P(A_2)$

$P(A_1 \cap A_3) = P(A_1)P(A_3)$

$P(A_2 \cap A_3) = P(A_2)P(A_3)$

also paarweise Unabhängigkeit.

Andererseits ist

$A_1 \cap A_2 \cap A_3 = \{\omega_2\}$

also

$P(A_1 \cap A_2 \cap A_3) = 1/8 \neq P(A_1)P(A_2)P(A_3) = 1/16$

Damit sind die drei Ereignisse nicht voneinander unabhängig. Die beiden Ereignisse A_1 und A_2 zusammen beeinflussen das Ereignis A_3.

4.4. Diskrete Zufallsfunktionen

In vielen Fällen können wir einen empirischen Sachverhalt in einen mathematischen Wahrscheinlichkeitsraum abbilden, wobei die Ergebnisse in „naheliegender" Weise vorgegeben sind. Für eine bestimmte Fragestellung interessieren aber nicht diese Ergebnisse, sondern in der Regel einfachere, davon abgeleitete Ergebnisse.

Beispiel:

Versuchspersonen unterziehen sich einem Test, bei dem drei Aufgaben zu lösen sind. Dabei werden bei jeder Aufgabe zwei Antworten mitangegeben, wovon eine die richtige ist. Eine Versuchsperson kann also eine Aufgabe nur richtig oder falsch lösen.

Es liegt daher ein Experiment vor bestehend aus drei Stufen, wobei auf jeder Stufe die Ergebnisse r (= richtig) und f (= falsch) möglich sind.

Die in naheliegender Weise vorgegebenen Ergebnisse beschreiben wir am besten durch die folgenden acht Tripel

(r,r,r), (r,r,f), (r,f,r), (r,f,f)

(f,r,r), (f,r,f), (f,f,r), (f,f,f),

wobei die erste Stelle im Tripel sich auf die erste, die zweite auf die zweite, die dritte auf die dritte Aufgabe bezieht und r für richtig bzw. f für falsch steht.

Nun werden die Testergebnisse folgendermaßen bewertet und damit besser vergleichbar gemacht: für eine richtige Lösung gibt es einen Punkt und für eine falsche Lösung keinen Punkt. Es interessiert dann die Gesamtanzahl der Punkte, die bei dem Test resultiert. Es liegt also ein Ergebnisraum vor mit den vier Ergebnissen 0, 1, 2, 3 Punkte.

△

Im folgenden wollen wir diesen Übergang vom ursprünglichen Ergebnisraum zu einem, der aufgrund einer Fragestellung interessiert, formal beschreiben.

Wir gehen aus von einem Wahrscheinlichkeitsraum (Ω, P). Dieser muß nicht konkret gegeben sein, so daß wir Ω oder P genau beschreiben können, sondern er dient nur als Ausgangspunkt der Überlegungen. Aus Ω können wir eine einfachere Ergebnismenge Ω' mit den Ergebnissen $\omega' \in \Omega'$ ableiten, wobei wir Ω' **konkret** angeben können.

In präziser mathematischer Sprechweise bedeutet dies, daß eine **eindeutige** Abbildung f von Ω **auf** Ω' vorliegt.

Dabei heißt „eindeutig", daß jedem $\omega \in \Omega$ nur ein $\omega' \in \Omega'$ zugeordnet wird. Die Abbildung muß aber nicht eineindeutig sein, d.h. zwei verschiedenen Ergebnissen ω_1 und ω_2 kann durchaus derselbe Wert ω' zugeordnet werden: $f(\omega_1) = f(\omega_2) = \omega'$. Weiter bedeutet „**Abbildung auf** Ω'", daß jedes $\omega' \in \Omega$ wirklich ein Wert (Bild) von f ist, d.h. zu jedem $\omega' \in \Omega'$ gibt es ein $\omega \in \Omega$ mit $f(\omega) = \omega'$.

Definition 6

Gegeben sei ein diskreter Wahrscheinlichkeitsraum (Ω, P). Eine eindeutige Abbildung f von Ω auf Ω'

$$f\colon \Omega \to \Omega'$$

heißt **diskrete Zufallsfunktion**, kurz Zufallsfunktion.

△

Wir können die Werte der Zufallsfunktion f, also die $\omega' \in \Omega'$, auch als Ergebnisse ansehen, weil sie nach Definition von f sich gegenseitig ausschließen und vollständig sind. Dies folgt aus der Tatsache, daß Ω' ein wohldefinierter Ergebnisraum ist und daß f eindeutig ist. Die Eigenschaft von f eine „Abbildung auf" zu sein bedingt, daß jedes ω' Bild eines oder auch mehrerer ursprünglicher Ergebnisse ω ist.

Wir greifen auf unser obiges Beispiel zurück, bei dem wir die Ergebnisse eines Tests mit einer Punktzahl bewertet haben.

Diese Bewertung entspricht einer Zufallsfunktion f, die wir in der folgenden Abbildung graphisch veranschaulichen.

Ω	$\xrightarrow{\quad f \quad}$	Ω'
$\omega_1 = (r,r,r)$	$\longrightarrow$	$\omega'_1 = 3$
$\omega_2 = (r,r,f)$	$\searrow$	
$\omega_3 = (r,f,r)$	$\longrightarrow$	$\omega'_2 = 2$
$\omega_4 = (f,r,r)$	$\nearrow$	
$\omega_5 = (r,f,f)$	$\searrow$	
$\omega_6 = (f,r,f)$	$\longrightarrow$	$\omega'_3 = 1$
$\omega_7 = (f,f,r)$	$\nearrow$	
$\omega_8 = (f,f,f)$	$\longrightarrow$	$\omega'_4 = 0$

Mit einer Zufallsfunktion wird in der Regel ein doppeltes Ziel verfolgt: einmal von einem gegebenen komplexen Ergebnisraum auf einen einfacheren und letztlich interessierenden überzugehen und zum anderen abstrakte Ergebnisse numerisch zu erfassen. Letzteres entspricht einem Meßvorgang.

Wir betonen noch einmal, daß die Zufallsfunktion eine Abbildung also eine **Zuordnungsvorschrift** ist.

Üblicherweise spricht man anstatt von einer Zufallsfunktion auch von einer **Zufallsvariablen** oder einer **zufälligen Größe**. Diese Bezeichnungsweise ist zwar üblich aber irreführend, da man dabei das Ergebnis der Zuordnungsvorschrift, nämlich eine Variable, mit der Zuordnungsvorschrift selbst verwechselt. Eine Variable bezeichnet üblicherweise potentielle Meßwerte.

Im ökonomischen Kontext sprechen wir z.B. davon, daß wir die Zufallsvariable C, nämlich den Konsum, beobachten. Die dahinterstehende Zufallsfunktion, durch die festgelegt ist, in welcher Weise aus einem Zustand der Ökonomie ein konkreter Konsumwert zu berechnen ist, interessiert dabei nicht. Sie ist natürlich bei der Interpretation der Konsumwerte wichtig, da man wissen muß, was unter Konsum genau zu verstehen ist.

Wir halten uns aber an die übliche Notation, gemäß der Zufallsvariable und Zufallsfunktion synonym verwendet werden. Im folgenden bezeichnen wir Zufallsfunktionen in der Regel mit kleinen Buchstaben: f, g, h usw. Ökonomische Zufallsvariable bezeichnen wir aber, wie üblich, mit Großbuchstaben z.B. C, Y, I usw.

Die Zufallsfunktion ist auch nicht zufällig sondern **exakt festgelegt**; die Werte, welche sich aufgrund der Zufallsfunktion konkret ergeben, erscheinen allerdings zufällig. Diese Werte bezeichnen wir als **Realisierungen** der Zufallsfunktion und den abgeleiteten Ergebnisraum als **Stichprobenraum**. Der Statistiker kann in der Regel nur Realisierungen einer Zufallsfunktion beobachten. Jede Realisierung resultiert aus einer **Stichprobe**, und wenn er T Realisierungen beobachtet, so macht er eine **Stichprobe vom Umfang T**. Wir haben nun vermöge der Zufallsfunktion f den Ergebnisraum Ω vereinfacht zu Ω'. Zu einem Ergebnisraum interessieren aber auch die entsprechenden Wahrscheinlichkeiten, d.h. wir sind letztlich daran interessiert, aus dem ursprünglichen Wahrscheinlichkeitsraum (Ω, P) einen einfacheren (Ω', P') zu erhalten, der für eine bestimmte Fragestellung passender und einfacher ist.
Bisher haben wir nur die Zuordnung $f: \Omega \rightarrow \Omega'$ betrachtet. Nun zeigen wir, wie wir bei gegebenem f aus P in ganz naheliegender Weise eine abgeleitete Wahrscheinlichkeitsverteilung P' erhalten können.

Beispiel:

Jedes abgeleitete Ergebnis ω' entspricht auf der Ebene des ursprünglichen Wahrscheinlichkeitsraumes einem Ereignis und zwar dem, dessen Ergebnisse vermöge f genau ω' entsprechen. Wir demonstrieren dies an obigem Beispiel der Testaufgaben. Das abgeleitete Ergebnis „ein Punkt" entspricht den ursprünglichen Ergebnissen (r,f,f), (f,r,f) und (f,f,r), also dem Ereignis (r,f,f) „oder" (f,r,f) „oder" (f,f,r) bzw. in mathematischer Form dem Ereignis

$$S = \{r,f,f), (f,r,f), (f,f,r)\}$$

Damit ordnen wir dem abgeleiteten Ergebnis „ein Punkt" dieselbe Wahrscheinlichkeit zu wie dem Ereignis S. Wenn wir nun jedem ursprünglichen Ergebnis dieselbe Wahrscheinlichkeit 1/8 zuordnen, dann entspricht dem abgeleiteten Ergebnis „kein Punkt" das ursprüngliche Ergebnis (f,f,f) und damit die Wahrscheinlichkeit 1/8.

Dem abgeleiteten Ergebnis „ein Punkt" entspricht das ursprüngliche Ergebnis $S = \{(r,f,f), (f,r,f), (f,f,r)\}$, also die Wahrscheinlichkeit 3/8.

Dem abgeleiteten Ergebnis „zwei Punkte" entspricht das ursprüngliche Ereignis $\{(f,r,r), (r,f,r), (r,r,f)\}$, also die Wahrscheinlichkeit 3/8.

Schließlich entspricht dem abgeleiteten Ergebnis „drei Punkte" das ursprüngliche Ergebnis (r,r,r), also die Wahrscheinlichkeit 1/8.

Auf diese Weise haben wir für den interessierenden Ergebnisraum Ω' auch eine Zähldichte p′ abgeleitet.

△

Diesen an obigem Beispiel demonstrierten Sachverhalt wollen wir nun mathematisch allgemein beschreiben.

Vorgegeben seien ein Wahrscheinlichkeitsraum (Ω, P) und eine Zufallsfunktion $f: \Omega \to \Omega'$.

Wir nehmen ein abgeleitetes Ergebnis $\omega' \in \Omega'$ und dazu die Menge der ω, für die gilt $f(\omega) = \omega'$: $\{\omega | f(\omega) = \omega'\}$. Wir bezeichnen diese Menge als **Urbildmenge** von ω' und schreiben dafür kurz $[f = \omega']$.

Diese Menge ist gerade das Ereignis, das **alle** Ergebnisse enthält, die durch f auf ω' abgebildet werden. Die Wahrscheinlichkeit dieses Ereignisses ist $P([f = \omega'])$. Da aber das abgeleitete Ergebnis ω' nur eine andere Darstellung des Ereignisses $[f = \omega']$ ist, definieren wir die abgeleitete Zähldichte p′

$$p': \omega_i' \to P([f = \omega_i'])$$

d. h.

$$p_i' = p'(\omega_i') = P([f = \omega_i'])$$

Damit ist die Zähldichte p′ eindeutig festgelegt: jedem ω_i' ist ein p_i' zugeordnet.

Wir wollen nun auch den Ereignissen Wahrscheinlichkeiten zuordnen, d. h. formal eine abgeleitete Verteilung P′ konstruieren. Dabei gehen wir analog vor, wie bei der Konstruktion der Verteilung P aus der Zähldichte p.

Sei beispielsweise

$$S' = \{\omega_1', \omega_2', \omega_3'\},$$

so definieren wir

$$P'(S') = p_1' + p_2' + p_3'.$$

Allgemein definieren wir zu

$$S' = \bigcup_{i \in I} \{\omega_i'\}$$

die Wahrscheinlichkeit

$$P'(S') = \sum_{i \in I} p'(\omega_i')$$

Die Funktion P′, die jedem $S' \subset \Omega'$ eine Wahrscheinlichkeit zuordnet, heißt auch

Verteilung der Zufallsfunktion f. Um die Abhängigkeit von f auszudrücken, schreiben wir auch P_f anstatt P'. Entsprechend schreiben wir anstatt p' auch p_f bzw. anstatt Ω' auch Ω_f.

Wir fassen die obigen Überlegungen zusammen.

Vorgegeben sei ein diskreter Wahrscheinlichkeitsraum (Ω, P). Es interessieren aber im Hinblick auf eine bestimmte Fragestellung nicht die Ergebnisse $\omega \in \Omega$ sondern davon abgeleitete $\omega' \in \Omega'$.

Dabei ist eine eindeutige Vorschrift f gegeben, die festgelegt, wie aus den Ergebnissen $\omega \in \Omega$ die abgeleiteten $\omega' \in \Omega'$ werden

$$f: \Omega \to \Omega'$$

Die Funktion f heißt Zufallsfunktion, ω' die Realisierungen und Ω' der Stichprobenraum.

Aus f erhalten wir die Zähldichte p' in folgender Weise

$$p_i': \omega_i' \to P([f = \omega_i'])$$

und daraus die Verteilung P'

$$P'(S') = \sum_i p_i' \quad \text{für } S' \subset \Omega' \quad \text{mit } \omega_i' \in S'$$

Speziell setzen wir $P'(\emptyset) = 0$. Dann hat P' alle Eigenschaften einer Verteilung, und es resultiert ein Wahrscheinlichkeitsraum

$$(\Omega', P'),$$

der einen Ausschnitt des ursprünglichen Wahrscheinlichkeitsraumes darstellt. Dieser Ausschnitt wird durch die Abbildung f vermittelt, und er ist umso „kleiner“, je weniger Elemente Ω' verglichen mit Ω enthält.

In der Anwendung werden fast ausschließlich Zufallsfunktionen f betrachtet, bei denen Ω_f gleich ist einer Menge von reellen Zahlen oder einer Menge von Vektoren des $\mathbb{R}^k$ (d.h. einer Menge von k-Tupeln von reellen Zahlen). Formal schreiben wir dafür

$$\Omega_f \subset \mathbb{R}^k \quad \text{mit } k \geqq 1.$$

Wir bezeichnen dann f auch als **k-dimensionale Zufallsfunktion**. Die Zufallsfunktion f ordnet also jedem $\omega \in \Omega$ ein k-Tupel von reellen Zahlen zu

$$\omega \xrightarrow{f} (x_1, x_2, \ldots, x_k) = \omega'$$

Die Zuordnungsvorschrift

$$\omega \xrightarrow{f_i} x_i$$

ist eine eindimensionale Zufallsfunktion. Diese bezeichnen wir als **i-te Komponente** von f und wir schreiben

$$f = (f_1, f_2, \ldots, f_k).$$

Wenn wir Ω_f als Ergebnisraum ansehen, so können wir ihn als einen Ergebnisraum auffassen, der zu einem Experiment bestehend aus k Stufen gehört.

Dann liefert f_i gerade die Ergebnisse auf der i-ten Stufe.

Dazu ein **Beispiel:**
Das statistische Bundesamt erhebt in jedem Jahr insbesondere drei ökonomische Größen: Das Sozialprodukt Y, den gesamten Konsum C und die gesamten Investitionen I. Die einzelnen Sachbearbeiter versuchen dabei ein konkret vorliegendes ökonomisches Ergebnis, soweit es für die theoretisch festgelegten Größen Bedeutung hat, durch statistische Erhebungen und Befragungen zu erfassen. Dann gibt es eine Vorschrift, wie aus diesen Daten die drei interessierenden Größen zu berechnen sind. Diese Vorschrift macht die Zufallsfunktion f aus. Als Realisierungen ergeben sich dann Tripel von reellen Zahlen (Y, C, I), wobei Y, C und I hier Variable sind, die für einen potentiellen Meßwert des Sozialprodukts (Y), des gesamten Konsums (C) und der gesamten Investitionen (I) stehen. Da wir annehmen können, daß die Werte für C, Y und I mit einer begrenzten Stellenzahl ausgewiesen werden, gibt es nur **endlich viele** voneinander verschiedene Meßwerte.

In diesem Falle liegt eine dreidimensionale Zufallsfunktion vor. Wenn wir nur eine Komponente herausgreifen, z. B. die zweite, so resultieren die Konsumwerte C, und es liegt eine eindimensionale Zufallsfunktion vor.

△

Bei der Betrachtung dieses ökonomischen Beispiels kann man berechtigte Einwände gegen die Einführung von Zufallsfunktionen bringen.

Die ursprünglichen Ergebnisse sind in einem hohen Maße vage, da man sie konkret in keiner Weise genau beschreiben kann sondern nur durch Aufzählung einiger Aspekte etwas näher erläutern. Noch viel weniger kann man dazu empirisch begründete Wahrscheinlichkeiten angeben.

Beobachten kann man konkret gewisse Teilaspekte des ökonomischen Geschehens, soweit man selbst ökonomisch Agierender ist oder direkte Informationen über das ökonomische Geschehen hat. Damit hat man praktisch keine Information über das ökonomische Geschehen einer großen Volkswirtschaft insgesamt. Informationen darüber holen wir uns immer aus Daten, die meistens von amtlichen Stellen veröffentlicht werden. Diese Daten fassen wir nach obigen Überlegungen auf als Realisierungen von Zufallsfunktionen. Dabei können wir dann den Stichprobenraum Ω' konkret angeben. Er besteht aus reellen Zahlen oder Tupeln von reellen Zahlen. Auch Wahrscheinlichkeiten könnten wir dann im Prinzip über relative Häufigkeiten schätzen.

Nun könnte man sich fragen, warum man sich dann nicht gleich auf den empirisch faßbaren Stichprobenraum Ω' beschränkt, ohne auf den sehr vagen Ergebnisraum Ω zurückzugreifen. Praktisch tut man dies auch und der Ergebnisraum

Ω spielt hier eine rein theoretische Rolle, nämlich als universeller Ergebnisraum, aus dem man sich alle konkreten Stichprobenräume abgeleitet denken kann.

Das Konzept der Zufallsfunktion hat aber trotzdem eine praktische Bedeutung, da es viele andere Beispiele gibt, bei denen der ursprüngliche Ergebnisraum nicht so vage ist (Würfelbeispiel, Beispiel der Testaufgaben usw.), und zudem geht man oft von Stichprobenräumen aus und vereinfacht auch diese wegen einer speziellen Fragestellung vermöge einer Zufallsfunktion weiter.

Dazu ein **Beispiel:**

Ausgehend von dem oben beschriebenen „ökonomischen" ursprünglichen Wahrscheinlichkeitsraum (Ω, P) können wir den Stichprobenraum $\Omega' \subset \mathbb{R}^2$ betrachten mit den Ergebnissen (C, P) wobei C den gesamten nominellen Konsum und P einen allgemeinen Konsumpreisindex symbolisieren soll.

Wir können dann durch die Funktion

$$f(C, P) = C/P$$

einen weiteren abgeleiteten Ergebnisraum $\Omega'' \subset \mathbb{R}^1$ erhalten, nämlich den des realen Konsums.

△

Diesen Sachverhalt wollen wir nun allgemein beschreiben. Wir gehen aus von einem Wahrscheinlichkeitsraum (Ω, P). Dazu liege eine Zufallsfunktion f vor

$$f\colon \Omega \to \Omega' \subset \mathbb{R}^k$$

Es resultiert dann der abgeleitete Wahrscheinlichkeitsraum (Ω', P').

Nun gehen wir vom Wahrscheinlichkeitsraum (Ω', P') aus. Dazu liege eine Abbildung g vor

$$g\colon \Omega' \to \Omega'' \subset \mathbb{R}^1$$

Dann ist g formal auch eine Zufallsfunktion und wir bezeichnen Ω'' als Stichprobenraum mit den Realisierungen $\omega'' \in \Omega''$. Formal ist auch die Hintereinanderschaltung von g und f

$$h = g \circ f\colon \Omega \to \Omega''$$

eine Zufallsfunktion. Es ist unmittelbar klar, daß g und h zwar andere Definitionsbereiche haben aber dieselben Realisierungen und dieselbe Verteilung. Als Beobachter der Realisierungen $\omega'' \in \Omega''$ können wir uns diese als von Ω kommend (durch h) oder als von Ω' kommend (durch g) denken.

In obigem Beispiel bildet f in den $\mathbb{R}^1$ ab und Realisierungen sind Paare (C, P). Die Funktion g bildet vom $\mathbb{R}^2$ in den $\mathbb{R}^1$ ab, wobei

$$g(x, y) = x/y \quad \text{für } y \neq 0.$$

Die Variable C/P können wir uns entstanden denken aus C und P oder ausgehend von $\omega \in \Omega$.

Im Rahmen des Experiments Ökonomie ist in diesem Zusammenhang die folgende Betrachtungsweise zweckmäßig.

Wir gehen aus von einer Menge von makroökonomischen Größen, die im Statistischen Jahrbuch und anderen amtlichen Quellen veröffentlicht werden. Es seien dies insgesamt k Stück. Dabei liegt eine Zufallsfunktion f vor mit

$$f: \Omega \to \Omega' \subset \mathbb{R}^k$$

Für eine konkrete Fragestellung bilden wir aus diesen k Größen l neue Größen (Quotienten, Summen usw.). Damit ist eine Zufallsfunktion g festgelegt und zwar vom $\mathbb{R}^k$ in den $\mathbb{R}^l$, die im Hinblick auf eine bestimmte Fragestellung entwickelt wird.

Dann nehmen wir den Stichprobenraum Ω' als gegeben (Ω interessiert überhaupt nicht). Ferner befassen wir uns dann mit Eigenschaften der Zufallsfunktion g bzw. mit Eigenschaften der gemäß g resultierenden Realisierungen aus Ω'' und f interessiert überhaupt nicht.

Übungen und Aufgaben

1. Man nehme Stellung zu der folgenden Behauptung: formal ist die Zähldichte eine Zufallsfunktion.
2. Auf welche Weise könnte man ein Thermometer als Zufallsfunktion interpretieren?
3. Es liege ein Würfelexperiment vor, bei dem zweimal gewürfelt wird. Jedes der 36 möglichen Ergebnisse habe dieselbe Wahrscheinlichkeit 1/36. Es interessiert die Gesamtaugenzahl und die maximale Augenzahl beider Würfe. Man gebe die entsprechende Zufallsfunktion f, den Ergebnisraum Ω_f und die Zähldichte p_f an.

4.5. Unabhängigkeit von Zufallsfunktionen

Den Begriff der Abhängigkeit bzw. Unabhängigkeit haben wir für Ereignisse bereits definiert. Nun wollen wir diesen Begriff auf Zufallsfunktionen übertragen. Wir gehen wieder von einem konkreten Beispiel aus. Es liege das Experiment Ökonomie vor.

Dazu betrachten wir die dreidimensionale Zufallsvariable (C, I, Q), wobei C den gesamten Konsum, I die Investitionen und Q die Gewinne symbolisieren sollen.

Die Frage ist, ob das Konsumgeschehen „unabhängig" vom Investitions- und Gewinngeschehen ist, d. h. ob die Zufallsvariable C von der Zufallsvariablen (I, Q) „unabhängig" ist. Wir definieren nun, was wir unter der wahrscheinlichkeitstheoretischen Unabhängigkeit von zwei Zufallsfunktionen verstehen wollen. Dabei führen wir diesen Begriff zurück auf die Unabhängigkeit von Ereignissen.

Mit Hilfe einer beliebigen Zufallsfunktion

$$f: \Omega \to \Omega_f$$

können wir gewisse Ereignisse d.h. Teilmengen S von Ω beschreiben. Die Menge aller ω, denen vermöge f ein Wert $\omega' \in \Omega_f$ zugeordnet ist, haben wir als Urbild von ω' bezeichnet, symbolisch $[f = \omega']$. Allgemein ist die Menge aller ω denen vermöge f ein Element der Teilmenge $S' \subset \Omega_f$ zugeordnet ist, das Urbild von S', symbolisch $[f \in S']$. Das Urbild entspricht also der Menge $\{\omega | f(\omega) \in S'\}$.

Ereignisse dieser Art heißen durch f **beschreibbare** Ereignisse. In unserem Beispiel sind die folgenden Ereignisse durch die Zufallsfunktion, die das Konsumgeschehen erfaßt, beschreibbar: C nimmt den Wert 100 an, C ist kleiner als 150, C liegt zwischen 50 und 200 usw.

Wenn also alle Ereignisse, die durch eine Zufallsfunktion f beschreibbar sind, unabhängig sind von allen Ereignissen, die durch eine Zufallsfunktion g beschreibbar sind, so resultiert aus der Kenntnis der Verteilung von f keine Kenntnis über die Verteilung von g. Dies führt zu

Definition 7

Gegeben seien ein Wahrscheinlichkeitsraum (Ω, P) und zwei Zufallsfunktionen

$$g: \Omega \to \Omega_g \quad \text{und} \quad h: \Omega \to \Omega_h$$

Die Zufallsfunktionen g und h heißen **unabhängig**, wenn alle Ereignisse der Art

$$[g \in S_1'] \quad \text{mit } S_1' \subset \Omega_g$$

unabhängig sind von allen Ereignissen der Art

$$[h \in S_2'] \quad \text{mit } S_2' \subset \Omega_h$$

△

Dazu zwei **Beispiele:**

Es sei (Ω, P) ein Wahrscheinlichkeitsraum und $g: \Omega \to \Omega_g$ sowie $h: \Omega \to \Omega_h$ zwei Zufallsfunktionen. Dabei sei h die **konstante** Zufallsfunktion, d.h. Ω_h besteht aus einem Element c, und h ordnet jedem $\omega \in \Omega$ den Wert c zu. Die konstante Zufallsfunktion ist die denkbar einfachste Zufallsfunktion, die eigentlich nur von theoretischem Interesse ist.

Wir zeigen nun, daß g und h (wie g auch aussehen mag) immer unabhängig sind.

Zu Ω_g gibt es die Ereignisse S' (entspricht dem Ereignis $[g \in S']$) mit $S' \subset \Omega_g$ und zu Ω_h nur das Ereignis $\{c\}$ (entspricht dem Ereignis $[h = c]$).

Da das Ereignis $[h = c]$ sicher ist, (h kann nur den Wert c annehmen) und das sichere Ereignis von jedem anderen unabhängig ist, sind g und h voneinander unabhängig. Siehe Übung 3 im Abschnitt 4.3.

Streng genommen müßten wir auch das unmögliche Ereignis $\emptyset$ jeweils berücksichtigen. Da aber dieses Ereignis nach Definition unabhängig von jedem anderen ist, erübrigt es sich.

Wir bringen noch ein weiteres Beispiel

Es sei (Ω, P) ein Wahrscheinlichkeitsraum und A, B seien zwei Teilmengen von Ω, also Ereignisse.

Wir definieren die beiden Zufallsfunktionen g: $\Omega \rightarrow \Omega_g$

$$g(\omega) = \begin{cases} 1 & \text{für } \omega \in A \\ 0 & \text{für } \omega \in \bar{A} \end{cases}$$

und h: $\Omega \rightarrow \Omega_h$

$$h(\omega) = \begin{cases} 1 & \text{für } \omega \in B \\ 0 & \text{für } \omega \in \bar{B} \end{cases}$$

Solche Zufallsfunktionen, bei denen der Stichprobenraum nur die beiden Zahlen 0 und 1 enthält, nennt man **Indikatorfunktionen**.

Für g bzw. h schreibt man manchmal auch I_A bzw. I_B. Wir zeigen, daß f und g unabhängig sind, wenn dies für A und B (auf der Ebene von Ω) zutrifft.

Zum Stichprobenraum $\{0,1\}$ gibt es, abgesehen vom unmöglichen Ereignis, die folgenden Ereignisse:

$\{0\}$, $\{1\}$ und $\{0,1\}$

Damit gibt es zu Ω_g auf der Ebene von Ω die Ereignisse

$[g=0]$, $[g=1]$ und $[g \in \{0,1\}]$

Diese Ereignisse sind aber (nach Definition von g) gleich

$\bar{A}$, A und Ω.

Analog erhalten wir zu h auf der Ebene von Ω die Ereignisse

$\bar{B}$, B und Ω.

Nach Voraussetzung sind A und B unabhängig. Damit folgt, wie wir in Übung 1 in Abschnitt 4.3 gezeigt haben, daß auch A und $\bar{B}$, $\bar{A}$ und B sowie $\bar{A}$ und $\bar{B}$ unabhängig sind. Schließlich ist Ω von jedem Ereignis unabhängig, und damit ist gezeigt, daß g und h unabhängig sind.

△

In der Anwendung, wo meistens viel kompliziertere Zufallsfunktionen vorliegen als die oben betrachteten, ist es im allgemeinen auf diese direkte Weise nicht möglich nachzuprüfen, ob alle Ereignisse, die durch eine Zufallsvariable f beschreibbar sind, wirklich alle unabhängig sind von allen Ereignissen, die durch die andere Zufallsvariable g beschreibbar sind.

Meistens folgert man aus sachlogischen Überlegungen, daß Zufallsvariable unabhängig bzw. abhängig sind. Konkrete prüft man oft die Abhängigkeit durch die „Kovarianz", einen Sachverhalt den wir noch besprechen werden.

Wir zeigen nun, daß aus der Unabhängigkeit zweier Zufallsfunktionen g und h auch die Unabhängigkeit beliebiger Funktionen von g und h folgt. Wir werden dies an einem konkreten Beispiel zeigen; die allgemeinen Überlegungen laufen völlig analog.

Es seien f und g eindimensionale Zufallsfunktionen, $g > 0$ und wir betrachten die beiden davon abgeleiteten Zufallsvariablen

$$f^2 \text{ und } \ln(g),$$

wobei ln den Logarithmus symbolisiert.

Wir überlegen uns zuerst, daß das Ereignissystem, das zu f^2 gehört, enthalten ist im Ereignissystem, das zu f gehört; mit anderen Worten: Ereignisse, die durch f^2 beschreibbar sind, sind es auch durch f. Analoges gilt für das Ereignissystem das zu ln(g) bzw. g gehört und damit folgt dann aus der Unabhängigkeit von f und g die von f^2 und ln(g). Ein Ereignis, das zu f^2 gehört, kann beschrieben werden als ein Ereignis bestehend aus Elementarereignissen der Art:

$$[f^2 = a] \text{ mit } a \in \mathbb{R}.$$

Nun ist das Ereignis $[f^2 = a]$ gleich dem Ereignis $[f = +\sqrt{a}] \cup [f = -\sqrt{a}]$ (d.h. $f^2 = a$ ist gleichbedeutend mit $f = +\sqrt{a}$ „oder" $f = -\sqrt{a}$). Also kann jedes Ereignis, das durch f^2 beschreibbar ist, dargestellt werden durch Ereignisse, die durch f beschreibbar sind. Damit ist der Beweis erbracht.

Satz 5

Es seien f und g zwei Zufallsfunktionen

$$f\colon \Omega \to \Omega_f \subset \mathbb{R}^k, \quad g\colon \Omega \to \Omega_g \subset \mathbb{R}^l,$$

die voneinander unabhängig sind.
Weiter seien zwei Funktionen

$$h\colon \Omega_f \to \Omega_h \subset \mathbb{R}^m,\ i\colon \Omega_g \to \Omega_i \subset \mathbb{R}^n$$

dann sind auch die beiden Zufallsfunktionen $h \circ f$ und $i \circ g$ voneinander unabhängig. Siehe Abbildung 14.

△

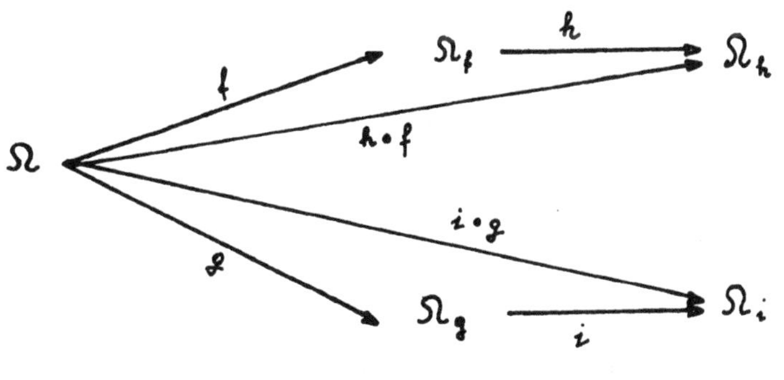

Abb. 14

In Verallgemeinerung zu den obigen Überlegungen kann man auch definieren, wann drei oder mehr Zufallsfunktionen abhängig heißen sollen. Wir wollen dies kurz für drei Zufallsfunktionen erläutern. In diesem Falle resultieren drei Ereignissysteme zu jeder Zufallsfunktion eines, und wir müssen für die Unabhängigkeit garantieren, daß jedes mögliche Tripel von Ereignissen, wobei aus jedem System eines genommen wird, unabhängig ist.

Wir überlegen uns nun die sehr wichtige Tatsache, daß die „gemeinsame" Zähldichte zweier Zufallsfunktionen gleich ist dem Produkt der beiden einzelnen Zähldichten.

Sei (Ω, P) ein Wahrscheinlichkeitsraum. Weiter seien zwei Zufallsfunktionen g und h gegeben:

$$g: \Omega \to \Omega_g \quad \text{und} \quad h: \Omega \to \Omega_h$$

Durch Zusammenfassen, erhalten wir aus g und h die gemeinsame Zufallsfunktion

$$f = (g, h): \Omega \to \Omega_g \times \Omega_h = \Omega_f$$

Wir nehmen an, daß g und h unabhängig sind.

Dann betrachten wir die Ereignisse

$$A = [f = (\omega', \omega'')] \text{ mit } \omega' \in \Omega_g \text{ und } \omega'' \in \Omega_h$$
$$B = [g = \omega' \text{ und h beliebig}] \text{ und } C = [g \text{ beliebig und } h = \omega'']$$

Offensichtlich gilt

$$A = B \cap C$$

Da aber g und h unabhängig sind, folgt daraus

(13) $$P(A) = P(B \cap C) = P(B) \cdot P(C)$$

Nun ist aber $P(A)$ ein Wert der Zähldichte p_f, die durch f induziert wird:

$$p_f: (\omega', \omega'') \to P(A)$$

Weiter ist $P(B)$ bzw. $P(C)$ ein Wert der Zähldichte, die durch g bzw. h induziert wird:

$$p_g: \omega' \to P(B) \quad \text{und} \quad p_h: \omega'' \to P(C)$$

Aus (13) folgt aber

(14) $$p_f((\omega', \omega'')) = p_g(\omega') \cdot p_h(\omega'')$$

oder in Worten: die Wahrscheinlichkeit, daß $f = (g, h)$ den Wert (ω', ω'') annimmt ist gleich dem Produkt der Wahrscheinlichkeit, daß g den Wert ω' annimmt und der Wahrscheinlichkeit, daß h den Wert ω'' annimmt.

Satz 6

Es seien g und h zwei unabhängige Zufallsfunktionen und f die gemeinsame Zufallsfunktion

$$f = (g, h)$$

Dann gilt für die Zähldichten

$$p_f(\omega) = p_g(\omega')p_h(\omega''),$$

wobei

$$\omega = (\omega', \omega'').$$

△

Die Formel (14) vereinfacht viele Überlegungen sehr stark, da die gemeinsame Dichte bereits aus den beiden Einzeldichten folgt.

Dies sieht man am besten ein, wenn man annimmt, daß Ω_g endlich viele Elemente enthält etwa n und Ω_h auch endlich viele etwa m.

Dann gibt es $n \cdot m$ verschiedene Paare (ω', ω'') und p_f ist im allgemeinen erst durch $n \cdot m$ Werte festgelegt. Sind hingegen g und h unabhängig, so reichen $n + m$ Werte aus, nämlich die von p_g und p_h um p_f festzulegen.

Nun wollen wir für einen speziellen Fall aus den Zähldichten zweier Zufallsfunktionen die Zähldichte der Summe berechnen.

Es seien g und h zwei Zufallsfunktionen

$$g\colon \Omega \to \Omega_g \quad \text{und} \quad h\colon \Omega \to \Omega_h,$$

wobei $\Omega_g = \Omega_h \subset \mathbb{N}_0$ der Menge der natürlichen Zahlen einschließlich 0. Es ist dann $f = g + h$ definiert und f ist eine Zufallsfunktion $f\colon \Omega \to \Omega_f \subset \mathbb{N}_0$

Wir betrachten das Ereignis (auf der Ebene von Ω)

$$A = [f + g = \nu]$$

Dann ergibt sich A aus den folgenden disjunkten Ereignissen

$$[f + g = \nu] = [f = 0, g = \nu] \cup [f = 1, g = \nu - 1] \cup \ldots \cup [f = \nu, g = 0]$$

Damit resultiert

$$(15) \qquad P([f + g = \nu]) = \sum_{i=0}^{\nu} P([f = i, g = \nu - i])$$

Wenn aber f und g unabhängig sind, so resultiert

$$P([f = i, g = \nu - i]) = P([f = i])\,P([g = \nu - i])$$

und damit aus (15)

$$(16) \qquad P([f + g = \nu]) = \sum_{i=0}^{\nu} P([f = i])\,P([g = \nu - i])$$

Man sagt dann, daß die Zähldichte p_{f+g} gleich ist der **Faltung** von p_f und p_g, symbolisch:

$$p_{f+g} = p_f * p_g$$

Lassen wir ν alle natürlichen Zahlen durchlaufen, so resultieren auf der linken Seite von (16) alle Werte der Zähldichte p_{f+g}. Auf der rechten Seite von (16) stehen Werte der Zähldichte p_f und p_g.

Satz 7

Es seien g und h zwei unabhängige Zufallsfunktionen

$$g: \Omega \to \Omega_g \subset \mathbb{N}_0, \quad h: \Omega \to \Omega_h \subset \mathbb{N}_0$$

Dann ist $f = g + h$ auch eine Zufallsfunktion

$$f: \Omega \to \Omega_f \subset \mathbb{N}_0,$$

und es gilt

$$p_f(k) = \sum_{i=0}^{k} p_g(i) p_h(k-i)$$

△

Übungen und Aufgaben

1. Ein Test bestehe aus drei Fragen. Zu jeder Frage werden zwei Antworten angegeben, wovon eine die richtige ist. Es liegt also ein Experiment mit drei Stufen vor. Auf jeder Stufe gibt es zwei Ergebnisse ω_1 (richtig) und ω_2 (falsch).
   Dazu liege die Zufallsfunktion f vor, welche die Gesamtpunktezahl angibt, wobei für jede richtige Antwort ein Punkt und für jede falsche 0 Punkte gegeben werden. Welche sind die durch f beschreibbaren Ereignisse?
   Man gebe auch ein durch f nicht beschreibbares Ereignis an.
2. Es seien f und g zwei unabhängige Zufallsfunktionen. Sind dann $a + bf$ und $\alpha + \beta g$ auch unabhängige Zufallsfunktionen? Begründung!
3. Es liege die folgende zweidimensionale Tabelle einer Zähldichte vor

ω' \ ω''	ω''_1	ω''_2	ω''_3	ω''_4
ω'_1	$\frac{1}{4}$	$\frac{1}{16}$	$\frac{1}{16}$	$\frac{1}{16}$
ω'_2	$\frac{1}{8}$	$\frac{1}{32}$	$\frac{1}{32}$	$\frac{1}{32}$
ω'_3	$\frac{1}{4}$	$\frac{1}{32}$	$\frac{1}{32}$	$\frac{1}{32}$

   Sind die Zufallsvariablen, die zu den beiden Randzähldichten gehören, unabhängig? Begründung!
4. Ein Experiment bestehe aus drei Stufen. Auf jeder Stufe sind die zwei Ergebnisse ω_1 und ω_2 möglich und zwar mit der Wahrscheinlichkeit p und $q = 1 - p$. Auf der i-ten Stufe ist die Zufallsfunktion

$$f_i: \begin{array}{l} \omega_1 \to 0 \\ \omega_2 \to 1 \end{array}$$

   gegeben. Die drei Stufen seien voneinander unabhängig. Man berechne die Dichte von $f_1 + f_2$ und $f_1 + f_2 + f_3$.

4.6. Entwicklung von Kennzahlen

Im folgenden betrachten wir nur den Fall, daß eine Zufallsfunktion f in den $\mathbb{R}$ führt, d.h.

$$f: \Omega \rightarrow \Omega' \subset \mathbb{R}$$

Wenn eine Zufallsfunktion vorliegt, so verfügen wir über die gesamte wahrscheinlichkeitstheoretische Information, sofern wir den Stichprobenraum Ω' und die entsprechende Verteilung kennen. Man ist aber oft nur an einem bestimmten Aspekt der Zufallsvariablen interessiert, z.B. an einem „durchschnittlichen" Wert der Variablen oder daran, wie stark die Zufallsvariable „streut".

Wir werden im folgenden zu einer Zufallsvariablen **Kenngrößen**, sogenannte **Parameter**, entwickeln, die jeweils einen bestimmten Aspekt der Zufallsvariablen erfassen.

Diese Kenngrößen können wir auch auffassen als Parameter der entsprechenden Verteilung, und wir werden von einem Parameter der Zufallsvariablen bzw. auch von einem Parameter der entsprechenden Verteilung sprechen.

Es liege eine Zufallsfunktion f vor mit den Realisierungen $\omega'_1, \omega'_2, \ldots$ und den entsprechenden Werten einer Zähldichte $p'_1, p'_2, \ldots$

Wir könnten nun aus diesen Angaben Kenngrößen definitorisch einführen. Aus Gründen der Anschaulichkeit wollen wir aber nicht so vorgehen, sondern uns in die Lage eines Statistikers versetzen, der eine Zufallsvariable T mal beobachtet. Es liegt also eine Stichprobe vom Umfang T vor mit den Werten $x_1, x_2, \ldots, x_T$. Dabei ist jedes x_t gleich einer möglichen Realisierung ω'_i. Eine Stichprobe liefert nicht nur die Information, daß gewisse Werte, nämlich die Stichprobenwerte $x_1, x_2, \ldots, x_T$ mögliche Realisierungen sind, sondern vermittels der relativen Häufigkeiten noch eine gewisse Information über die entsprechenden Wahrscheinlichkeiten. Insofern liefert die Stichprobe eine Teilinformation über (Ω', P').

Im folgenden werden wir zuerst Kenngrößen für Stichproben entwickeln und dann den Stichprobenumfang T gegen ∞ gehen lassen. Damit resultieren dann die entsprechenden Kenngrößen für die Zufallsfunktion. Diese Vorgehensweise hat zwei Vorteile: (1) sind die Kenngrößen, die wir für Stichproben entwickeln sehr anschaulich und (2) verwendet der Statistiker diese Kenngrößen die aus Stichproben gewonnen werden, gerade als Schätzungen für die entsprechenden Kenngrößen der Zufallsfunktionen.

4.6.1. Kennzahlen von Meßreihen

Die folgenden Überlegungen sind nicht daran gebunden, daß die betrachteten Zahlenwerte Realisierungen einer Zufallsvariablen sind. Sie können ganz allgemein bei einer Messung angefallen sein. Wir sprechen daher auch allgemein von einer **Meßreihe** $x_1, x_2, \ldots, x_T$.

Die T Zahlen müssen nicht alle verschieden sein. Man denke an das Würfelexperiment, bei dem bei mehr als sechs Würfen mindestens eine Augenzahl zweimal vorkommen muß.

Daher ist es zweckmäßig auch die Häufigkeiten der möglichen Realisierungen zu erfassen.

Bezeichnen wir die möglichen Realisierungen (oder Meßwerte) mit ω_i', $i = 1, 2, 3, \ldots$, so ist jedes x_t $1 \leqq t \leqq T$ gleich einem ω_i'.

Wir können nun die absoluten Häufigkeiten, die zur Meßreihe gehören, angeben. Dabei sei $h_T(i)$ die Häufigkeit von ω_i', d.h. $h_T(i)$ gibt an, wie oft der Wert ω_i' in der Meßreihe $x_1, x_2, \ldots, x_T$ vorkommt.

Wir erhalten also die Häufigkeitsverteilung

Realisierung	ω_1'	ω_2'	ω_3'	...
Häufigkeit	$h_T(1)$	$h_T(2)$	$h_T(3)$	...

Dazu können wir auch die relativen Häufigkeiten berechnen

Realisierung	ω_1'	ω_2'	...
relative Häufigkeit	$h_T(1)/T$	$h_T(2)/T$	...

Im folgenden entwickeln wir einige Kenngrößen zu Meßreichen. Zuerst beschäftigen wir uns mit einer Kenngröße, welche die „Lage" charakterisiert.

4.6.1.1. Lageparameter

Das arithmetische Mittel zu einer Meßreihe $x_1, x_2, \ldots, x_T$ bezeichnen wir als **Mittelwert**, symbolisch $\bar{x}$

$$\bar{x} = \frac{1}{T}(x_1 + x_2 + \ldots + x_T) = \frac{1}{T}\sum_{t=1}^{T} x_t$$

Den Mittelwert können wir unter Verwendung der relativen Häufigkeiten noch etwas anders schreiben.

Da in der Meßreihe ω_i' insgesamt $h_T(i)$-mal vorkommt, ergibt sich für den Mittelwert auch

$$\bar{x} = \frac{1}{T}(h_T(1)\omega_1' + h_T(2)\omega_2' + \ldots)$$

bzw.

$$(17) \qquad \bar{x} = \frac{h_T(1)}{T}\omega_1' + \frac{h_T(2)}{T}\omega_2' + \ldots = \sum_i (h_T(i)/T)\omega_i',$$

wobei $h_T(i)/T$ die relative Häufigkeit von ω_i' ist.

Der Mittelwert wird oft auch dazu verwendet, um die Meßwerte zu **zentrieren**, d.h. anstatt der Meßreihe $x_1, x_2, \ldots, x_T$ wird die Meßreihe $x_1 - \bar{x}, x_2 - \bar{x}, \ldots, x_T - \bar{x}$ betrachtet.

Dies bedeutet eine Niveauverschiebung der Meßwerte, wobei der Mittelwert der ursprünglichen Meßreihe dann dem Nullpunkt der neuen entspricht.

Man beachte, daß der Mittelwert oft kein empirisches Analogon hat. Dazu betrachten wir das Beispiel eines sechsseitigen Würfels.

Ordnen wir der Augenzahl i die reelle Zahl i zu, so resultiert bei T Würfen eine Meßreihe $x_1, x_2, \ldots, x_T$. Der Mittelwert $\bar{x}$ kann dann z. B. den Wert 3,2 annehmen.

Man beachte auch, daß der Mittelwert nur einen ganz bestimmten Aspekt der Lage der Meßreihe erfaßt.

Dazu zwei **Beispiele:**

Im ersten Beispiel werden durch die Meßreihe Abweichungen von einem vorgegebenen Wert a erfaßt. Diese Abweichungen können positiv oder negativ sein. Dann kann es sein, daß der Mittelwert Null wird. Das bedeutet aber nicht, daß die Abweichungen alle nahe bei Null sind. Wollten wir diesen Aspekt der Abweichungen erfassen, so würden wir besser den Mittelwert der absoluten Abweichungen verwenden, nämlich

$$\frac{1}{T}(|x_1 - a| + |x_2 - a| + \ldots + |x_T - a|).$$

Im zweiten Beispiel werden durch die Meßwerte Schadenswerte erfaßt. Es kann dann sein, daß größere Schadenswerte überproportional stark zu Buche schlagen, daß also ein Schaden von 200 mehr als doppelt so „gewichtig" ist, wie einer von 100. Um diesen Aspekt zu erfassen, müßten wir die Meßwerte mit geeigneten Gewichten versehen und dann den Mittelwert der gewichteten Meßgrößen bilden.

△

Wir halten noch eine wichtige Eigenschaft von Mittelwerten fest. Falls die Meßwerte linear miteinander verknüpft sind, so sind es die Mittelwerte in der selben Weise. Wenn also gilt

$$y_t = a + bx_t \qquad 1 \leqq t \leqq T,$$

so folgt daraus

$$\bar{y} = \frac{1}{T}\sum_{t=1}^{T}(a + bx_t) = \frac{1}{T}\sum_{t=1}^{T} a + \frac{1}{T}\sum_{t=1}^{T} bx_t = a + b\bar{x}$$

Es gilt also

(18) $\quad \bar{y} = a + b\bar{x}$

Neben dem Mittelwert entwickeln wir noch einen weiteren Lageparameter, der in gewissen Situationen ein adäquateres Maß für die Lage der Meßwerte darstellt.

Dazu betrachten wir ein **Beispiel:**

In der Testzeitschrift „Test" werden Konsumgüter hinsichtlich ihrer Qualität getestet. Darüber hinaus wird zu jedem Konsumgut ein „mittlerer" Preis angegeben. Dabei wird folgendermaßen vorgegangen: An T Stellen, wo das entsprechende

Konsumgut verkauft wird, werden die Preise erhoben. Damit resultiert eine Meßreihe von T Preisen

$$x_1, x_2, \ldots, x_T.$$

Als „mittlerer" Preis wird dann ein Wert $\tilde{x}$ angesehen, für den gilt, daß die Hälfte der Preise kleiner oder gleich $\tilde{x}$ ist. Damit ist die restliche Hälfte der Preise größer $\tilde{x}$. Der Preis $\tilde{x}$ ist insofern ein mittlerer, als wir erwarten, daß in der Hälfte der Fälle, in denen wir ein beliebiges Geschäft aufsuchen, der Preis kleiner gleich $\tilde{x}$ ist.

△

Um diesen „mittleren" Wert den sogenannten **Median** einer Meßreihe genau angeben zu können, ordnen wir die Meßwerte der Größe nach. Wenn wir mit $x_{(1)}$ den kleinsten Wert der Meßreihe, mit $x_{(2)}$ den zweitkleinsten Wert usw. bezeichnen, so resultiert die geordnete Meßreihe

$$x_{(1)} \leqq x_{(2)} \leqq \ldots \leqq x_{(T)}$$

Falls T gerade ist, also $T = 2n$, so definieren wir als Median jeden Wert zwischen $x_{(n)}$ und $x_{(n+1)}$, d. h.

$$x_{(n)} \leqq \tilde{x} \leqq x_{(n+1)}$$

Der Wert $\tilde{x}$ ist nur dann eindeutig, wenn $x_{(n)} = x_{(n+1)}$.

Im allgemeinen ist dies aber nicht der Fall; dann hat jedes so definierte $\tilde{x}$ die Eigenschaft, daß 50% der Meßwerte kleiner oder gleich und 50% größer oder gleich als $\tilde{x}$ sind. Um einen eindeutigen Wert zu erhalten, wird in diesem Falle auch $\tilde{x}$ als Mittelpunkt des Intervalls $[x_{(n)}, x_{(n+1)}]$ definiert

$$\tilde{x} = \tfrac{1}{2}(x_{(n)} + x_{(n+1)}).$$

Falls T ungerade ist, also $T = 2n + 1$, so definieren wir als Median den Wert, der in der geordneten Meßreihe in der Mitte steht, also

$$\tilde{x} = x_{(n+1)}$$

Man überlege sich an einem Beispiel mit $T = 3$, daß weniger als 50% der Meßwerte kleiner als $\tilde{x}$ sind aber bereits mehr als 50% der Meßwerte kleiner oder gleich $\tilde{x}$.

Es gibt also keine Zahl z, für die gelten würde, daß **genau** 50% der Meßwerte kleiner sind als z bzw. **genau** 50% der Meßwerte kleiner oder gleich z.

4.6.1.2. Kennzahlen für das Gleichlaufen zweier Meßreihen bzw. für das Variieren einer Meßreihe

Oft ist man daran interessiert bei zwei Meßreihen eine Kennzahl anzugeben, die etwas über das „Gleichlaufen" der beiden Meßreihen aussagt.

Vorgegeben seien zwei gleichlange Meßreihen

$$x_1, x_2, \ldots, x_T \quad \text{und} \quad y_1, y_2, \ldots, y_T.$$

Man möchte nun wissen, ob tendenziell zu einem großen bzw. kleinen x-Wert auch ein großer bzw. kleiner y-Wert gehört, wobei x-Werte und y-Werte mit dem **selben** Index verglichen werden.

Wir wollen den Sachverhalt für $T = 3$ veranschaulichen. Es sei im ersten Fall

$$x_1 = 10, \; x_2 = 50, \; x_3 = 100 \; \text{bzw.} \; y_1 = 2, \; y_2 = 6, \; y_3 = 8.$$

Man sieht, daß die Meßwerte gleiche Tendenz haben, d.h. bei größeren x-Werten ergeben sich auch größere y-Werte. Nun betrachten wir zu derselben x-Meßreihe die folgende y-Meßreihe

$$y_1 = 8, \; y_2 = 6, \; y_3 = 2$$

Dann haben die Meßwerte gegenläufige Tendenz. Schließlich betrachten wir zu der selben x-Meßreihe die folgende y-Meßreihe

$$y_1 = 8, \; y_2 = 2, \; y_2 = 6.$$

Nun haben die Meßwerte keine gemeinsame Tendenz.

Zu allen drei Fällen berechnen wir die folgende Kennzahl

$$(19) \qquad m_{xy} = \frac{1}{T}(x_1 y_1 + x_2 y_2 + \ldots + x_T y_T) = \frac{1}{T} \sum_{t=1}^{T} x_t y_t$$

also das „mittlere Produkt".

Es resultiert

im ersten Fall $m_{xy} = 373{,}3$
im zweiten Fall $m_{xy} = 193{,}3$
und im dritten Fall $m_{xy} = 260{,}0$.

Wir stellen also fest, daß m_{xy} größer ist bei gleich laufender Tendenz, kleiner ist bei gegenläufiger Tendenz und eine mittlere Größe hat, falls keine gemeinsame Tendenz vorhanden ist.

Dieses Ergebnis ist plausibel und bekannt aus folgendem Zusammenhang: bei gegebenem Umfang hat das Quadrat immer eine größere Fläche als ein Rechteck, da im Quadrat das Produkt zweier **gleich großer** Werte und beim Rechteck zweier **verschiedener** Werte gebildet wird.

Daher verwenden wir die Größe m_{xy} als eine grobe Kennzahl für tendenzielles Gleichlaufen, und wir bezeichnen sie als das **zweite gemischte empirische Moment** der beiden Meßreihen. Formal können wir m_{xy} gemäß (19) auch ansehen als Mittelwert des Produkts entsprechender x- und y-Werte.

Wenn die Meßreihe der y_t gleich ist der Meßreihe der x_t, so resultiert

$$m_{xx} = \frac{1}{T}(x_1^2 + x_2^2 + \ldots + x_T^2) = \frac{1}{T} \sum_{t=1}^{T} x_t^2$$

das mittlere Quadrat oder das **zweite empirische Moment** der x-Meßreihe. Dieses ist eine grobe Kennzahl für die Größe der Werte einer Meßreihe; genau genommen ist es die mittlere quadratische Größe.

Wenn die x_t und y_t Realisierungen zweier Zufallsfunktionen g und h sind, g: $\Omega \to \Omega' \subset \mathbb{R}$ und h: $\Omega \to \Omega'' \subset \mathbb{R}$, so können wir die Kennzahl m_{xy} auch anders schreiben. Dazu betrachten wir die gemeinsame Zufallsfunktion

$$f = (g, h)\colon \Omega \to \Omega' \times \Omega'' \subset \mathbb{R}^2$$

Realisierungen von f sind dann die Paare (x_t, y_t). Jedes Paar (x_t, y_t) muß gleich sein einem Ergebnis $(\omega_i', \omega_j'') \in \Omega' \times \Omega''$.

Bezeichnen wir mit $h_T(i, j)$ die Häufigkeit, mit der für die Werte der Meßreihen gilt $x_t = \omega_i'$ und $y_t = \omega_j''$, so können wir anstatt (19) auch

$$m_{xy} = \frac{1}{T} \sum_{i,j} h_T(i, j)\omega_i'\omega_j''$$

bzw.

$$(21) \qquad m_{xy} = \sum_{i,j} (h_T(i, j)/T)\omega_i'\omega_j''$$

schreiben.

Die entwickelte Kennzahl m_{xy} hat aber zwei Nachteile: zum einen ist sie, was das Niveau betrifft, nicht normiert und zum anderen ist sie von der Dimension der Meßwerte abhängig. Wir versuchen zuerst den ersten Nachteil zu beheben. Zu diesem Zwecke bilden wir das **gemischte empirische Moment der zentrierten Meßreihen** oder die **empirische Kovarianz,** symbolisch s_{xy}

$$(22) \qquad \begin{aligned} s_{xy} &= \frac{1}{T}((x_1 - \bar{x})(y_1 - \bar{y}) + (x_2 - \bar{x})(y_2 - \bar{y}) + \ldots + (x_T - \bar{x})(y_T - \bar{y})) = \\ &= \frac{1}{T}\sum_{t=1}^{T}(x_t - \bar{x})(y_t - \bar{y}) \end{aligned}$$

Es ergibt sich in (22) ein positiver Beitrag, wenn $x_t > \bar{x}$ und $y_t > \bar{y}$ bzw. $x_t < \bar{x}$ und $y_t < \bar{y}$ (gleiche Tendenz) und ein negativer Beitrag, wenn $x_t > \bar{x}$ und $y_t < \bar{y}$ bzw. $x_t < \bar{x}$ und $y_t > \bar{y}$ (gegenläufige Tendenz).

Falls die Meßreihen keine gemeinsame Tendenz haben, so ergeben sich in der Summe in (22) teils positive und teils negative Werte, also insgesamt ein Wert nahe bei Null. Analog überlegt man sich, daß bei gleicher Tendenz in (22) ein größerer negativer Wert resultiert.

Damit hat die Größe s_{xy} gegenüber m_{xy} den Vorteil, daß sie **niveaunormiert** ist: keine gemeinsame Tendenz entspricht dem Wert Null.

Gemäß (22) können wir s_{xy} ansehen als Mittelwert der Produkte der zentrierten x- und y-Werte.

Aus (22) resultiert durch Ausmultiplizieren direkt die sogenannte Verschiebungsgleichung

$$(23) \qquad s_{xy} = m_{xy} - \bar{x} \cdot \bar{y}$$

Wenn die Meßreihe der x_t gleich ist der Meßreihe der y_t, so resultiert die sogenannte **empirische Varianz**

(24) $$s_{xx} = \frac{1}{T} \sum_{t=1}^{T} (x_t - \bar{x})^2$$

Da $(x_t - \bar{x})^2$ ein Maß für das „Abweichen" des Meßwertes x_t vom Mittelwert ist, kann s_{xx} angesehen werden als ein Maß für das mittlere „Abweichen" der Meßreihe vom Mittelwert oder für die **Variabilität** der Meßreihe.

Es wäre sicher naheliegender als Maß für das Abweichen des Meßwertes x_t vom Mittelwert $\bar{x}$, die Größe $|x_t - \bar{x}|$ anstatt $(x_t - \bar{x})^2$ zu verwenden.

Danach würde als Maß für das mittlere Abweichen der Meßreihe anstatt s_{xx} die Größe

$$\tilde{s}_{xx} = \frac{1}{T} (|x_1 - \bar{x}| + |x_2 - \bar{x}| + \ldots + |x_T - \bar{x}|)$$

resultieren. Es hat rechentechnische Gründe, daß wir s_{xx} als Maß für das mittlere Abweichen verwenden anstatt $\tilde{s}_{xx}$.

Man überlegt sich leicht, daß s_{xx} nur dann Null wird, wenn alle Meßwerte gleich sind. Der Wert Null entspricht also „keiner" Streuung der Meßreihe.

Wenn die Meßwerte linear miteinander verknüpft sind

$$y_t = a + bx_t \quad \text{für } 1 \leqq t \leqq T,$$

so ergibt sich wegen (18) aus (22)

$$s_{xy} = \frac{1}{T} ((x_1 - \bar{x}) b (x_1 - \bar{x}) + (x_2 - \bar{x}) b (x_2 - \bar{x}) + \ldots + (x_T - \bar{x}) b (x_T - \bar{x}) =$$
$$= \frac{1}{T} b \sum_{t=1}^{T} (x_t - \bar{x})^2 = b s_{xx}$$

d.h. also

(25) $$s_{xy} = b s_{xx}$$

Entsprechend ergibt sich aus (24), wenn y_t linear von x_t abhängt

(26) $$s_{yy} = b^2 s_{xx}.$$

Haben die Meßwerte die Dimension d_x, so hat s_{xx} die Dimension d_x^2.

Daher verwendet man oft die Wurzel aus s_{xx} die sogenannte **empirische Streuung** als Maßzahl für das Abweichen vom Mittelwert bzw. für das Streuuen um den Mittelwert. Diese Größe hat auch die Dimension d_x.

Natürlich ist auch die Größe s_{xy} dimensionsabhängig, d.h. wenn die x-Werte die Dimension d_x und die y-Werte die Dimension d_y haben, so hat s_{xy} (genauso wie m_{xy}) die Dimension $d_x \cdot d_y$.

Um diesen Nachteil zu beheben, betrachten wir anstatt (22) die folgende normierte Größe

$$(27) \qquad r_{xy} = \frac{s_{xy}}{\sqrt{s_{xx}}\sqrt{s_{yy}}}$$

den sogenannten **empirischen Korrelationskoeffizienten**. Man sieht sofort, daß r_{xy} dimensionslos ist.

Man kann nun zeigen, daß r_{xy} nur Werte zwischen -1 und $+1$ annimmt.

Wir überlegen uns, wie r_{xy} lautet, wenn die Meßwerte linear verknüpft sind. Es sei also

$$y_t = a + bx_t, \quad 1 \leqq t \leqq T \quad \text{und} \quad b \neq 0$$

Dann ergibt sich aus (25)

$$s_{xy} = bs_{xx}$$

und aus (26)

$$s_{yy} = b^2 s_{xx}$$

Damit folgt aus (27) für diesen Fall

$$r_{xy} = \frac{b}{\sqrt{b^2}} = \begin{cases} +1 & \text{für } b > 0 \\ -1 & \text{für } b < 0 \end{cases}$$

Also wird r_{xy} gleich $+1$ für vollständiges Gleichlaufen und r_{xy} wird gleich -1 für vollständiges Gegenlaufen. Daher ist r_{xy} ein normiertes Maß für das Gleich- bzw. Gegenlaufen. Wenn r_{xy} positiv ist, so ist die empirische Kovarianz s_{xy} auch positiv, d. h. wir haben tendenzielles Gleichlaufen. Entsprechend ist r_{xy} negativ, wenn tendenziell Gegenlaufen vorliegt.

Es sei darauf hingewiesen, daß der empirische Korrelationskoeffizient nur ein Maß für den **linearen** Zusammenhang ist. Wenn also y_t eine nichtlineare Funktion von x_t ist, so muß r_{yx} nicht unbedingt nahe bei 1 liegen.

4.6.1.3. Zusammenfassung

Wir fassen die obigen Überlegungen zusammen. Zuerst gehen wir von einer Meßreihe $x_1, x_2, \ldots, x_T$ aus. Dazu berechnen wir den Lageparameter Mittelwert

$$\bar{x} = \frac{1}{T} \sum_{t=1}^{T} x_t = \sum_i (h_T(i)/T)\,\omega_i'$$

Aus der geordneten Meßreihe

$$x_{(1)} \leqq x_{(2)} \leqq \ldots \leqq x_{(T)}$$

erhalten wir den Median

$$x = \begin{cases} \frac{1}{2}(x_{(n)} + x_{(n+1)}) & \text{für } T = 2n \\ x_{(n+1)} & \text{für } T = 2n+1 \end{cases}$$

Dann berechnen wir eine Maßzahl für die „Größe" der Meßreihe nämlich das zweite empirische Moment

$$m_{xx} = \frac{1}{T} \sum_{t=1}^{T} x_t^2$$

Schließlich berechnen wir eine Maßzahl für das „Streuen" der Meßreihe, nämlich die empirische Varianz

$$s_{xx} = \frac{1}{T} \sum_{t=1}^{T} (x_t - \bar{x})^2$$

Wir beachten, daß wir m_{xx} als Mittelwert der quadratischen Meßwerte und s_{xx} als Mittelwert der quadratischen zentrierten Meßwerte auffassen können.

Die Wurzel aus s_{xx} wird auch als Streuung bezeichnet. Es ergibt sich dann

$$s_{xx} = m_{xx} - (\bar{x})^2$$

Für

$$y_t = a + bx_t, \quad t = 1, 2, \ldots, T$$

ergibt sich

$$\bar{y} = a + b\bar{x}$$

sowie

$$s_{yy} = b^2 s_{xx}.$$

Weiter gehen wir von zwei Meßreihen $x_1, x_2, \ldots, x_T$ und $y_1, y_2, \ldots, y_T$ aus. Dazu berechnen wir eine erste grobe Kennzahl für das „Gleichlaufen" der beiden Meßreihen nämlich das zweite gemischte empirische Moment

$$m_{xy} = \frac{1}{T} \sum_{t=1}^{T} x_t y_t = \sum_{i} (h_T(i, j)/T)\, \omega_i' \omega_j''$$

bzw. die empirische Kovarianz, die niveaunormiert ist

$$s_{xy} = \frac{1}{T} \sum_{t=1}^{T} (x_t - \bar{x})(y_t - \bar{y})$$

bzw. den empirischen Korrelationskoeffizienten für $s_{xx} \neq 0$ und $s_{yy} \neq 0$

$$r_{xy} = \frac{s_{xy}}{\sqrt{s_{xx} s_{yy}}}$$

Wir beachten, daß wir m_{xy} bzw. s_{xy} auch als Mittelwerte der Produkte bzw. zentrierten Produkte der x- und y-Meßwerte auffassen können.

Es ergibt sich

$$s_{xy} = m_{xy} - \bar{x}\bar{y}$$

Für $y_t = a + bx_t$, $t = 1, 2, \ldots, T$ ergibt sich

$$s_{xy} = bs_{xx}$$

sowie

$$r_{xy} = \begin{cases} 1 & \text{für } b > 0 \\ -1 & \text{für } b < 0. \end{cases}$$

4.6.2. Kennzahlen von Zufallsfunktionen

Die obigen Überlegungen, die wir bei Vorliegen von einer bzw. zwei Meßreihen durchgeführt haben, wollen wir nun übertragen auf die Situation in der Wahrscheinlichkeitstheorie, bei der eine bzw. zwei Zufallsfunktionen vorliegen.

Aus einer Zufallsfunktion resultieren die möglichen Realisierungen. Bisher haben wir nur einen Ausschnitt der Realisierungen nämlich die Meßreihe, also eine Stichprobe vom Umfang T, betrachtet.

Nun wollen wir aber Kenngrößen angeben, die nicht von der zufällig gemachten Stichprobe abhängen, sondern allein von der Zufallsfunktion bzw. der Verteilung und daher Parameter der Zufallsfunktion bzw. Verteilung sind.

Die Kenngrößen einer Stichprobe konnten ausgedrückt werden durch die möglichen Realisierungen und die entsprechenden relativen Häufigkeiten. Siehe Formel (17) und (21). Wir werden nun die relativen Häufigkeiten ersetzen durch die entsprechenden Wahrscheinlichkeiten.

Die theoretische Rechtfertigung dafür wird das Gesetz der großen Zahl liefern. Im Sinne der Häufigkeitsinterpretation der Wahrscheinlichkeit ist diese Ersetzung auch plausibel, und die anschauliche Bedeutung der Kenngrößen ist dieselbe wie die der entsprechendenden Kenngrößen der Stichprobe.

So wird aus dem Mittelwert der sogenannte Erwartungswert, der dann als ein Lageparameter aller Realisierungen angesehen werden kann. Obige Überlegungen dienen letztlich dazu, um abstrakt definierte Größen zu veranschaulichen. Hinzu kommt, daß wir beim Schätzen der abstrakten Größen, wo nur eine Stichprobe vom Umfang T vorliegt, praktisch die entsprechenden empirischen Größen verwenden.

Vorgegeben sei eine Zufallsfunktion g

$$g\colon \Omega \to \Omega' \subset \mathbb{R}$$

Wir gehen von Formel (17) aus und ersetzen die relativen Häufigkeiten durch die entsprechenden Wahrscheinlichkeiten.

Dabei resultiert im allgemeinen eine unendliche Summe, wenn der Ergebnisraum unendlich ist.

Definition 8

Gegeben sei eine eindimensionale Zufallsfunktion

$$g: \Omega \rightarrow \Omega' \subset \mathbb{R}$$

Falls die folgende Summe

$$(28) \qquad \sum_i p_i \omega_i' = p_1 \omega_1' + p_2 \omega_2' + \ldots$$

endlich ist oder konvergiert, bezeichnen wir sie als **Erwartungswert** von g, symbolisch: E(g).

△

Dieser Wert ist ein mit den entsprechenden Wahrscheinlichkeiten gewichtetes Mittel aller Realisierungen. Dabei halten wir fest, wenn sich mit wachsendem T die relativen Häufigkeiten $h_T(i)/T$ den Wahrscheinlichkeiten p_i nähern, so nähert sich der Mittelwert $\bar{x}$ dem Erwartungswert E(g) der entsprechenden Zufallsvariablen g.

Die Übertragung der Kenngröße Median von der Stichprobe auf die Zufallsfunktion erfolgt erst im Abschnitt 4.8.

Zu einer Meßreihe haben wir neben dem Mittelwert noch das zweite Moment m_{xx} und das zweite zentrierte Moment s_{xx} betrachtet. Dabei ist m_{xx} der Mittelwert der quadrierten und s_{xx} der Mittelwert der zentrierten und quadrierten x-Wert. Ist g eine Zufallsvariable, so sind dies auch g^2 und $(g - E(g))^2$. Dabei nimmt g^2 die Werte $\omega_i'^2$ und $(g - E(g))^2$ die Werte $(\omega_i' - E(g))^2$ jeweils mit Wahrscheinlichkeit p_i' an.

Resultiert also zu g die Meßreihe $x_1, x_2, \ldots, x_T$, so ergibt sich zu g^2 die Meßreihe $x_1^2, x_2^2, \ldots x_T^2$ und zu $(g - E(g))^2$ die Meßreihe $(x_1 - E(g))^2, (x_2 - E(g))^2, \ldots (x_T - E(g))^2$.

In der letzteren können wir E(g) durch $\bar{x}$ approximieren. Nach diesen Überlegungen ist klar, daß wir nun anstelle des Mittelwertes der quadrierten Werte den Erwartungswert der Zufallsvariablen g^2 also $E(g^2)$ und anstelle des Mittelwertes der quadrierten zentrierten Werte den Erwartungswert der Zufallsvariablen $(g - E(g))^2$ also $E(g - E(g))^2$ verwenden werden.

Formal lauten die beiden Erwartungswerte

$$E(g^2) = \sum_i p_i \omega_i'^2 \quad \text{und} \quad E(g - E(g))^2 = \sum_i p_i (\omega_i' - E(g))^2$$

Definition 9

Der Ausdruck $E(g^2)$ wird als **zweites Moment** von g und der Ausdruck $E(g - E(g))^2$ als **zweites zentriertes Moment** von g bzw. als **Varianz** von g, symbolisch Var(g), bezeichnet. Die Wurzel aus der Varianz bezeichnet man als **Streuung**. Auch hier müssen wir wieder voraussetzen, daß die beiden eventuell unendlichen Summen als Grenzwerte existieren.

△

Analog können wir das absolute Moment

$$E(|g|)$$

oder das n-te Moment

$$E(g^n)$$

oder das n-te zentrierte Moment

$$E(g - E(g))^n$$

betrachten.

Als nächstes versuchen wir bei Vorliegen von zwei Zufallsfunktionen g und h eine Kennzahl zu entwickeln, die eine Maßzahl für das Gleichlaufen aller Realisierungen von g und h ist. Es seien also $g: \Omega \to \Omega' \subset \mathbb{R}$ und $h: \Omega \to \Omega'' \subset \mathbb{R}$.

Bei Vorliegen von T Realisierungen haben wir das empirische Moment m_{xy} entwickelt.

Gehen wir von Formel (21) aus, so ist es wieder naheliegend anstatt der relativen Häufigkeiten $h_T(i, j)/T$ die Wahrscheinlichkeit p_{ij} des Auftretens von (ω_i', ω_j'') zu verwenden.

Definition 10

Gegeben seien zwei eindimensionale Zufallsfunktionen

$$g: \Omega \to \Omega_g \subset \mathbb{R} \quad \text{und} \quad h: \Omega \to \Omega_h \subset \mathbb{R}$$

Die gemeinsame Zufallsfunktion f

$$f: \Omega \to \Omega_f = \Omega_g \times \Omega_h$$

habe die Zähldichte, die einem Paar $(\omega_i', \omega_j'') \in \Omega_g \times \Omega_h$ die Wahrscheinlichkeit p_{ij} zuordnet.

Falls die Summe

$$(29) \qquad \sum_{i,j} p_{ij}\omega_i'\omega_j''$$

endlich ist oder existiert, bezeichnen wir ihren Wert als das **zweite gemischte Moment** von g und h.

△

Wir hatten uns überlegt, daß wir m_{xy} auch als Mittelwert ansehen können. Analog kann der Ausdruck (29) als Erwartungswert angesehen werden. Wir betrachten die Zufallsvariable $g \cdot h$, welche die Werte $\omega_i'\omega_j''$ mit Wahrscheinlichkeit p_{ij} annimmt. Daraus folgt

$$(30) \qquad E(g \cdot h) = \sum_{i,j} p_{ij}\omega_i'\omega_j''$$

also der Ausdruck (29).

Neben m_{xy} haben wir s_{xy} betrachtet, den Mittelwert der Produkte der zentrierten Meßwerte.

Definition 11

Unter denselben Voraussetzungen wie bei der vorhergehenden Definition ergibt sich als Verallgemeinerung von s_{xy} das zweite zentrierte Moment bzw. die **Kovarianz** der beiden Zufallsvariablen g und h, symbolisch Cov(g, h):

$$\text{(31)} \qquad \operatorname{Cov}(g, h) = \sum_{i,j} p_{ij} \big(\omega_i' - E(g)\big)\big(\omega_j'' - E(h)\big)$$

△

Die Kovarianz können wir auch als Erwartungswert schreiben

$$\operatorname{Cov}(g, h) = E\big((g - E(g))(h - E(h))\big)$$

Wenn die Kovarianz gleich Null ist, so sagen wir g und h sind **unkorreliert**. Wenn die Kovarianz positiv (negativ) ist, so sagen wir g und h sind **positiv** (negativ) **korreliert**. Dabei bedeutet positive bzw. negative Korrelation anschaulich, daß die Realisierungen tendenziell „gleich"- bzw. „gegenlaufen".

Schließlich ergibt sich in Verallgemeinerung zu r_{xy} der **Korrelationskoeffizient**

$$\text{(32)} \qquad \varrho_{gh} = \frac{\operatorname{Cov}(g, h)}{\sqrt{\operatorname{Var}(g)\operatorname{Var}(h)}}$$

Auch dieser nimmt nur Werte zwischen −1 und +1 an.

Wir überlegen uns noch einige Rechenregeln zu den Momenten. Falls g Zufallsfunktion ist, und wir daraus durch lineare Transformation eine neue Zufallsfunktion

$$h = a + bg$$

bilden, so ergibt sich

$$\text{(33)} \qquad E(h) = a + bE(g)$$

Diese Formel folgt unmittelbar aus (28) und entspricht der Formel (18).

Man bezeichnet daher den Erwartungswert, aufgefaßt als Operator, als **linear**.

Seien g und h zwei Zufallsvariable, so ergibt sich direkt aus (31) die Beziehung

$$\text{(34)} \qquad \operatorname{Cov}(g, h) = E(g \cdot h) - E(g) \cdot E(h)$$

Diese Formel entspricht der Verschiebungsgleichung (23). Speziell folgt aus (34) für $g = h$

$$\text{(35)} \qquad \operatorname{Var}(g) = E(g^2) - \big(E(g)\big)^2$$

Falls sich h aus g linear ergibt

$$h = a + bg,$$

so gilt

$$\mathrm{Cov}(g, h) = b\,\mathrm{Var}(g)$$

und speziell

(36) $\mathrm{Var}(h) = b^2\,\mathrm{Var}(g)$

Die beiden letzten Formeln ergeben sich unmittelbar aus (31).

Im folgenden geben wir noch eine Übersicht über die eingeführten Größen.

Momente	empirische	wahrscheinlichkeits-theoretische
1. Ordnung	Mittelwert $\bar{x} = \frac{1}{T}\sum_{t=1}^{T} x_t$	Erwartungswert $E(g) = \sum_i p_i \omega'_i$
2. Ordnung reines unzentriert	$m_{xx} = \frac{1}{T}\sum_{t=1}^{T} x_t^2$	$E(g^2) = \sum_i p_i (\omega'_i)^2$
reines zentriert (Varianz)	$s_{xx} = \frac{1}{T}\sum_{t=1}^{T} (x_t - \bar{x})^2$	$\mathrm{Var}(g) = \sum_i p_i (\omega'_i - E(g))^2$
gemischtes nicht zentriert	$m_{xy} = \frac{1}{T}\sum_{t=1}^{T} x_t y_t$	$\sum_{i,j} p_{ij}\,\omega'_i \omega''_j$
gemischtes zentriert (Kovarianz)	$s_{xy} = \frac{1}{T}\sum_{t=1}^{T} (x_t - \bar{x})(y_t - \bar{y})$	$\mathrm{Cov}(g,h) = \sum_{i,j} p_{ij}\,(\omega'_i - E(g))\,(\omega''_j - E(h))$
gemischtes normiert Korrelationskoeff.	$r_{xy} = \frac{s_{xy}}{\sqrt{s_{xx}\,s_{yy}}}$	$\varrho_{xy} = \frac{\mathrm{Cov}(g,h)}{\sqrt{\mathrm{Var}(g)\,\mathrm{Var}(h)}}$
3. Ordnung reines (nicht üblich)	$\frac{1}{T}\sum_{t=1}^{T} x_t^3$	$E(g^3) = \sum_i p_i (\omega'_i)^3$
1. absolutes Moment usw.	$\frac{1}{T}\sum_{t=1} \lvert x_t \rvert$	$E\lvert g\rvert = \sum_i p_i \lvert\omega'_i\rvert$

Im folgenden geben wir noch eine Übersicht über die Rechenregeln bei Momenten.

Für Momente	empirische	wahrscheinlichkeits-theoretische
1. Ordnung	Aus $y_t = a + bx_t$ folgt $\bar{y} = a + b\bar{x}$	Aus $h = a + bg$ folgt $E(h) = a + bE(g)$
2. Ordnung Verschiebungsregeln	$s_{xy} = m_{xy} - \bar{x}\bar{y}$ speziell $s_{xx} = m_{xx} - (\bar{x})^2$	$Cov(g,h) = E(gh) - E(g)E(h)$ speziell $Var(g) = E(g^2) - (E(g))^2$
	Aus $y_t = a + bx_t$ folgt $s_{xy} = bs_{xx}$ und $s_{yy} = b^2 s_{xx}$ und $r_{xy} = \begin{cases} 1 & \text{für } b > 0 \\ -1 & \text{für } b < 0 \end{cases}$	Aus $h = a + bg$ folgt $Cov(g,h) = b\,Var(g)$ und $Var(h) = b^2\,Var(g)$ und $\varrho_{xy} = \begin{cases} 1 & \text{für } b > 0 \\ -1 & \text{für } b < 0 \end{cases}$

Wir hatten uns überlegt, daß die Kovarianz zweier Zufallsfunktionen g und h ein Maß für das „Gleichlaufen" der Realisierungen ist. Wenn die Kovarianz gleich Null ist, die beiden Zufallsfunktionen also unkorreliert sind, so entspricht dies einer gewissen Art von „Unabhängigkeit".

Die Frage ist, wie die Unkorreliertheit und die wahrscheinlichkeitstheoretische Unabhängigkeit miteinander zusammenhängen. Eine Antwort darauf gibt der folgende Satz.

Satz 8

Es seien g und h zwei eindimensionale Zufallsvariable, die voneinander unabhängig sind.

Dann sind sie auch unkorreliert.

Beweis

Es reicht wegen (34) zu zeigen, daß gilt

$$E(g \cdot h) = E(g)\,E(h)$$

Nach (30) ergibt sich

$$E(g \cdot h) = \sum_{i,j} p_{ij}\,\omega_i'\,\omega_j''$$

Nun ist p_{ij} gleich der Wahrscheinlichkeit, daß g den Wert ω'_i und h den Wert ω''_j annimmt.
Wegen der Unabhängigkeit ist dies gleich der Wahrscheinlichkeit p'_i, daß g den Wert ω'_i annimmt, und der Wahrscheinlichkeit p''_j, daß h den Wert ω''_j annimmt. Damit ergibt sich

$$E(g \cdot h) = \sum_i \sum_j p'_i p''_j \omega'_i \omega''_j = (\sum_i p'_i \omega'_i) (\sum_j p''_j \omega''_j) = E(g) \cdot E(h),$$

was zu zeigen war.

△

Die Umkehrung der obigen Behauptung, nämlich aus Unkorreliertheit folgt Unabhängigkeit, gilt im allgemeinen nicht! Siehe Aufgabe 9.

Zum Schluß betrachten wir eine k-dimensionale Zufallsfunktion g

$$g: \Omega \to \Omega' \subset \mathbb{R}^k$$

und eine l-dimensionale Zufallsfunktion

$$h: \Omega \to \Omega'' \subset \mathbb{R}^l$$

Wir verallgemeinern in ganz naheliegender Weise den Begriff der Kovarianz bzw. der Varianz auf die vorliegenden mehrdimensionalen Zufallsfunktionen.

Die i-te Komponenten von g nämlich g_i und die j-te Komponente von h nämlich h_j sind wohldefinierte eindimensionale Zufallsfunktionen.

Wir definieren nun die **Kovarianzmatrix** Σ_{gh} von g und h. Σ_{gh} ist eine $k \times l$-Matrix, welche in der Zeile i und Spalte j die Kovarianz von g_i und h_j stehen hat.

Speziell ergibt sich für $g = h$ die **Varianz-Kovarianzmatrix** Σ_{gg}, die in Zeile i und Spalte j die Kovarianz von g_i und g_j stehen hat.

Sei nun g eine k-dimensionale Zufallsvariable, a ein l-dimensionaler Vektor und B eine $l \times k$-Matrix, so ist

$$h = a + Bg$$

eine l-dimensionale Zufallsvariable.

Es ergeben sich dann die beiden folgenden Rechenregeln

(37) $\quad E(h) = a + BE(g)$

und

(38) $\quad \Sigma_{hh} = B \Sigma_{gg} B'$

Dies sind Verallgemeinerungen der Formeln (33) bzw. (36).

Übungen und Aufgaben

1. Der Erwartungswert wird oft dazu verwendet, um Zufallsvariablen miteinander zu vergleichen.

   In der Spieltheorie z.B. ist die folgende Situation gegeben: Der Spieler 1 kann verschiedene Strategien wählen. Zu jeder Strategie des Spielers 1 kann der Gegenspieler verschiedene Gegenstrategien spielen. Bei jeder Gegenstrategie erhält der Spieler 1 gewisse Auszahlungen. Der Spieler 1 weiß nicht, welche Gegenstrategie der Gegenspieler spielen wird, sondern weiß nur, mit welcher Wahrscheinlichkeit die einzelnen Gegenstrategien gespielt werden.

   Damit ist mit jeder Strategie eine Zufallsfunktion gegeben

   $f\colon \Omega \to \Omega' \subset \mathbb{R}$,

   wobei ein Ergebnis ω eine bestimmte Gegenstrategie darstellt und $f(\omega) = \omega'$ die damit verknüpfte Auszahlung. Die Frage ist nun, welche Zufallsfunktion (= Strategie) der Spieler 1 wählen soll. In der Regel wird die Zufallsfunktion gewählt, welche den größten Erwartungswert hat.

   Ein Glücksspiel wird als „fair" angesehen, wenn für beide Spieler der Erwartungswert des Gewinns gleich ist.

   Das Lottospiel ist insofern „unfair" als der erwartete Gewinn für einen Spieler immer negativ ist. Denkt man konsequent in dieser Kategorie des Erwartungswertes, so wäre jedes Spiel mit einem negativen Gewinnerwartungswert nicht „lohnend".

   Wenn bei einer Wette der erste Wetter mit Wahrscheinlichkeit p_1 und der andere mit Wahrscheinlichkeit $p_2 = 1 - p_1$ gewinnt, so gilt die Wette als „fair", wenn für die Einsätze E_1 des ersten und E_2 des zweiten Wetters gilt

   (1) $\quad E_1/E_2 = p_1/p_2$

   Dies bedeutet

   $p_1 E_2 = E_1 p_2$

   d.h. die Gewinnerwartung ist für beide Wetter gleich.

2. Das Petersburger Paradoxon

   Dies ist ein Beispiel, bei dem der Erwartungswert nicht existiert.

   Zwei Spieler spielen das folgende Spiel:

   Sie werfen eine Münze und zwar solange bis Wappen erscheint. Wenn dies beim n-ten Wurf der Fall ist, so zahlt Spieler 1 den Betrag von 2^n DM. Welchen Betrag muß Spieler 2 dagegensetzen damit das Spiel fair ist?

   Wir haben ein Experiment, das in Stufen zerfällt. Auf jeder Stufe gibt es die Ergebnisse ω_1 = Wappen oder ω_2 = Zahl. Wir nehmen an, daß die Stufen voneinander unabhängig sind und daß sich mit Wahrscheinlichkeit $\frac{1}{2}$ Wappen realisiert. Es wäre naheliegend, als Ergebnisse Tupel der Art

   $(\omega_1, \omega_2, \omega_2, \omega_1, \ldots)$

   zu betrachten, wobei die i-te Komponente angibt, ob sich auf Stufe i ω_1 oder ω_2 realisiert hat. Da aber die Länge des Spiels, d.h. die Anzahl der interessierenden Komponenten zufällig ist, betrachten wir die folgenden Ergebnisse ω'_i = beim i-ten Wurf realisiert sich zum ersten Mal Wappen. Dann ist der Ergebnisraum Ω' abzählbar, und wegen der Unabhängigkeit der Stufen gilt

$p_i = (\frac{1}{2})^i$.

Wir definieren die Zufallsfunktion (Verlust des Spielers 1)

$f\colon \omega_i' \to 2^i$

Der erwartete Verlust von Spieler 1 lautet dann

$$E(f) = \sum_i f(\omega_i')p_i = \sum_i 2^i (\tfrac{1}{2})^i = 1 + 1 + 1 + \ldots = \infty$$

Also existiert der Erwartungswert von f nicht!

Das Spiel wäre fair, wenn der Spieler 2 einen unendlich hohen Betrag entgegensetzte!

Wer wäre nicht bereit, dieses Spiel zu spielen, wenn der Gegenspieler **nur** eine Million DM dagegensetzen würde? Das Spiel wird praktisch in folgender Variante gespielt: Spieler 1 zahlt, falls beim n-ten Wurf erstmals Wappen erscheint, 2^n DM oder, falls dies sein Vermögen von a DM übersteigt, nur a DM. Wie groß ist sein erwarteter Verlust V?

Er ist

$$V = \sum_{\substack{i=1 \\ 2^i \leq a}} 2^i \cdot \frac{1}{2^i} + a \sum_{2^i \geq a} \frac{1}{2^i}$$

Setzen wir $b = \log_2 a$ und $j = [\log_2 a]$ = größte ganze Zahl kleiner gleich $\log_2 a$, so folgt

$$V = j + a\,\frac{1}{2^j}.$$

3. Es werden gleichzeitig 2 reelle sechsseitige Würfel geworfen. Nach dem Wurf wird ein Würfel aufgedeckt. Es soll das Maximum beider Augenzahlen erraten werden. Nach welcher Strategie soll gespielt werden, wenn man für das Erraten des Maximums immer p DM kriegt?

Es liegt ein Experiment vor bestehend aus zwei Stufen (es werden zwei Würfel geworfen). Sei ω_i' das Ergebnis Augenzahl i beim ersten Würfel und ω_j'' das Ergebnis Augenzahl j beim zweiten Würfel. Dann erhalten wir 36 Ergebnisse der Art

$\omega = (\omega_i', \omega_j'')$.

Wir nehmen an, daß die beiden Stufen unabhängig sind, und daß der Würfel reell ist. Dann hat jedes ω die Wahrscheinlichkeit 1/36.

Wir definieren die Zufallsfunktion (maximale Augenzahl)

$f(\omega_i', \omega_j'') = \max(i, j)$

Die Realisierungen von f sind die Zahlen 1 bis 6.

In folgender Tabelle geben wir max (i, j) an, wobei in Zeile i das Ergebnis ω_i' und in Spalte j das Ergebnis ω_j'' steht.

ω_i' \ ω_j''	ω_1''	ω_2''	ω_3''	ω_4''	ω_5''	ω_6''
ω_1'	1	2	3	4	5	6
ω_2'	2	2	3	4	5	6
ω_3'	3	3	3	4	5	6
ω_4'	4	4	4	4	5	6
ω_5'	5	5	5	5	5	6
ω_6'	6	6	6	6	6	6

Der Wert 1 ergibt sich nur bei einer Kombination nämlich bei (ω_1', ω_1'') und hat daher die Wahrscheinlichkeit 1/36. Allgemein hat der Wert i die Wahrscheinlichkeit $(2i-1)/36$.

Aus der Tabelle ersehen wir auch

$P([f = i] \mid \text{erster Wurf} = \omega_1') = 1/6$ für $i = 1, 2, \ldots, 6$
$P([f = 1] \mid \text{erster Wurf} = \omega_2') = 0$
$P([f = 2] \mid \text{erster Wurf} = \omega_2') = 2/6$
$P([f = i] \mid \text{erster Wurf} = \omega_2') = 1/6$ für $i = 3, 4, 5, 6$
usw.

Wenn sich also beim ersten Wurfel ω_1' realisiert, und man sagt, f nimmt den Wert i an, so ergibt sich unabhängig von i der Gewinnerwartungswert p/6. Wenn sich beim ersten Würfel ω_2' realisiert, und man sagt, f nimmt den Wert 1 an, so ergibt sich der Gewinnerwartungswert 0; sagt man f nimmt den Wert 2 an, so ergibt sich der Gewinnerwartungswert 2p/6; sagt man f nimmt den Wert i an $(3 \leqq i \leqq 6)$, so ergibt sich der Gewinnerwartungswert p/6. Es ist also optimal anzugeben, daß f den Wert 2 annimmt.

Auf diese Weise ergibt sich allgemein, daß es optimal ist beim Vorliegen von ω_i' anzugeben f nimmt den Wert i an. Man sagt also, der aufgedeckte Würfel hat maximale Augenzahl.

4. Es liege das folgende Regressionsproblem vor

   $y = a + bx + u,$

   wobei x eine Zufallsvariable (Regressor), u auch eine nichtbeobachtbare Zufallsvariable (Störvariable) und a und b feste Parameter sind. Damit resultiert die Zufallsvariable y (Regressand) gemäß obiger Beziehung.

   Dazu fordern wir

   $E(u) = 0$ und $Cov(x, u) = 0$

   Dann überlege man sich

(2) $E(y) = a + bE(x)$

(3) $Var(y) = b^2 Var(x) + Var(u)$

(4) $Cov(y, x) = b\,Var(x)$

(5) $\varrho_{yx} = b/\sqrt{b^2 + Var(u)/Var(x)}$

Wenn T Beobachtungen $y_1, y_2, \ldots, y_T$ und $x_1, x_2, \ldots, x_T$ vorliegen, so werden a und b nach der Minimumquadratmethode folgendermaßen geschätzt

$\hat{a} = \bar{y} - b\bar{x}$ und $b = s_{yx}/s_{xx}$

Man mache sich diese Formel aus wahrscheinlichkeitstheoretischer Sicht plausibel.

5. Mit einem Würfelbecher werden 3 Würfel geworfen. Der Spieler nennt eine Augenzahl x zwischen 1 und 6. Falls alle drei Würfel die Augenzahl x aufweisen, erhält er den vierfachen Einsatz E; falls zwei die Augenzahl x aufweisen, erhält er den dreifachen und falls ein Würfel die Augenzahl x aufweist den einfachen Einsatz zurück. Falls er keine Augenzahl errät, verliert er den Einsatz. Man gebe dazu ein geeignetes Wahrscheinlichkeitsmodell an und zeige, daß das Spiel nicht fair ist.

6. Man zeige zu einer eindimensionalen Zufallsfunktion f die folgende Gleichung
$E(f - a)^2 = Var(f) + (E(f) - a)^2$
Diese Gleichung besagt, daß die Varianz das kleinstmögliche zweite Moment ist. Diese Formel hat ein Analogon in der Physik. Dabei entspricht dem Erwartungswert der Schwerpunkt und dem zweiten Moment ein Drehmoment. Die entsprechende physikalische Aussage lautet dann: das Drehmoment um den Schwerpunkt ist das kleinstmögliche.

7. Es liegen zwei Zufallsfunktionen f_1 und f_2 vor, wobei f_1 und f_2 die Realisierungen 1, 2 und 3 besitzen.
Die entsprechende Tabelle der Zähldichte sei

f_1 \ f_2	1	2	3
1	0.05	0.05	0.10
2	0.10	0.15	0.25
3	0.05	0.05	0.20

Man berechne: $E(\min(f_1, f_2))$, $E(\max(f_1, f_2))$ und prüfe, ob gilt
$E(\min(f_1, f_2)) = \min(E(f_1), E(f_2)).$

8. Es seien f und g zwei eindimensionale Zufallsfunktionen. Dann ergibt sich für den Korrelationskoeffizienten von $af + b$ und $cg + d$

$$\frac{ac}{|ac|}\,\varrho_{fg}.$$

9. Wir betrachten den Fall, daß zwei Zufallsfunktionen zwar unkorreliert, aber nicht unabhängig sind.

   Dabei gehen wir aus von der folgenden zweidimensionalen Zufallsfunktion $f = (f_1, f_2)$ mit den Realisierungen

   $(-1,-1)$ $(-1,0)$ $(-1,1)$
   $(0,-1)$ $(0,0)$ $(0,1)$
   $(1,-1)$ $(1,0)$ $(1,1)$

   Die Realisierung (0,0) habe die Wahrscheinlichkeit 0 und alle anderen die Wahrscheinlichkeit 1/8.

   Man gebe die zweidimensionale Tabelle der Zähldichte an. Man berechne die zu f_1 bzw. f_2 gehörende Zähldichte (Randzähldichten). Man berechne die Erwartungswerte von f_1 und f_2. Man zeige, daß die Kovarianz von f_1 und f_2 Null wird. Man zeige, daß f_1 und f_2 nicht unabhängig sind. Aus den Lösungen ergibt sich die Aussage, daß f_1 und f_2 zwar unkorreliert aber nicht unabhängig sind!

4.7. Spezielle diskrete Verteilungen

Im folgenden wollen wir einige Verteilungen diskutieren, die in der Anwendung sehr häufig auftreten.

Sehr oft liegen **Laplace-Experimente** vor, d. h. der Ergebnisraum ist endlich und jedes Ergebnis hat dieselbe Wahrscheinlichkeit. Die entsprechende Verteilung heißt **Gleichverteilung** oder **Laplaceverteilung**. Diese Verteilung ist sehr leicht zu charakterisieren. Wenn Ω n Elemente enthält, so ordnet die Zähldichte ω_i den Wert 1/n zu. Damit resultiert die Verteilung in folgender Weise: Sei $S \subset \Omega$ vorgegeben und enthalte S m Elemente, so gilt $P(S) = m/n$. Damit ist die Verteilung festgelegt. Konkret gilt es die Größen n und m zu bestimmen. Dies geschieht mit Hilfe kombinatorischer Überlegungen, mit denen wir uns schon befaßt haben.

Sehr häufig werden auch **Alternativexperimente** oder **Bernoulliexperimente** betrachtet, bei denen es nur zwei sich gegenseitig ausschließende Ergebnisse ω_1 und ω_2 gibt. So z. B., wenn eine Maßnahme Erfolg haben kann ($= \omega_1$) oder Mißerfolg ($= \omega_2$). Sei p die Wahrscheinlichkeit des Auftretens von ω_1, so ist die Zähldichte eindeutig festgelegt, da ω_2 die Wahrscheinlichkeit $q = 1 - p$ zugeordnet ist.

Zu einem solchen Wahrscheinlichkeitsraum wird meistens die folgende Zufallsfunktion f betrachtet

$$\omega_1 \to 1 \quad \text{und} \quad \omega_2 \to 0$$

Der Stichprobenraum Ω' lautet dann

$$\Omega' = \{0,1\},$$

und die Zähldichte p′ ist folgendermaßen festgelegt

$$1 \to p \quad \text{und} \quad 0 \to 1 - p = q$$

Die dadurch festgelegte Verteilung P′ heißt die **Null-Eins-Verteilung** mit dem Parameter p.

Damit ergeben sich nach Definition Erwartungswert bzw. Varianz

$$E(f) = p \cdot 1 + q \cdot 0 = p$$
$$Var(f) = p(1-p)^2 + q(0-p)^2 = p - 2p^2 + p^2 = pq$$

und das n-te Moment

$$E(f^n) = p\,1^n + q\,0^n = p.$$

Oft liegt ein Alternativexperiment mit dem Ergebnisraum $\Omega = \{\omega_1, \omega_2\}$ vor, bei dem insgesamt n unabhängige Versuche durchgeführt werden. Es interessiert dann die Anzahl, wie oft ω_1 insgesamt aufgetreten ist. Wenn z.B. ein Vertreter n Kunden besucht, so kann bei jedem Besuch ein Kauf abgeschlossen werden ($=\omega_1$) oder nicht ($=\omega_2$). Die Anzahl der Fälle, in denen ω_1 eingetreten ist, entspricht der Anzahl der abgeschlossenen Käufe. Diesen Sachverhalt können wir formal folgendermaßen erfassen. Wir betrachten den Produktraum

$$\Omega_n = \underbrace{\Omega \times \Omega \times \ldots \times \Omega}_{\text{n-mal}}$$

Als Ergebnisse erhalten wir dann n-Tupel, bei denen jede Komponente entweder ω_1 oder ω_2 ist.

Nun bilden wir eine Zufallsfunktion g_n, die einem solchen Ergebnis $\omega \in \Omega_n$ die Anzahl der im n-Tupel vorkommenden ω_1 zuordnet, also die Anzahl der ω_1 Ergebnisse bei n Versuchen. Damit ergibt sich der Stichprobenraum

$$\Omega' = \{0, 1, \ldots, n\}$$

Wir wollen nun g_n durch einfachere Zufallsfunktionen darstellen. Sei f_i die Zufallsfunktion, die einem $\omega \in \Omega_n$ den Wert 1 zuordnet, wenn die i-te Komponente von ω gleich ist ω_1 und den Wert 0, wenn die i-te Komponente gleich ist ω_2.

Der entsprechende Stichprobenraum lautet

$$\Omega_i' = \{0, 1\}$$

Es ist dies der Stichprobenraum, der nur den i-ten Versuch erfaßt.

Realisiert sich nämlich beim i-ten Versuch ω_1, so liefert f_i den Wert 1 anderenfalls den Wert 0.

Offensichtlich gilt

$$g_n = \sum_{i=1}^{n} f_i$$

Wir unterstellen nun, daß die durch f_i beschreibbaren Ereignisse alle voneinander unabhängig sind. Dafür sagt man oft auch etwas unpräzise: die n Versuche sind voneinander unabhängig. Dann betrachten wir zuerst den Fall $n = 2$, d.h.

$$g_2 = f_1 + f_2$$

Der zu g_2 gehörende Stichprobenraum lautet

$$\Omega' = \{0, 1, 2\}.$$

Das Ereignis $[g_2 = 0]$ ist gleich dem Ereignis $[f_1 = 0]$ „und" $[f_2 = 0]$ und hat (wegen der Unabhängigkeit) die Wahrscheinlichkeit q^2.

Das Ereignis $[g_2 = 1]$ ist gleich dem Ereignis

$$([f_1 = 1] \text{ „und" } [f_2 = 0]) \text{ „oder" } ([f_1 = 0] \text{ „und" } [f_2 = 1])$$

und hat die Wahrscheinlichkeit $pq + qp$.

Schließlich ist das Ereignis $[g_2 = 2]$ gleich dem Ereignis $[f_1 = 1]$ „und" $[f_2 = 1]$ und hat die Wahrscheinlichkeit p^2.

Damit lautet die Zähldichte p' zu g_2:

$$\begin{aligned} 0 &\to q^2 \\ 1 &\to 2pq \\ 2 &\to p^2 \end{aligned}$$

Nun ergibt sich für $n = 3$

$$g_3 = g_2 + f_3$$

Durch analoge Überlegungen erhalten wir die Zähldichte

$$\begin{aligned} 0 &\to q^3 \\ 1 &\to 3pq^2 \\ 2 &\to 3p^2q \\ 3 &\to p^3 \end{aligned}$$

Allgemein erhalten wir

(39) $$P([g_n = k]) = \binom{n}{k} p^k q^{n-k}$$

Die entsprechende Verteilung heißt **Binomialverteilung** mit den Parametern n und p, und wir bezeichnen sie symbolisch mit

$$b(n, p).$$

Als Spezialfall erhalten wir für $n = 1$ die Null-Eins-Verteilung. Nach Konstruktion dieser Verteilung folgt unmittelbar die folgende Behauptung: Sei f eine Zufallsfunktion mit der Verteilung $b(n, p)$ und g eine davon unabhängige Zufallsfunktion mit der Verteilung $b(m, p)$, so ist die zu $f + g$ gehörende Verteilung gleich $b(n + m, p)$.

Wir berechnen nun den Erwartungswert. Es ist einfacher diesen nicht direkt sondern über die Formel

$$g_n = \sum_{i=1}^{n} f_i$$

zu berechnen. Aus dieser Formel folgt

$$E(g_n) = \sum_{i=1}^{n} E(f_i) = np.$$

Auch die Varianz berechnen wir zweckmäßigerweise aus obiger Formel

$$\begin{aligned} E(g_n - Eg_n) &= E\Big(\sum_{i=1}^{n} f_i - E \sum_{i=1}^{n} f_i\Big)^2 = E\Big(\sum_{i=1}^{n} (f_i - E(f_i)\Big)^2 = \\ &= E \sum_{i=1}^{n} \sum_{j=1}^{n} (f_i - E(f_i))(f_j - E(f_j)) = \\ &= \sum_{i=1}^{n} \sum_{j=1}^{n} E(f_i - E(f_i))(f_j - E(f_j)) \end{aligned}$$

Wegen der Unabhängigkeit fallen alle Terme

$$E(f_i - E(f_i))(f_j - E(f_j))$$

für $i \neq j$ weg, und es bleibt

$$\mathrm{Var}(g_n) = \sum_{i=1}^{n} E(f_i - E(f_i))^2 = n\,\mathrm{Var}(f_i) = npq.$$

Als Verallgemeinerung von Alternativexperimenten erhalten wir Experimente mit $m \geqq 2$ Ergebnissen:

$$\Omega = \{\omega_1, \omega_2, \ldots, \omega_m\}.$$

Dazu betrachten wir das folgende Beispiel. Es werde eine wirtschaftspolitische Maßnahme durchgeführt, welche die Arbeitslosenquote senken soll. Folgende Ergebnisse werden dann betrachtet:

ω_1 = Arbeitslosenquote sinkt um mehr als 1 Prozent
ω_2 = Arbeitslosenquote sinkt um 0 bis 1 Prozent
ω_3 = Arbeitslosenquote nimmt zu

In diesem Fall ist also $m = 3$ und $\Omega = \{\omega_1, \omega_2, \omega_3\}$.

△

Dazu ist überlicherweise die folgende Zufallsfunktion f gegeben

$$f: \Omega \to \Omega' \subset \mathbb{R}$$

mit $f(\omega_i) = \alpha_i \in \mathbb{R}$ $i = 1, 2, \ldots, m$, wobei alle α_i voneinander verschieden sind.

Wenn ω_i mit Wahrscheinlichkeit p_i auftritt, so realisiert sich α_i auch mit Wahrscheinlichkeit p_i. Die dadurch festgelegte Verteilung bezeichnen wir mit $b(1, p_1, p_2, \ldots, p_m)$.

Von der Null-Eins-Verteilung sind wir dadurch zur Binomialverteilung gekommen, daß wir bei einem Alternativexperiment n Versuche durchgeführt haben.

Entsprechend gehen wir von einem Experiment aus, bei dem es $m \geqq 2$ Ergebnisse gibt und führen n Versuche durch.

Wir interessieren uns dafür, wie oft in n Versuchen α_1, wie oft $\alpha_2, \ldots$, wie oft α_m auftritt.

Zu diesem Zwecke konstruieren wir eine Zufallsfunktion g_n vom Produktraum

$$\Omega_n = \underbrace{\Omega \times \Omega \times \ldots \times \Omega}_{\text{n-mal}}$$

in den $\mathbb{R}^m$, wobei die i-te Komponente von g_n angibt, wie oft in den n Versuchen ω_i aufgetreten ist.

Falls die n Versuche „unabhängig" sind, so resultiert

$$P([g_n = (k_1, k_2, \ldots, k_m)]) = n! \prod_{i=1}^{m} \frac{p_i^{k_i}}{k_i!}$$

Man beachte, daß gelten muß

$$\sum_{i=1}^{m} k_i = n.$$

Die entsprechende Verteilung heißt **Multinomialverteilung**. Sie erfaßt als Spezialfall für $m = 2$ die Binomialverteilung.

Aus der Binomialverteilung erhalten wir durch einen Grenzübergang die **Poisson-Verteilung**. Wir lassen dabei p gegen Null gehen (das Ereignis ω_1 wird immer seltener) und gleichzeitig n gegen ∞ gehen (die Anzahl der Versuche wird sehr groß) und zwar derart, daß das Produkt $n \cdot p$ gegen einen festen Wert $\alpha > 0$ konvergiert.

Anschaulich bedeutet dies, daß wir ein Ergebnis ω betrachten, das immer seltener wird, aber gleichzeitig wird die Anzahl n der Versuche so erhöht, daß das Ergebnis ω_1 im Mittel α mal vorkommt. Siehe hierzu Übung 1.

Bezeichnen wir mit g die Zufallsfunktion, die angibt, wie oft sich bei einer sehr großen Anzahl von Versuchen $(n \to \infty)$ dieses seltene Ereignis realisiert, so erhalten wir aus der Verteilung $b(n, p)$ durch Grenzübergang ($n \to \infty$ und $np \to \alpha$) die folgende Zähldichte

$$P([g = k]) = e^{-\alpha} \alpha^k / k! \qquad k = 0, 1, 2, \ldots$$

wobei e die sogenannte natürliche Zahl $e \simeq 2.72$ symbolisiert. Den Erwartungswert von g erhalten wir aus dem Erwartungswert np der entsprechenden binomialverteilten Größe, indem wir mit $n \to \infty$ und mit np gegen α gehen. Also ist der Erwartungswert gleich α. Analog ergibt sich für die Varianz auch der Wert α.

Im folgenden geben wir in einer Tabelle für die oben besprochenen Verteilungen die Zähldichte, den Erwartungswert und die Varianz an.

Dabei erfassen wir auch die in Übung 4 besprochene geometrische Verteilung.

Man beachte, daß die Multinomialverteilung m-dimensional ist.

Name der Verteilung	Zähldichte	Erwartungswert	Varianz
1) Null-Eins-Verteilung $b(1,p)$	$P([f=0]) = p$ $P([f=1]) = 1-p$	p	$p(1-p)$
2) Binomial-Verteilung $b(n,p)$	$P([f=k]) = \binom{n}{k} p^k (1-p)^{n-k}$ $k = 0, \ldots, n$	np	$np(1-p)$
3) Multinomial-Verteilung $b(n, p_1, \ldots, p_m)$	$P([f=(k_1, \ldots, k_m)])$ $= n! \frac{p_1^{k_1}}{k_1!} \cdots \frac{p_m^{k_m}}{k_m!}$ $k_i \geqq 0, \sum_i k_i = n$	$(np_1, \ldots, np_m)$	
4) Poisson-Verteilung $\pi(\alpha)$	$P([f=k]) = e^{-\alpha} \alpha^k / k!$ $k = 0, 1, 2, \ldots$	α	α
5) Geometrische Verteilung	$P([f=k]) = (1-p)^k p$ $k = 0, 1, 2, \ldots$	q/p	q/p^2

Übungen und Aufgaben

1. Bei der preußischen Kavallerie wurde über viele Jahre hinweg die Anzahl der tödlichen Unfälle beobachtet, die durch Hufschlag von Pferden verursacht wurden.

   Es wurde folgendes festgestellt:

   Bezeichnen wir mit h_i die relative Häufigkeit, daß sich in einem Jahr i solcher Unfälle ereignen ($i = 0, 1, 2, 3, \ldots$), so ergab sich mit einem geeigneten α in sehr guter Näherung

   $h_i = e^{-\alpha} \alpha^i / i!$

   Sehen wir die relativen Häufigkeiten als Näherung für eine entsprechende zugrundeliegende Zähldichte an, so legt dies den Schluß nahe, daß die Anzahl dieser Unfälle einer Poissonverteilung unterliegt.

Diesen Sachverhalt kann man auch theoretisch begründen. Jeder Kontakt eines Rekruten mit einem Pferd wird angesehen als ein Experiment mit den beiden Ergebnissen: ω_1 = tödlicher Unfall durch Hufschlag und ω_2 = kein tödlicher Unfall durch Hufschlag. Die Wahrscheinlichkeit p von ω_1 ist äußerst klein. Wenn aber dieses Experiment sehr oft durchgeführt wird, d.h. viele Rekruten haben Kontakt mit Pferden, und die einzelnen Kontakte sind voneinander „unabhängig", so resultiert eine Binomialverteilung mit sehr großem n und sehr kleinem p. Nach unseren Überlegungen entspricht dies angenähert einer Poissonverteilung.

2. Welche Verteilung könnte man für die Anzahl von Konkursen in einem festen Zeitraum theoretisch erwarten? Begründung!

3. Eine wirtschaftspolitische Maßnahme, die zehnmal durchgeführt wurde, führte acht Mal zum Erfolg. Jemand behauptet, daß der Erfolg der Maßnahme rein zufällig jedes Mal mit Wahrscheinlichkeit $p = 0{,}5$ eintrete. Man gebe unter dieser Annahme ($p = 0{,}5$) die Wahrscheinlichkeit des Ereignisses an, daß in acht von zehn Fällen der Erfolg eingetreten ist, wenn die einzelnen Versuche als „unabhängig" angesehen werden können.

4. Es liege ein Alternativexperiment vor mit den Ergebnissen ω_1 und ω_2. Dieses Experiment wird so oft durchgeführt, bis **zum ersten Mal** ω_1 resultiert. Wir sehen diese Anzahl von Versuchen als Realisierungen einer Zufallsfunktion g an. Man zeige, wenn die Versuche voneinander „unabhängig" sind, und auf einer Stufe ω_1 sich mit Wahrscheinlichkeit p realisiert, so resultiert

   $P([g = 0]) = p$
   $P([g = 1]) = (1 - p)p$
   $P([g = 2]) = (1 - p)^2 p$
   und allgemein
   $P([g = k]) = (1 - p)^k p$

   Die entsprechende Verteilung heißt **geometrische Verteilung.**

5. Über eine Telefonzentrale laufen sehr viele Telefonverbindungen. Die Zufallsvariable X gebe die Anzahl der Telefonverbindungen pro Minute an. Welche Verteilung ist für X aus theoretischen Überlegungen zu erwarten?

6. Eine Nachricht über Rundfunk erreicht jeden der n Bewohner einer Stadt mit Wahrscheinlichkeit p. Diese Nachricht werde öfters über Rundfunk durchgegeben. Die Zufallsvariable X_i gebe die Anzahl der Personen an, die durch die i-te Sendung erreicht werden. Die X_i seien voneinander unabhängig. Man berechne die Zähldichte von (X_1, X_2, X_3). Wie groß ist die Wahrscheinlichkeit, daß kein Bewohner nach 3 Sendungen die Nachricht erhalten hat?

7. Man zeige, daß für die Binomialverteilung die Summe der Zähldichtewerte gleich 1 ist.

4.8. Die Verteilungsfunktion

Wir gehen aus von einem Wahrscheinlichkeitsraum (Ω, P). Dazu liege eine eindimensionale Zufallsfunktion

$$f: \Omega \to \Omega' \subset \mathbb{R}$$

vor. Die Zähldichte p', die zu f gehört, gibt an, welcher Wert jedem Ergebnis zuzuordnen ist.

Die Verteilung P' gibt an, welcher Wert jeder Teilmenge von Ω' zuzuordnen ist. Wir wissen weiter, daß die Verteilung P' aus der Dichte p' berechnet werden kann. Damit enthält die Zähldichte genausoviel Information wie die Verteilung. Die Zähldichte können wir daher ansehen als eine einfache und sparsame Beschreibung der Verteilung, und es ist eine Frage der Zweckmäßigkeit, ob wir im Einzelfall die Zähldichte oder die Verteilung verwenden.

Wir lernen nun eine andere auch sehr einfache Beschreibung der Verteilung kennen.

Definition 11
Wir gehen aus von einer beliebigen reellen Zahl x und betrachten dazu die Wahrscheinlichkeit

$$P([f(\omega) \leqq x]).$$

Wir bezeichnen diese Wahrscheinlichkeit, aufgefaßt als Funktion von x, als **Verteilungsfunktion** der Zufallsfunktion f, symbolisch $F(x)$.

△

$F(x)$ gibt also an, wie groß die Wahrscheinlichkeit ist, daß eine Realisierung von f kleiner gleich x ist.

Wir überlegen uns nun, wie $F(x)$ in einem konkreten Falle aussieht.

Ω' enthalte die 4 Elemente: $\omega'_1 = -2$, $\omega'_2 = 0$, $\omega'_3 = 0.5$ und $\omega'_4 = 3$. Weiter sei ω'_i die Wahrscheinlichkeit p'_i zugeordnet.

Dann ist $F(x) = 0$ für $x < -2$, da es keine Realisierung kleiner als -2 gibt. $F(x) = p'_1$ für $-2 \leqq x < 0$, da nur die Realisierung $\omega'_1 = -2$ kleiner 0 ist und diese die Wahrscheinlichkeit p'_1 hat. Weiter ist $F(x) = p'_1 + p'_2$ für $0 \leqq x < 0.5$ usw. Schließlich ist $F(x)$ gleich 1 für $x > 3$, da alle Realisierungen kleiner gleich 3 sind. Wir geben auch die graphische Darstellung von $F(x)$ an. Siehe Abbildung 15.

Die Verteilungsfunktion $F(x)$ ist offensichtlich eine Treppenfunktion, die monoton ansteigt und an den Punkten, die mögliche Realisierungen sind, springt. Sie liegt zwischen 0 und 1 und ergibt für genügend kleine x dem Wert 0 und für genügend große x den Wert 1.

Diese Eigenschaften lassen sich unmittelbar auf den allgemeinen Fall übertragen, wo Ω' nicht nur 4 Elemente enthält, sondern eine beliebige abzählbare Teilmenge von $\mathbb{R}$ ist.

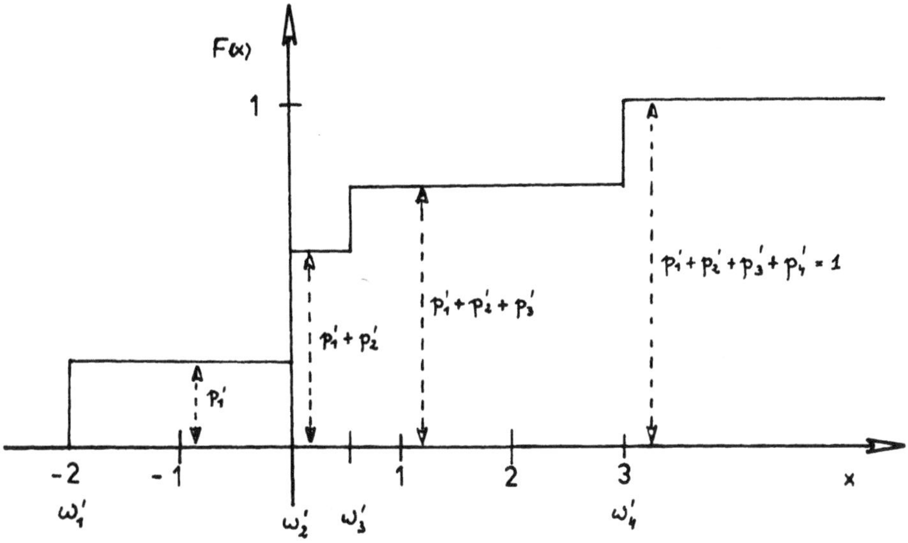

Abb. 15

Zu F(x) definieren wir eine Art „Ableitung" dF(x), welche dort, wo F(x) waagerecht verläuft, den Wert Null hat und an den Sprungstellen ω_i' den Wert p_i', also die Höhe des Sprunges von F(x).

Für obiges Beispiel ergibt sich für die „Ableitung" die graphische Darstellung in Abbildung 16.

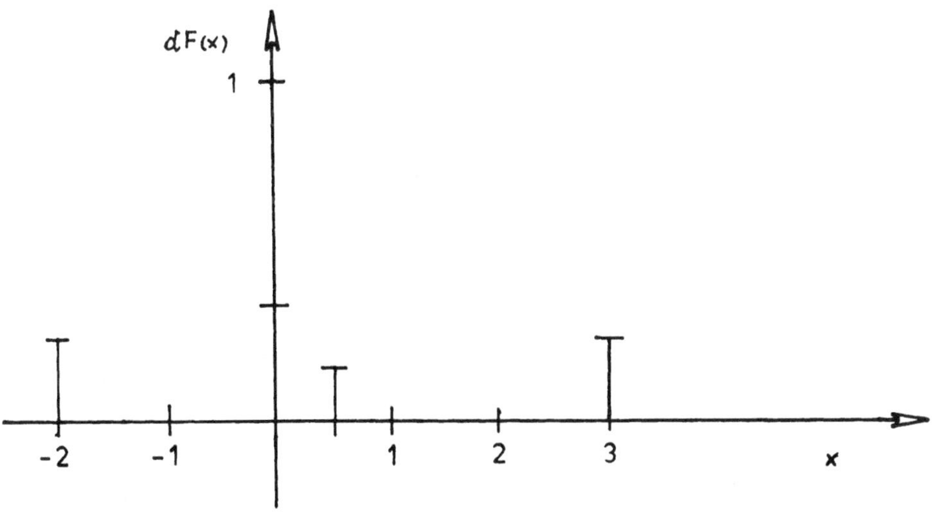

Abb. 16

Wir erhalten dieselbe graphische Darstellung, wenn wir die Zähldichte gegen die Realisierungen auftragen. Der Unterschied zwischen Zähldichte und „Ableitung“ von F(x) besteht darin, daß die Zähldichte nur für die x definiert ist, die Realisierungen sind, während dF(x) für alle x definiert ist aber dort, wo die Zähldichte nicht definiert ist, immer den Wert Null hat.

Offensichtlich ergibt sich aus F(x) die Ableitung und daraus die Zähldichte, d.h. die p'_i; wir erhalten den dem Ergebnis ω'_i zugeordneten Wert p'_i als Sprunghöhe von F(x) in $x = \omega'_i$.

Damit enthält die Verteilungsfunktion genauso viele Information wie die Zähldichte oder Verteilung.

Die Verteilungsfunktion gestattet daher auch eine einfache Beschreibung der Verteilung der entsprechenden Zufallsfunktion, und sie ist ein Ausschnitt der gesamten Verteilung.

Beispiel:

Bei dem oben betrachteten Beispiel ergab sich der Stichprobenraum

$$\Omega' = \{\omega'_1, \omega'_2, \omega'_3, \omega'_4\}$$

Die Verteilung nimmt die folgenden Werte an:

0 (für die leere Menge), p'_1, p'_2, p'_3, p'_4, $p'_1 + p'_2$, $p'_1 + p'_3$, $p'_1 + p'_4$, $p'_2 + p'_3$, $p'_2 + p'_4$, $p'_1 + p'_2 + p'_3$, $p'_1 + p'_2 + p'_4$, $p'_1 + p'_3 + p'_4$, $p'_2 + p'_3 + p'_4$ und schließlich $p'_1 + p'_2 + p'_3 + p'_4 = 1$.

Die Verteilungsfunktion nimmt aber nur die folgenden Werte an:

0, p'_1, $p'_1 + p'_2$, $p'_1 + p'_2 + p'_3$ und $p'_1 + p'_2 + p'_3 + p'_4 = 1$.

Diese Werte sind alles Werte, welche die Verteilung unter anderen auch annimmt.

△

Die obigen Überlegungen können wir dahingehend verallgemeinern, daß wir mehrdimensionale Zufallsvariable betrachten.

Definition 12

Es sei f eine k-dimensionale Zufallsfunktion. Als Verteilungsfunktion von f bezeichnen wir die folgende Wahrscheinlichkeit

$$P([f_1 \leqq x_1, f_2 \leqq x_2, \ldots, f_k \leqq x_k])$$

aufgefaßt als Funktion von $x_1, x_2, \ldots, x_k$. Symbolisch schreiben wir dafür

$$F(x_1, x_2, .., x_k).$$

△

Also gibt $F(x_1, x_2, \ldots, x_k)$ die Wahrscheinlichkeit dafür an, daß f_1 eine Realisierung kleiner gleich x_1 besitzt und f_2 eine Realisierung kleiner gleich $x_2, \ldots$ und f_k eine Realisierung kleiner gleich x_k.

Offensichtlich ist $F(x_1, x_2, \ldots, x_k)$ in allen x_i monoton steigend. Weiter gilt

$$0 \leqq F(x_1, x_2, \ldots, x_k) \leqq 1.$$

Wenn wir mit einem x_i gegen $-\infty$ gehen, so geht die Verteilungsfunktion gegen Null, und wenn wir mit allen x_i gegen $+\infty$ gehen, so geht die Verteilungsfunktion gegen $+1$.

Für $F(\infty, \ldots, \infty, x_i, \infty, \ldots, \infty)$ erhalten wir nach Definition

$$P([f_1 \leqq \infty, \ldots, f_{i-1} \leqq \infty,\ f_i \leqq x_i,\ f_{i+1} \leqq \infty, \ldots, f_k \leqq \infty])$$

Diese Wahrscheinlichkeit ist aber gleich

$$P([f_i \leqq x]),$$

da $[f_j \leqq \infty] = \Omega$, d.h. das sichere Ereignis darstellt, und das Ereignis

$$[f_1 \leqq \infty, \ldots, f_{i-1} \leqq \infty,\ f_i \leqq x_i,\ f_{i+1} \leqq \infty, \ldots, f_k \leqq \infty]$$

nach Definition gleich ist dem Ereignis

$$[f_1 \leqq \infty] \cap \ldots \cap [f_{i-1} \leqq \infty] \cap [f_i \leqq x_i] \cap [f_{i+1} \leqq \infty] \cap \ldots \cap [f_k \leqq \infty]$$

Damit entspricht die Funktion

$$F(\infty, \ldots, \infty, x_i, \ldots, \infty) = P([f_i \leqq x_i])$$

also der Verteilungsfunktion der eindimensionalen Zufallsfunktion f_i. Diese heißt auch **i-te Randverteilung.**

Nun überlegen wir uns wie die Verteilung von unabhängigen Zufallsfunktionen aussieht.

Wenn ein Experiment bestehend aus k Stufen vorliegt, wobei auf der i-ten Stufe die eindimensionale Zufallsfunktion f_i gegeben ist, so ist

$$f = (f_1, f_2, \ldots, f_k)$$

die Zufallsfunktion, die zum gesamten Experiment gehört.

Die Verteilungsfunktion, die zu f_i gehört, bezeichnen wir mit $F_i(x)$ und die, welche zu f gehört, mit

$$F(x_1, x_2, \ldots, x_k).$$

Die Verteilungsfunktion F gibt die Wahrscheinlichkeit des Ereignisses

$$[f_1 \leqq x_1] \cap [f_2 \leqq x_2] \cap \ldots \cap [f_k \leqq x_k]$$

an.

Wenn die Stufen des Experiments voneinander unabhängig sind, so müssen nach Definition der Unabhängigkeit von Zufallsfunktionen die Ereignisse

$$[f_1 \leqq x_1], [f_2 \leqq x_2], \ldots, [f_k \leqq x_k]$$

voneinander unabhängig sein.

Damit folgt nach Definition der Verteilungsfunktion

$$F(x_1, x_2, \ldots, x_k) = F(x_1) \cdot F(x_2) \ldots F(x_k)$$

Wir erfassen das Ergebnis in folgendem Satz:

Satz 9

Wenn die k eindimensionalen Zufallsfunktionen $f_1, f_2, \ldots, f_k$ voneinander unabhängig sind, so ist die gemeinsame Verteilungsfunktion $F(x_1, x_2, \ldots, x_k)$ das Produkt der einzelnen Verteilungsfunktionen $F_i(x)$

$$F(x_1, x_2, \ldots, x_k) = F_1(x_1) F_2(x_2) \ldots F_k(x_k).$$

△

Übungen und Aufgaben

1. Man berechne die Verteilungsfunktion zu der Binomialverteilung mit den Parametern $n = 4$ und $p = 1/2$.
2. Es seien f, g und h drei voneinander unabhängige Zufallsfunktionen mit den Verteilungsfunktionen $F(x)$, $G(x)$ und $H(x)$. Man gebe die Verteilungsfunktion der Zufallsfunktion $\max(f, g, h)$ an.
3. Es seien f bzw. g zwei voneinander unabhängige Zufallsfunktionen, die der Poissonverteilung mit dem Parameter α bzw. β unterliegen. Man zeige, daß die Zufallsfunktion $f + g$ auch der Poissonverteilung mit dem Parameter $\alpha + \beta$ unterliegt.
4. Es sei f eine eindimensionale Zufallsfunktion mit der Verteilungsfunktion $F(x)$. Man zeige für $a < b$ gilt
   $P([a < f \leqq b]) = F(b) - F(a)$
5. Man überlege sich, daß der Median einer Stichprobe in folgender Weise auf die eindimensionale Zufallsfunktion f zu übertragen ist.
   Falls es eine Realisierung $\tilde{x} = \omega_i'$ gibt, so daß für die Verteilungsfunktion $F(\tilde{x})$ gilt $F(\tilde{x}) - \frac{1}{2}$, so ist $\tilde{x}$ der Median. Falls dies nicht der Fall ist, so bezeichnen wir alle $\tilde{x}$, für die $P([f \leqq \tilde{x}]) \geqq 0{,}5$ und $P([f \geqq \tilde{x}]) \geqq 0{,}5$ gilt, als Median. Symbolisch schreiben wir dafür
   $\tilde{x} = \text{med}(f)$.
   Man überlege sich, wie der Median einer Zufallsfunktion lautet
   a) mit den Realisierungen $0, 1, 2, \ldots, n$ und der Gleichverteilung
   b) mit den Realisierungen 0, 1, 2, 3 und der Verteilung $b(3, 0.5)$
   c) mit den Realisierungen 0, 1 und der Verteilung $b(1, p)$.
   Hinweis:
   im Falle a) unterscheide man zwischen geraden und ungeraden n und im Falle c) unterscheide man zwischen $p < 0.5$, $p = 0.5$ und $p > 0.5$.
   Man stelle die Verteilung graphisch dar und zeichne den Median ein.

6. In Verallgemeinerung zum Median werden α-Quantile definiert.

   Sei f eine eindimensionale Zufallsfunktion.

   Für ein α mit $0 < \alpha < 1$ bezeichnen wir ein $\tilde{x}_\alpha$ als α-Quantil von f, wenn folgendes gilt

   $P([f \leqq \tilde{x}_\alpha]) \geqq \alpha$ und $P([f \geqq \tilde{x}_\alpha]) \geqq 1 - \alpha$

   Für $\alpha = 0.5$ resultiert gerade der Median.

   Man berechne zu der in Aufgabe 5b angegebenen Verteilung ein 0.85 Quantil.

7. Der Begriff Verteilung wird in der Ökonomie oft als Analogon der Zähldichte und nicht der wahrscheinlichkeitstheoretischen Verteilung verwendet.

   Wir demonstrieren diesen Sachverhalt am Beispiel der sogenannten Einkommensverteilung.

   Dabei werden bestimmte Einkommensklassen vorgegeben, so z.B. beim Jahreseinkommen die Klassen unter 10 TDM, von 10 TDM bis unter 14 TDM, von 14 TDM bis unter 18 TDM usw. Dann werden die Prozentzahlen der Einkommensbezieher die in eine Klasse fallen, aufgetragen gegen die Mitte der entsprechenden Einkommensklasse.

   Verbinden wir die resultierenden Punkte durch einen Kurvenzug, so ergibt sich ein typischer glockenförmiger Verlauf, der etwas links schief ist. Siehe Abbildung 17.

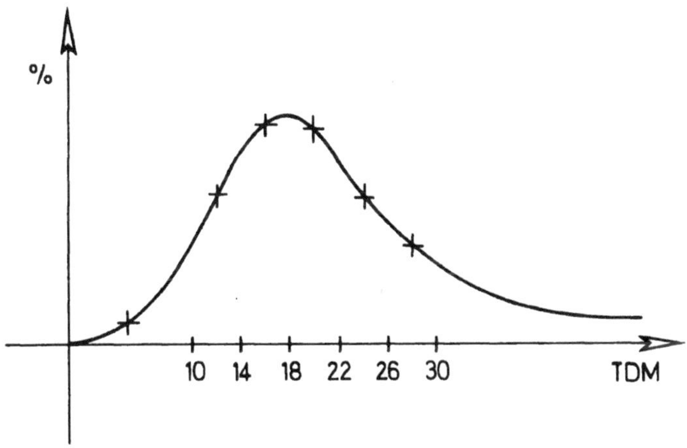

Man spricht dann von der Darstellung der Einkommensteilung, obwohl in Abbildung 17 eigentlich eine Zähldichte dargestellt ist.

4.9. Die Erzeugende

Neben der Verteilungsfunktion gibt es noch eine weitere Charakterisierung der Verteilung, die bei vielen Überlegungen sehr zweckmäßig ist.

Diese Charakterisierung ist nur möglich für Zufallsfunktionen deren Realisierungen nichtnegative ganze Zahlen sind.

Es sei f eine solche Zufallsfunktion

$$f: \Omega \to \mathbb{N}_0 = \{0, 1, 2, 3, \ldots\}$$

Solche Zufallsfunktionen ergeben sich, wenn die Realisierungen eine Anzahl angeben. Als Beispiel sei eine Zufallsfunktion angegeben, die der Poisson-Verteilung unterliegt.

Durch die zu f gehörende Zähldichte werde der nichtnegativen ganzen Zahl i die Wahrscheinlichkeit p'_i zugeordnet.

Nun sei z eine beliebige reelle Zahl, dann definieren wir die Zufallsvariable

$$g = z^f.$$

Diese ist folgendermaßen festgelegt: wenn f einem Ergebnis $\omega \in \Omega$ die nicht negative ganze Zahl i zuordnet, so wird durch g diesem Ergebnis ω die reelle Zahl z^i zugeordnet.

Damit realisiert sich bei g der Wert z^i mit der Wahrscheinlichkeit p'_i.

Nun betrachten wir den Erwartungswert von g; er lautet definitionsgemäß

$$(40) \qquad E(g) = \sum_{\nu=0}^{\infty} p'_\nu z^\nu$$

Definition 13
Lassen wir in (40) z variieren, so erhalten wir eine Funktion von z, die sogenannte **Erzeugende** der Zufallsfunktion f, symbolisch $\gamma_f(z)$.

△

Die Funktion $\gamma_f(z)$ ist eine Potenzreihe, die wegen der Normierung

$$\sum_{\nu=0}^{\infty} p'_\nu = 1$$

für alle z mit $|z| \leqq 1$ wohl definiert ist, d.h. konvergiert. Damit existiert der Erwartungswert von g für $z \leqq 1$ immer.

Aus der Funktionentheorie folgt das wichtige Resultat, daß wir aus der Erzeugenden in folgender Weise alle p'_i berechnen können

$$(41) \qquad p'_i = \frac{1}{i!} \left. \frac{d^i \gamma_f(z)}{dz^i} \right|_{z=0}$$

Formel (41) bedeutet, daß p_i' gleich ist 1/i! mal der i-ten Ableitung der Erzeugenden an der Stelle $z = 0$. Damit enthält auch die Erzeugende genauso viel Information wie die Zähldichte bzw. die Verteilung bzw. die Verteilungsfunktion.

Die Bedeutung der Erzeugenden liegt darin, daß man damit die Summe zweier unabhängiger Zufallsfunktionen sehr einfach beschreiben kann.

Satz 10

Seien f und g zwei unabhängige Zufallsfunktionen, deren Realisierungen nicht negative ganze Zahlen sind, so ergibt sich für die Summe $h = f + h$

$$(42) \qquad \gamma_h(z) = \gamma_f(z) \cdot \gamma_g(z).$$

Also hat die Summe h eine Erzeugende, die gleich dem Produkt der Erzeugenden der beiden Summanden ist.

Beweis

Der Beweis von (42) ergibt sich direkt aus (40). Es gilt

$$\gamma_h(z) = E(z^h) = E(z^{f+g}) = E(z^h z^g)$$

Wegen der Unabhängigkeit von h und g, welche die von z^h und z^g impliziert, folgt weiter

$$E(z^h z^g) = E(z^h) E(z^g) = \gamma_h(z) \gamma_g(z).$$

△

Beispiel:

Zu Formel (42) bringen wir eine Anwendung. Es seien f_i $(i = 1, 2, \ldots, n)$ n voneinander unabhängige Zufallsfunktionen, und jede habe die Null-Einsverteilung $b(1, p)$. Dann betrachten wir die folgende Zufallsfunktion

$$g_n = \sum_{i=1}^{n} f_i$$

Wir wissen aus Abschnitt 4.7, daß g_n binomialverteilt ist. Im folgenden leiten wir die Zähldichte von g_n mit Hilfe der Erzeugenden ab.

Die Erzeugende von f_i lautet nach Definition

$$f_i(z) = q + pz$$

Daher ergibt sich nach (42) für $n = 2$

$$\gamma_{g_2}(z) = (q + pz)^2,$$

für $n = 3$

$$\gamma_{g_3}(z) = (q + pz)^3$$

und allgemein

$$(43) \qquad \gamma_{g_n}(z) = (q + pz)^n$$

Wir wollen nun aus (43) auch die Zähldichte von g_n berechnen. Gemäß (41) erhalten wir für $i = 0$

$$p'_0 = \gamma_{g_n}(0) = q^n,$$

für $i = 1$

$$p'_1 = \left.\frac{d\gamma_{g_n}(z)}{dz}\right|_{z=0} = \left. n(q + pz)^{n-1} p\right|_{z=0} = nq^{n-1} p$$

und allgemein

$$p'_i = \begin{cases} \binom{n}{i} q^{n-i} p^i & \text{für } i \leqq n \\ 0 & \text{für } i > n \end{cases}$$

Man vergleiche hierzu Formel (39).

△

Aus der Erzeugenden kann man aber auch die Momente einer Zufallsfunktion sehr leicht berechnen. Wir behaupten, falls der Erwartungswert von g definiert ist, so gilt

$$(44) \qquad E(g) = \lim_{z \to 1-} \frac{d\gamma_g(z)}{dz}$$

Dabei bedeutet der Grenzübergang in (44), daß wir uns mit z an 1 annähern und zwar von links, also mit Werten kleiner als 1. Man beachte, daß $\gamma_g(z)$ im allgemeinen für $z > 1$ nicht definiert sein muß.

Der Beweis von Formel (44) ist einfach.

Es gilt nämlich

$$\lim_{z \to 1-} \frac{d\gamma_g(z)}{dz} = \lim_{z \to 1-} \frac{d}{dz} \sum_\nu p_\nu z^\nu = \lim_{z \to 1-} \sum_\nu \nu p_\nu z^{\nu-1} = \sum_\nu \nu p_\nu 1^{\nu-1} = \sum_\nu \nu p_\nu$$
$$= E(g).$$

Entsprechend zeigt man, falls $E(g(g-1))$ definiert ist, so gilt

$$(45) \qquad E(g(g-1)) = \lim_{z \to 1-} \frac{d^2 \gamma_g(z)}{dz^2}$$

Man beachte, daß aus der Kenntnis von $E(g)$ und $E(g(g-1))$ direkt $E(g^2)$ und auch $\operatorname{Var}(g)$ berechnet werden können.

Es gilt nämlich

$$E(g^2) = E(g(g-1)) + E(g) \quad \text{und} \quad \operatorname{Var}(g) = E(g^2) - (E(g))^2.$$

Beispiel:

Es sei g eine Zufallsfunktion, die der Poissonverteilung unterliegt, d.h.

$$p_i = e^{-\alpha} \frac{\alpha^i}{i!}$$

Wir wissen aus Abschnitt 4.7., daß der Erwartungswert und die Varianz von g gleich sind α.

Im folgenden zeigen wir, wie wir beide Größen mit Hilfe der Erzeugenden herleiten können.

Damit ergibt sich

$$(46) \qquad \gamma_g(z) = \sum_i e^{-\alpha} \frac{\alpha^i}{i!} z^i = e^{-\alpha} \sum_i \frac{\alpha^i}{i!} z^i = e^{-\alpha} e^{\alpha z} = e^{\alpha z - \alpha}$$

Aus (46) folgt wegen (44)

$$E(g) = \lim_{z \to 1-} \frac{d\gamma_g(z)}{dz} = \lim_{z \to 1-} \alpha e^{\alpha z - \alpha} = \alpha e^{\alpha 1 - \alpha} = \alpha$$

Weiter ergibt sich

$$E\big(g(g-1)\big) = \lim_{z \to 1-} \frac{d^2 \gamma_g(z)}{dz^2} = \lim_{z \to 1-} \alpha^2 e^{\alpha z - \alpha} = \alpha^2$$

Insgesamt resultieren damit

$$E(g^2) = \alpha^2 + \alpha \quad \text{und} \quad \mathrm{Var}(g) = \alpha^2 + \alpha - \alpha^2 = \alpha$$

△

Auch den Begriff der Erzeugenden können wir auf mehrdimensionale Zufallsfunktionen erweitern.

Es sei f eine n-dimensionale Zufallsfunktion, deren i-te Komponente f_i als Realisierungen nichtnegative ganze Zahlen besitzt für $i = 1, 2, \ldots, n$.

Formal bedeutet dies

$$f\colon \Omega \to \underbrace{\mathbb{N}_0 \times \mathbb{N}_0 \times \ldots \times \mathbb{N}_0}_{\text{n-mal}}$$

Die Erzeugende ist dann folgendermaßen definiert:

$$\gamma_f(z_1, z_2, \ldots, z_n) = \sum_{i_1} \sum_{i_2} \cdots \sum_{i_n} P\big([f = (i_1, i_2, \ldots, i_n)]\big) z_1^{i_1} z_2^{i_2} \ldots z_n^{i_n}$$

Übungen und Aufgaben

1. Es sei f eine eindimensionale Zufallsfunktion mit $\Omega_f = \mathbb{N}_0 = \{0, 1, 2, \ldots\}$ und der

Zähldichte p_i, $i = 0, 1, 2, \ldots$ Es sollen alle Momente von f existieren

$$m_n = \sum_{i=0}^{\infty} p_i i^n \quad \text{für } n = 1, 2, 3, \ldots$$

Wir definieren

$$g(t) = \sum_{i=0}^{\infty} p_i e^{it} \quad \text{und} \quad m(t) = \sum_{i=0}^{\infty} \frac{m_i}{i!} t^i \quad \text{für } t > 0$$

Die Funktion m(t) heißt die **Momenterzeugende** von f. Es gilt nämlich

$$\left.\frac{d^n m(t)}{dt^n}\right|_{t=0} = m_n \quad \text{für } n = 0, 1, 2, \ldots$$

Man überlege sich

$$Ee^{ft} = g(t) \quad \text{und} \quad g(t) = m(t)$$

Hinweis für den Beweis der letzten Gleichung:

Es gilt

$$g(t) = \sum_{i=0}^{\infty} \left.\frac{d^i g(t)}{dt^i}\right|_{t=0} t^i/i!$$

Man zeige weiter mit Hilfe der Momenterzeugenden, daß die Verteilung von f durch m(t) eindeutig festgelegt ist.

2. Man berechne zur geometrischen Verteilung (siehe Übung 4 in Abschnitt 4.7) die Erzeugende und daraus den Erwartungswert und die Varianz.

4.10. Das Gesetz der großen Zahl

In diesem Abschnitt werden wir ein spezielles Gesetz der großen Zahl beweisen. Gesetze der großen Zahl sind in zweierlei Hinsicht höchst bemerkenswert. Zum ersten geben sie Aufschluß darüber, ob und wie die relativen Häufigkeiten konvergieren.

Bei der Entwicklung des Wahrscheinlichkeitsbegriffes haben wir immer wieder die relativen Häufigkeiten herangezogen. Wir hatten festgestellt, daß bei gewissen Experimenten die relativen Häufigkeiten mit wachsender Anzahl von Versuchen anscheinend einem Grenzwert zustreben. Dabei konnten wir nicht beweisen, daß die Folge der relativen Häufigkeiten tatsächlich gegen einen Grenzwert konvergiert.

Bei der Einführung des mathematischen Wahrscheinlichkeitsbegriffs haben wir definitorisch angenommen, daß solche Wahrscheinlichkeiten gegeben seien.

Nun werden wir zeigen, daß unter dieser Annahme, wenn also ein Wahrscheinlichkeitsraum (Ω, P) vorliegt, die relativen Häufigkeiten im allgemeinen gerade gegen die mathematischen Wahrscheinlichkeiten konvergieren.
Dabei werden wir die Voraussetzungen und die Art der Konvergenz genau analysieren.

Die Aussage eines Gesetzes der großen Zahl liefert aber auch die theoretische

Rechtfertigung dafür, daß die schließende Statistik eine **angewandte** Wissenschaft ist. Diese Behauptung wollen wir etwas näher beleuchten.

In der Wahrscheinlichkeitstheorie wird angenommen, daß es Wahrscheinlichkeiten für die Ergebnisse gibt, ohne daß deren Werte bekannt sein müssen. Aus diesen Wahrscheinlichkeiten werden dann andere Größen abgeleitet, so z. B. die bedingte Wahrscheinlichkeit, der Erwartungswert usw., oder es werden neue Begriffe definiert wie z. B. die Unabhängigkeit, die Zufallsfunktion usw.

In der schließenden Statistik liegt in der Regel ein empirischer Sachverhalt vor, den wir durch ein Modell der Wahrscheinlichkeitstheorie beschreiben. Der Statistiker soll nun einen **konkreten** Schluß durchführen, d.h. z.B. einen konkreten Wert für den Erwartungswert oder die Varianz angeben und zwar aufgrund von Beobachtungen aus dem empirischen Sachverhalt. Die Frage ist, ob aus den Beobachtungen der konkrete Schluß auf wahrscheinlichkeitstheoretische Größen überhaupt sinnvoll möglich ist. Ein Gesetz der großen Zahl gibt darauf Antwort.

Zuerst beweisen wir eine sehr wichtige Ungleichung. Es sei f eine eindimensionale Zufallsfunktion. Der Erwartungswert von f und das zweite Moment von f sollen existieren.

Dann gilt die berühmte **Ungleichung von Tschebyscheff**

$$(47) \qquad P([|f| \geqq \varepsilon]) \leqq E(f^2)/\varepsilon^2, \quad \text{für jedes } \varepsilon > 0$$

Diese Ungleichung besagt also: für jedes $\varepsilon > 0$ ist die Wahrscheinlichkeit, daß $|f|$ eine Realisierung größer gleich ε hat, kleiner gleich $E(f^2)/\varepsilon^2$.

Beweis

Nach Definition gilt

$$(48) \qquad E(f^2) = \sum_i x_i^2 P([f = x_i])$$

In der Summe auf der rechten Seite von (48) sind alle Terme nichtnegativ. Daher vergrößern wir diese nicht, wenn wir die Summanden weglassen, für welche gilt

$$|x_i| < \varepsilon$$

Damit erhalten wir aus (48)

$$(49) \qquad E(f^2) \geqq \sum_{|x_i| \geqq \varepsilon} x_i^2 P([f = x_i])$$

In der Summe auf der rechten Seite von (49) sind alle $|x_i|$ größer oder gleich ε. Ersetzen wir daher x_i^2 durch den Wert ε^2, so haben wir den Wert der Summe sicher nicht vergrößert. Es gilt also

$$(50) \qquad E(f^2) \geqq \varepsilon^2 \sum_{|x_i| \geqq \varepsilon} P([f = x_i])$$

Die Summe auf der rechten Seite von (50) ist gerade gleich $P([|f| \geqq \varepsilon])$, also der Wahrscheinlichkeit, daß $|f|$ größer gleich ε ist.

Dies folgt aus der Tatsache, daß das Ereignis $[|f| \geqq \varepsilon]$ auch auf die folgende Weise beschrieben werden kann: wir nehmen nur solche Realisierungen x_{i_ν} mit $|x_{i_\nu}| \geqq \varepsilon$ $\nu = 1, 2, \ldots$ und betrachten $[f = x_{i_1}]$ „oder" $[f = x_{i_2}]$ „oder" …

Damit ergibt sich schließlich aus (49) und (50)

$$E(f^2) \geqq \varepsilon^2 P([|f| \geqq \varepsilon]),$$

und diese Ungleichung entspricht der zu beweisenden Ungleichung (47).

△

Durch Anwenden der Tschebyscheff-Ungleichung resultiert dann das zu beweisende Gesetz der großen Zahl.

Um diesen Übergang klarer zu machen, gehen wir von einem statistischen Schätzproblem aus.

Es liege eine eindimensionale Zufallsfunktion f vor. Diese Zufallsfunktion besitze einen Erwartungswert μ und eine Varianz σ^2. Es werden n Realisierungen von f beobachtet, nämlich $x_1, x_2, \ldots, x_n$, welche „unabhängig" sein sollen. Von den Realisierungen soll möglichst genau auf den Erwartungswert μ geschlossen werden, mit anderen Worten, es soll μ **geschätzt** werden.

Wir verwenden als Schätzwert den Mittelwert

$$\bar{x} = \frac{1}{n} \sum_{i=1}^{n} x_i$$

Wir können nun die n Realisierungen zu einem Tupel $(x_1, x_2, \ldots, x_n)$ zusammenfassen und als **eine** Realisierung einer n-dimensionalen Zufallsfunktion

$$f = (f_1, f_2, \ldots, f_n)$$

ansehen, wobei die f_i unabhängig sind und alle die gleiche Verteilung haben wie f.

Die Zufallsfunktion

$$g_n = \frac{1}{n} \sum_{i=1}^{n} f_i$$

wird als **Schätzfunktion** für μ bezeichnet. Dann ist der Mittelwert $\bar{x}$ eine Realisierung dieser Schätzfunktion. Mit anderen Worten, die Schätzfunktion g_n gibt die Vorschrift zur Berechnung der Schätzwerte für den Erwartungswert μ an, und $\bar{x}$ ist ein nach dieser Vorschrift konkret berechneter Schätzwert.

Wir können leicht ausrechnen, daß der Erwartungswert von g_n gleich ist μ und (wegen der Unabhängigkeit) die Varianz gleich ist σ^2/n. Auf $g_n - \mu$ wenden wir nun die Ungleichung von Tschebyscheff an.

Damit ergibt sich

(51) $P([|\frac{1}{n}\sum_{\nu=1}^{n} f_\nu - \mu| \geqq \varepsilon]) \leqq \frac{\sigma^2}{n\varepsilon^2}$

Diese Ungleichung stellt ein spezielles **Gesetz der großen Zahl** dar. Wir formulieren dies in einem Satz

Gesetz der großen Zahl

Sei f_i eine Folge von unabhängigen und identisch verteilten Zufallsvariablen mit dem Erwartungswert μ und der Varianz σ^2. Dann gilt:

$$P([|\frac{1}{n}\sum_{\nu=1}^{n} f_\nu - \mu| \geqq \varepsilon]) \leqq \sigma^2/n\varepsilon^2$$

△

Dieses Gesetz der großen Zahl besagt, daß die Summe

$$\frac{1}{n}\sum_{\nu=1}^{n} f_\nu$$

für wachsendes n den Parameter μ in einem bestimmten Sinne immer besser approximiert. Bei festem ε^2 konvergiert nämlich die rechte Seite gegen Null. Daher wird mit wachsendem n die **Wahrscheinlichkeit** immer kleiner, daß die Summe

$$\frac{1}{n}\sum_{\nu=1}^{n} f_\nu$$

vom Wert μ um mehr als ε abweicht.

Da wir ε beliebig klein (aber positiv) vorgeben können, wird es mit wachsendem n immer wahrscheinlicher, daß sich die Summe

$$\frac{1}{n}\sum_{\nu=1}^{n} f_\nu$$

beliebig nahe bei μ befindet.

Für unser statistisches Schätzproblem besagt das Gesetz der großen Zahl: wenn wir uns ein beliebiges (nicht leeres) Intervall $[\mu - \varepsilon, \mu + \varepsilon]$ um den Erwartungswert μ vorgeben, so wird es immer wahrscheinlicher, sofern wir den Stichprobenumfang nur groß genug vorgeben, daß ein Schätzwert in dieses Intervall fällt.

Damit kann also der Erwartungswert in einem **wahrscheinlichkeitstheoretischen** Sinne (nicht im Sinne der Analysis) beliebig genau geschätzt werden. Der Erwartungswert ist also nicht nur eine hypothetische Größe sondern er kann sinnvoll geschätzt werden.

Bei obigem Gesetz der großen Zahl hatten wir gefordert, daß die Zufallsfunktionen unabhängig und identisch verteilt sind. Die Aussage des Satzes bleibt aber auch unter allgemeineren Voraussetzungen gültig. Je nach Wahl der Voraussetzungen ergibt sich eine spezielle Formulierung des Gesetzes der großen Zahl. Das Gesetz der großen Zahl gilt nicht, wenn alle f_i identisch sind, was eine extreme Abhängigkeit bedeuten würde. In diesem Falle wäre

$$\frac{1}{n}(f_1 + f_1 + \ldots + f_1) = f_1$$

Offensichtlich gilt also nicht, daß mit wachsendem n die Zufallsfunktion f_1 sich immer mehr μ nähert.

Das Gesetz der großen Zahl wenden wir nun an, um den Grenzwert von relativen Häufigkeiten zu bestimmen.

Es sei (Ω, P) ein Wahrscheinlichkeitsraum. Wir betrachten ein Ergebnis $\omega \in \Omega$. Dieses habe die Wahrscheinlichkeit q.

Wir führen n Versuche durch und bezeichnen die Häufigkeit des Auftretens von ω mit m. Die relative Häufigkeit lautet dann m/n. Die Frage ist, ob, und falls ja, gegen welchen Wert, m/n für wachsendes n konvergiert.

Um diese Frage beantworten zu können, stellen wir die relative Häufigkeit als Realisierung einer Zufallsvariablen dar.

Wir betrachten den Produktraum

$$\underbrace{\Omega \times \Omega \times \ldots \times \Omega,}_{\text{n-mal}}$$

und definieren dazu die folgende n-dimensionale Zufallsfunktion f: die i-te Komponente f_i von f nimmt den Wert 1 an, wenn sich im i-ten Versuch das Ergebnis ω realisiert, und sonst den Wert Null. Es gilt dann, da die f_i alle die Verteilung $b(1, q)$ besitzen,

$$Ef_i = 1 \cdot q + 0(1-q) = q$$

und

$$\text{Var}(f_i) = q(1-q)^2 + (1-q)(0-q)^2 = q(1-q)$$

Weiter setzen wir voraus, daß die f_i unabhängig sind. Wir betrachten dann die Zufallsvariable

$$g_n = \frac{1}{n} \sum_{i=1}^{n} f_\nu,$$

die gerade gleich ist der relativen Häufigkeit des Auftretens von ω in n Versuchen, denn ng_n gibt an, wie oft ω in den Versuchen auftritt.

g_n ist eine Zufallsfunktion, die angibt, in welcher Weise die relative Häufigkeit bei n Versuchen zu berechnen ist. Eine Realisierung dieser Zufallsfunktion ist dann eine konkrete relative Häufigkeit.

Nach dem Gesetz der großen Zahl gilt aber

(52) $$P([|\frac{1}{n}\sum_{\nu=1}^{n} f_\nu - q| \geqq \varepsilon]) \leqq \frac{q(1-q)}{n\varepsilon^2}$$

Diese Ungleichung besagt, daß die Wahrscheinlichkeit, daß die relative Häufigkeit des Ergebnisses ω von der Wahrscheinlichkeit q mehr als ε abweicht, mit wachsendem n gegen Null geht. Dabei können wir ε beliebig klein (aber positiv) wählen. Also konvergiert die relative Häufigkeit des Auftretens von ω in einem ganz bestimmten Sinne gegen die entsprechende Wahrscheinlichkeit q.

Wir wollen uns nun den Zusammenhang mit dem Begriff der Konvergenz in der Analysis überlegen.

Eine Folge von reellen Zahlen $x_1, x_2, x_3, \ldots$ konvergiert gegen die reelle Zahl x, wenn es zu jedem beliebigen $\alpha > 0$ einen Indes n_0 gibt, so daß alle x_n von x um weniger als α abweichen, sofern nur $n \geqq n_0$ ist, d.h. für alle $n \geqq n_0$ gilt

$$|x_n - x| < \alpha$$

Dabei wird im allgemeinen der Index n_0 von α abhängen, d.h. je kleiner wir α vorgeben, um so größer müssen wir n_0 wählen, damit obige Ungleichung erfüllt ist. Entscheidend ist dabei, daß es aber zu jedem $\alpha > 0$ ein geeignet großes n_0 gibt. Dabei ist die Aussage, daß x_n gegen x konvergiert gleichbedeutend damit, daß $x_n - x$ gegen Null konvergiert.

Ist z.B. $x_n = 1/n$, so müssen wir $n_0 > 1/\alpha$ wählen, so ergibt sich direkt, daß für alle $n \geqq n_0$ gilt $|x_n - 0| < \alpha$, d.h. daß die Folge x_n gegen 0 konvergiert.

Wenn eine Folge f_n von eindimensionalen Zufallsfunktionen $f_n\colon \Omega \to \Omega_n' \subset \mathbb{R}$ vorliegt, so wollen wir uns überlegen, wie wir einen sinnvollen Konvergenzbegriff einführen können. Dabei beschränken wir uns auf den Fall, daß die Folge f_n gegen Null „konvergiert", da wir den Fall, daß die Folge f_n gegen eine Zufallsfunktion f „konvergiert" zurückführen können auf den Fall, daß $f_n - f$ gegen Null „konvergiert". Es ist naheliegend zu sagen, daß die Folge f_n gegen Null „konvergiert", wenn es mit wachsendem n immer wahrscheinlicher wird, daß f_n nahe bei Null liegt. Dies führt zu der folgenden

Definition 14

Es sei f eine Folge von eindimensionalen Zufallsfunktionen. Wir sagen f_n konvergiert **stochastisch** oder **in Wahrscheinlichkeit** gegen Null, wenn für **jedes** $\varepsilon > 0$ die Wahrscheinlichkeit $P([|f_n| < \varepsilon])$ für wachsendes n gegen 1 geht.

△

Da die Ereignisse $[|f_n| < \varepsilon]$ und $[|f_n| \geqq \varepsilon]$ komplementär sind, ist die Summe ihrer Wahrscheinlichkeiten 1. Daher konvergiert die Folge f_n auch stochastisch gegen Null, wenn für jedes $\varepsilon > 0$ die Wahrscheinlichkeit $P([|f_n| \geqq \varepsilon])$ für wachsendes n gegen Null geht.

Gleichung (52) besagt daher gerade, daß

$$\frac{1}{n}\sum_{\nu=1}^{n} f_\nu$$

stochastisch gegen q konvergiert. Aufgrund des Gesetzes der großen Zahl ergibt sich also: die relative Häufigkeit des Auftretens von ω konvergiert stochastisch gegen die entsprechende Wahrscheinlichkeit q.

Wenn also z.B. ein Würfelexperiment bestehend aus n unabhängigen Stufen vorliegt, so ist die relative Häufigkeit des Auftretens von Augenzahl 1 a priori (vor Durchführung der n Versuche) mit einer Wahrscheinlichkeit, die mit wachsendem n gegen 1 geht, beliebig nahe bei der entsprechenden Wahrscheinlichkeit z.B. $q = 1/6$. Trotzdem ist nie völlig ausgeschlossen, daß auch bei einer hohen Anzahl n von Versuchen die relative Häufigkeit erheblich von der entsprechenden Wahrscheinlichkeit abweicht.

Aus Ungleichung (52) können wir z.B. nur schließen, daß die Wahrscheinlichkeit, daß bei 1000 Versuchen die relative Häufigkeit vom Wert $q = 1/6$ um mehr als 0.1 abweicht, kleiner ist als

$$\tfrac{1}{6} \cdot \tfrac{5}{6}/(1000 \cdot 0.1) = 1/72$$

Wir rechnen also langfristig damit, daß bei Durchführung vieler Versuchsserien von jeweils 1000 Versuchen durchaus in einem von 72 Fällen die relative Häufigkeit von der Wahrscheinlichkeit $q = 1/6$ um mindestens 0.1 abweichen kann.

Damit ist in unserem Wahrscheinlichkeitsmodell genau erklärt, in welchem Sinne die relativen Häufigkeiten konvergieren. In der Realität beobachten wir ein Stabilisieren der relativen Häufigkeiten, das im Modell durch die stochastische Konvergenz erklärt werden kann. Wenn wir uns erinnern, daß bei der Einführung des Wahrscheinlichkeitsraumes die einzige wesentliche Annahme, die der Existenz von Wahrscheinlichkeiten war, so zeigt sich nun, daß durch diese Annahme ein in der Realität auftretendes Phänomen, das sehr schwer zu beschreiben ist, quantitativ erklärt werden kann. Das Modell des Wahrscheinlichkeitsraumes erweist sich also hier als sinnvoll und zweckmäßig.

Die Konfrontation des Modells mit der Realität veranlaßt uns nicht, es zu revidieren und zu verbessern.

Aufgrund des Informationsstandes, den wir nun erreicht haben, können wir die Frage, ob die Wahrscheinlichkeiten Grenzwerte von relativen Häufigkeiten sind, präzise beantworten. Die Annahme der Existenz von Wahrscheinlichkeiten führt zu der Aussage, daß die relativen Häufigkeiten im allgemeinen stochastisch gegen die entsprechenden Wahrscheinlichkeiten konvergieren. Die Art der Konvergenz wird dabei mit Hilfe der Wahrscheinlichkeit ausgedrückt.

Daher bedeutet es einen Zirkelschluß, wenn wir mit Hilfe der Grenzwerte von relativen Häufigkeiten den Wahrscheinlichkeitsbegriff einführen wollten, da dieser ja benötigt wird, um die Art der Konvergenzen festzulegen.

Zusätzlich haben wir gezeigt, daß nur für ganz bestimmte Experimente die relativen Häufigkeiten in Wahrscheinlichkeit gegen die entsprechenden Wahrscheinlichkeiten konvergieren, nämlich für Experimente mit „unabhängigen" Versuchen.

Das Gesetz der großen Zahl ist für die angewandte Statistik von **größter** Bedeutung, da erst mit dessen Hilfe die Wahrscheinlichkeiten – und damit die Verteilungen – auch empirisch zumindest angenähert bestimmt werden können als ungefähre Grenzwerte von relativen Häufigkeiten.

Eine ähnlich wichtige Rolle spielen die zentralen Grenzwertsätze, die eine Aussage darüber machen, wie zufällige Größen verteilt sind, wenn sie additiv aus vielen, voneinander nicht zu sehr abhängigen und einzeln nicht zu großen zufälligen Größen entstehen.

Dieser Sachverhalt liegt praktisch sehr häufig vor; man nennt die resultierende Grenzverteilung daher auch Normalverteilung, deren Behandlung allerdings unseren Rahmen sprengt, da sie nicht diskret ist. Wir werden sie im Rahmen der kontinuierlichen Wahrscheinlichkeitsräume behandeln.

Übungen und Aufgaben

1. Es sei f eine Zufallsfunktion mit Erwartungswert μ und Varianz σ^2. Man zeige mit Hilfe der Tschebyscheff Ungleichung die folgende Ungleichung

   $$P([\mu - \alpha\sigma < f < \mu + \alpha\sigma]) > 1 - \frac{\sigma^2}{\alpha^2}$$

   Man fasse diese Ungleichung in Worte.

2. Es werde mit einer reellen Münze gewürfelt. Wie groß müssen wir n, die Anzahl der Würfe, wählen, damit mit einer Wahrscheinlichkeit von mindestens 0.99 gewährleistet ist, daß die relative Häufigkeit von Wappen zwischen 0.49 und 0.51 liegt, wenn die Wahrscheinlichkeit 0.5 ist?

3. Man beschreibe, wie man mit Hilfe des Gesetzes der großen Zahl direkt (d.h. ohne über die Zähldichte zu gehen) einen Wert der Verteilungsfunktion ungefähr bestimmen kann?

Teil 3

5. Kapitel: Kontinuierliche Wahrscheinlichkeitsräume

Wir betrachten nun den Fall, daß die Ergebnismenge, also der Ergebnisraum Ω, überabzählbar ist.

Dabei werden wir uns bei allen folgenden Überlegungen darauf beschränken, daß der Ergebnisraum Ω gleich ist einer Menge von reellen Zahlen, d.h. $\Omega \subset \mathbb{R}$, oder allgemein einer Menge von Tupeln von reellen Zahlen $(x_1, x_2, \ldots, x_k)$, also Vektoren, d.h. $\Omega \subset \mathbb{R}^k$ mit $k \geqq 1$.

Praktisch bedeutet dies, entsprechend den Überlegungen bei diskreten Wahrscheinlichkeitsräumen, daß wir vom Stichprobenraum ausgehen und nicht vom dahinterliegenden sehr vagen Ergebnisraum.

5.1. Unterschiede zum diskreten Fall

Wir erinnern uns, daß wir im diskreten Fall den Ergebnissen $\omega_i \in \Omega$ letztlich definitorisch Wahrscheinlichkeiten p_i zugeordnet haben. Ausgehend von den p_i haben wir dann jedem Ereignis, also jeder Teilmenge S von Ω, eine Wahrscheinlichkeit P(S) zugeordnet, die gleich ist der Summe aller p_i, deren entsprechendes ω_i in S liegt.

Formal schreiben wir dafür

$$(1) \qquad P(S) = \sum_{\omega_i \in S} p_i$$

Nun überlegen wir uns an einem Beispiel, daß diese Vorgehensweise im kontinuierlichen Fall nicht mehr möglich ist. Jemand erwarte ein Telefongespräch; ein Ergebnis sei: das Telefongespräch kommt zu einem bestimmten Zeitpunkt an. Betrachten wir den Zeitraum von einer Stunde, innerhalb der das Gespräch sicher ankommen soll, so können wir jede reelle Zahl ω zwischen 0 und 1 als ein Ergebnis auffassen, und zwar: das Telefongespräch kommt ω Stunden nach Beginn an. Damit wird unser Ergebnisraum $\Omega = [0,1]$, der Menge der reellen Zahlen zwischen 0 und 1, und damit überabzählbar.

Wir versuchen nun den Ergebnissen, also den reellen Zahlen zwischen 0 und 1, eine Wahrscheinlichkeit zuzuordnen. Eine Möglichkeit besteht darin, daß alle $\omega \in \Omega$ die „gleiche" Wahrscheinlichkeit haben. Dann würden wir dem Gesamtintervall $[0,1]$, also dem sicheren Ereignis, bei entsprechender Normierung wie im diskreten Fall, die Wahrscheinlichkeit 1 zuordnen müssen. Dem Ereignis, das Telefongespräch kommt spätestens nach einer halben Stunde an, also der Menge aller reellen Zahlen zwischen 0 und 0.5 müßten wir die Wahrscheinlichkeit 0.5 zuordnen. Allgemein würden wir einem Teilintervall I des Intervalls $[0,1]$ gerade die geometrische Länge von I als Wahrscheinlichkeit zuordnen. Lassen wir nun das Intervall I auf einen beliebigen Punkt ω schrumpfen, so geht die geometrische Länge gegen Null. Damit folgt, daß wir jedem $\omega \in \Omega$ die Wahrscheinlichkeit 0 zuordnen müssen.

Ausgehend von dieser Tatsache, nämlich daß alle $\omega \in \Omega$ die Wahrscheinlichkeit 0 haben, versuchen wir analog den Überlegungen im diskreten Fall einer beliebigen Teilmenge S von Ω eine Wahrscheinlichkeit zuzuordnen. Wir nehmen alle ω, die in S enthalten sind, und „summieren" die entsprechenden Wahrscheinlichkeiten. Da aber diese Wahrscheinlichkeiten alle 0 sind, ergibt sich durch die „übliche Summation" der Wert Null. Dies kann nicht sein, da für $S = \Omega$ insbesondere der Wert 1 resultieren müßte.

Diese scheinbare Widerspruch liegt darin begründet, daß die „übliche Summation" entweder endlich ist, symbolisch

$$\sum_{i=1}^{n} p_i,$$

oder unendlich, symbolisch

$$\sum_{i=1}^{\infty} p_i$$

Im letztere Falle durchläuft der Index i alle natürlichen Zahlen, d.h. in der Summe werden **nur abzählbar viele** p_i erfaßt. Wenn nun eine Teilmenge S überabzählbar viele Elemente enthält, so gelingt es nicht durch die „übliche Summation", wie in (1) dargestellt, alle Wahrscheinlichkeikeiten zu erfassen. Vergleichbar ist diese Vorgehensweise damit, daß wir die geometrische Länge eines Intervalls, das die Vereinigung von Einzelpunkten ist, berechnen wollen durch Addition der geometrischen „Länge" von Punkten, die ja immer 0 ist. Hierzu ist eine eigene Additionstechnik, nämlich die Integration, nötig, mit der wir uns im folgenden auch befassen müssen.

Aus den obigen Überlegungen folgt die wichtige Erkenntnis, daß wir uns im Falle eines überabzählbaren Ergebnisraums nicht mehr so wie im Falle eines abzählbaren, ausgehend von den Wahrscheinlichkeiten der Ergebnisse, durch Summation zu den Wahrscheinlichkeiten der Ereignisse gelangen können.

Da es uns also nicht gelingt über eine Art Zähldichte die Wahrscheinlichkeiten von Ereignissen einzuführen, werden wir diese direkt einführen.

5.2. Allgemeine Überlegungen zu Maßen

Wir suchen also das Analogon der Verteilung P im diskreten Fall, die jeder Teilmenge S von Ω eine Wahrscheinlichkeit P(S) zuordnet. Dabei soll die Wahrscheinlichkeit so normiert sein, wie im diskreten Fall, d.h.

$$P(S) \geqq 0 \quad \text{und} \quad P(\Omega) = 1$$

und weiter soll gelten

$$P(S_1 \cup S_2 \cup \ldots S_n \cup \ldots) = \sum_i P(S_i),$$

sofern die S_i disjunkt sind.

Hierbei wird durch die Summation zum Ausdruck gebracht, daß die Anzahl der S_i abzählbar sein soll.

Dies sind die drei Eigenschaften einer noch zu findenden oder einzuführenden Verteilung P.

Dabei drücken die beiden ersten Eigenschaften reine Normierungen aus. Die dritte Eigenschaft, die sogenannte **σ-Additivit** ist die fundamentale Annahme.

Aus diesen drei Eigenschaften folgt die sogenannte **Monotonie** der Verteilung, d.h. es gilt

$$P(S) \leqq P(T) \quad \text{für } S \subset T \subset \Omega$$

Dies folgt direkt aus der Tatsache, daß T zerlegt werden kann in S und eine dazu disjunkte Menge $R = T - S$ mit $P(R) \geqq 0$, so daß

$$P(T) = P(S \cup R) = P(S) + P(R) \geqq P(S)$$

Eine Zuordnung P, die Teilmengen von Ω eine reelle Zahl zuordnet, wird allgemein als **Maß** bezeichnet. Die Verteilung wäre ein spezielles Maß, das nichtnegativ, zu 1 normiert und **σ-additiv** sein soll.

Auch die Zuordnung der geometrischen Länge, der Fläche, des Volumens oder der physikalischen Dichte sind spezielle Maße, die zwar auch nichtnegativ und σ-additiv sind aber nicht zu 1 normiert sein müssen.

Wir könnten natürlich die Existenz eines derartigen Wahrscheinlichkeitsmaßes einfach postulieren. Dies geschieht aber aus zwei Gründen nicht: erstens wollen wir die theoretischen Begriffe möglichst empirisch begründen, und zweitens ist die Existenz eines solchen Wahrscheinlichkeitsmaßes keineswegs selbstverständlich. Es ergeben sich vielmehr in diesem Zusammenhang tiefliegende theoretische Probleme.

Zuerst wollen wir an einem konkreten Beispiel diskutieren, ob eine solche Verteilung überhaupt existieren kann. Wie schon erwähnt, soll Ω immer eine Teilmenge des $\mathbb{R}^k$ sein für $k \geq 1$. Um die Überlegungen anschaulicher zu gestalten, wollen wir den Fall $k = 2$ betrachten. Dazu wählen wir das folgende Experiment: wir lassen aus einer bestimmten Höhe eine Nadel auf eine ebene rechteckige Platte der Länge a und Breite b fallen. Ein Ergebnis lautet dann: die Nadelspitze ist genau in einen Punkt der Platte gefallen.

Wir legen nun ein Koordinatenkreuz in eine Ecke der Platte und beschreiben jeden Punkt Q durch einen zweikomponentigen Vektor (x_1, x_2). Siehe Abbildung 18.

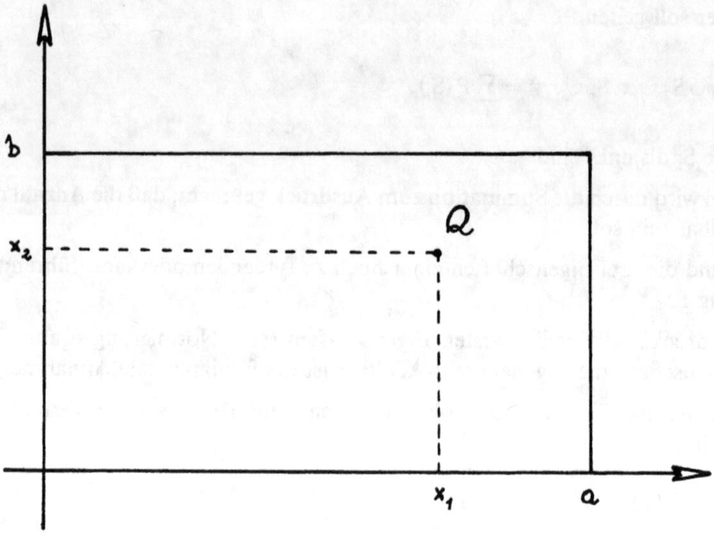

Abb. 18

Die Menge der Ergebnisse können wir dann auffassen als die Menge aller Vektoren (x_1, x_2) mit

$$0 \leqq x_1 \leqq a \quad \text{und} \quad 0 \leqq x_2 \leqq b.$$

Also ist Ω überabzählbar. Man vergleiche hierzu die Überlegungen zu Beginn von Kapitel 4.

Natürlich ist dieses Experiment physikalisch nicht exakt realisierbar, da wir dazu eine unendlich feine Nadelspitze bräuchten, damit immer exakt ein Punkt durch die Nadelspitze getroffen wird. Die Ergebnisse eines realen Experiments hängen nämlich ab von der konkreten „Stumpfheit" der Nadel und Meßgenauigkeit, mit der der Punkt ermittelt wird, auf den die Nadelspitze fällt. Wir wollen uns aber gerade von dem konkreten Fall lösen und einen idealen Fall betrachten, bei dem eine unendlich feine Nadelspitze und exakte Meßgenauigkeit vorliegen.

Es geht nun darum, möglichst jeder Teilmenge von Ω (also der Platte) eine Wahrscheinlichkeit zuzuordnen, wobei diese Zuordnung P die obigen drei postulierten Eigenschaften haben soll. Wenn wir die Gesamtfläche der Platte zu 1 normieren, so scheint die geometrische Fläche eine solche Zuordnung zu sein. Die Fläche einer jeden Teilmenge wäre natürlich nichtnegativ und kleiner gleich 1. Ferner scheint nach den üblichen geometrischen Vorstellungen auch die σ-Additivität gewährleistet zu sein. Wir hätten dann eine Art „Gleichverteilung" vorliegen, da Teilmengen mit gleicher Fläche die gleiche Wahrscheinlichkeit zugeordnet wäre.

Aber auch andere Verteilungen als die Gleichverteilung sind auf diese Weise denkbar. Wenn die Platte aus einer metallischen Legierung besteht und die Gesamtmasse 1 besitzt, so liefert anscheinend auch die Zuordnung, die jeder Teilmenge S die entsprechende physikalische Masse zuordnet, eine mögliche Verteilung, die als Wahrscheinlichkeitsverteilung interpretiert werden kann. Wenn die physikalische Dichte der Masse nicht überall dieselbe ist, so werden damit gleich großen Punktmengen nicht die gleichen Wahrscheinlichkeiten zugeordnet.

Es sind daher eine Vielzahl von Verteilungen denkbar, und man wäre nun aufgrund solcher Überlegungen versucht, – analog zu der Vorgehensweise im diskreten Fall, wo die Existenz der Wahrscheinlichkeiten p_i zuerst plausibel gemacht und dann gefordert wurde –, die Existenz einer Verteilung bei überabzählbaren Ergebnisräumen zu postulieren.

Leider ist obige Schlußweise, die die Wahrscheinlichkeitstheorie um vieles einfacher machen würde, falsch.

Nicht jede Teilmenge S von Ω besitzt nämlich eine eindeutige Fläche, wobei die Flächenzuordnung die oben für die Verteilung geforderten Eigenschaften insbesondere die der σ-Additivität besitzt. Diese Behauptung klingt fast absurd, und sie ist auch leider nicht einfach zu zeigen. Sie beinhaltet ein Paradoxon der Maßtheorie. Dieses Paradoxon besagt für die Flächenberechnung, daß es Teilmengen gibt, denen nicht eindeutig eine Fläche zugeordnet werden kann, wenn die Zuordnung die Eigenschaft der σ-Additivität besitzen soll.

Allerdings sind diese Mengen so kompliziert definiert, daß man sie praktisch nicht angeben kann, sondern nur indirekt durch einen Widerspruchsbeweis zeigen kann, daß es solche Mengen gibt. Allen praktisch denkbaren Mengen kann aber eine Fläche bzw. eine Wahrscheinlichkeit zugeordnet werden. Daher ist dieses Paradoxon von keiner praktischen Bedeutung. Es ist aber theoretisch von Bedeutung, weswegen wir uns damit befassen müssen. So muß die Definition einer Zufallsfunktion anders erfolgen als im diskreten Fall und zwar nur wegen dieses Paradoxons.

Ergänzungen

1. Gegeben sei ein überabzählbarer Ergebnisraum Ω. Von allen Ergebnissen wählen wir endlich viele aus und zwar $\omega_1^*, \omega_2^*, \ldots, \omega_n^*$. Wir ordnen ω_i^* die nichtnegative Zahl p_i zu, für $i = 1, 2, \ldots, n$, wobei die Summe aller p_i gleich 1 sein soll.

   Allen anderen $\omega \in \Omega$ ordnen wir die Zahl Null zu.

   Man überlege sich, daß wir damit, genauso wie im diskreten Fall, ein Maß auf der Potenzmenge definieren können, wobei dieses Maß ein zulässiges Wahrscheinlichkeitsmaß ist. Wir könnten obigen Ergebnisraum Ω auf den Ergebnisraum $\Omega^* = \{\omega_1^*, \omega_2^*, \ldots, \omega_n^*\}$ reduzieren, da die ω_i^* bereits die gesamte Wahrscheinlichkeit auf sich vereinen, und daher alle Ereignisse $S \subset \Omega$, die keines der ω_i^* enthalten, die Wahrscheinlichkeit 0 haben. Es liegt hier also im wesentlichen ein diskreter Wahrscheinlichkeitsraum vor. Daher ist es nicht erstaunlich, daß wir in diesem Fall auf der Potenzmenge von Ω ein Maß definieren können.

5.2.1. Beispiel einer Maßkonstruktion

Da das Problem, daß nicht allen Ereignissen eindeutig eine Wahrscheinlichkeit zugeordnet werden kann, äquivalent ist dem Problem, daß nicht allen endlichen Teilmengen, z.B. des Einheitsquadrats Ω, eine Fläche zugeordnet werden kann, diskutieren wir im folgenden letzteres, das den Vorteil hat sehr anschaulich zu sein.

Es gibt gewisse Grundmengen des Einheitsquadrates, deren Fläche direkt angegeben werden kann, nämlich die Rechtecke, deren Fläche gleich ist Länge mal Breite, und die Dreiecke, deren Fläche gleich ist Grundlinie mal halber Höhe. Auch in der historischen Entwicklung der Geometrie war sicher das Rechteck das erste geometrische Gebilde und das Dreieck das nächste, dem eine Fläche zugeordnet werden konnte. Da aber jedes Rechteck in zwei disjunkte Dreiecke zerlegt werden kann, reicht es, daß wir im folgenden nur von den Dreiecken ausgehen. Dies sind die sogenannten **Fundamentalmengen** von Ω.

Wir halten also fest, daß wir zumindestens davon ausgehen können, daß allen Teilmengen des Einheitsquadrats, soweit sie Dreiecke, also Fundamentalmengen sind, eine Fläche zugeordnet ist, wobei das Flächenmaß F die drei erforderlichen Eigenschaften hat. Wir haben damit für eine gewisse Menge von Teilmengen, also für ein **Mengensystem**, das Flächenmaß festgelegt.

Man sagt auch, das Flächenmaß ist auf dem Mengensystem der Fundamentalmengen definiert. Wir wollen aber das Flächenmaß für noch mehr Teilmengen festlegen, d.h. das Mengensystem, auf dem das Flächenmaß definiert ist, erweitern.

Entsprechend der historischen Entwicklung nehmen wir nun geometrische Gebilde, also Teilmengen des Einheitsquadrates hinzu, die sich in disjunkte Dreiecke zerlegen, also **triangulieren** lassen. Die Methode der Triangulation war bereits im alten Ägypten üblich und wird heute noch bei der Landvermessung verwendet. Damit ergeben sich z.B. alle (auch die unregelmäßigen) Vielecke. Formal bedeutet dies, daß wir das Mengensystem erweitern durch alle möglichen endlichen Vereinigungen von disjunkten Dreiecken. In Abbildung 19 sind zwei solcher geometrischen Gebilde gezeichnet, wobei eines zusammenhängend ist und das andere nicht.

Abb. 19

Das System dieser geometrischen Gebilde ist aufgrund elementargeometrischer Überlegungen **abgeschlossen** bezüglich endlichem Durchschnitt, endlicher Vereinigung und Komplementbildung. Das heißt, wenn wir zwei solcher Gebilde mengentheoretisch schneiden oder vereinen, so resultiert wieder ein solches Gebilde. Entsprechend ist das Komplement (bezüglich des Einheitsquadrates Ω) eines solchen Gebildes vom selben Typ.

Ein Mengensystem mit diesen Eigenschaften bezeichnen wir als **Algebra**. Hier ist es die Algebra, die von den Dreiecken im Einheitsquadrat erzeugt wird. Symbolisch schreiben wir dafür

$$\mathscr{A}(\triangle).$$

Das Einheitsquadrat Ω selbst gehört zu dem System; weiter nehmen wir auch die leere Menge $\emptyset$ dazu, welche die Fläche 0 haben soll.

Also ist ein Flächenmaß F für alle Elemente des Systems $\mathscr{A}(\triangle)$ wohldefiniert, und es besitzt die drei gewünschten Eigenschaften

$$F(S) \geqq 0, \quad \text{für } S \in \mathscr{A}(\triangle),\ F(\Omega) = 1$$

und

$$F(S_1 \cup S_2 \cup \ldots) = \sum_i F(S_i),$$

sofern die S_i disjunkt und aus $\mathscr{A}(\triangle)$ sind.

Wir wollen nun auch geometrischen Gebilden, die durch einen krummen Kurvenzug umschlossen sind, z.B. Kreisen, eine Fläche zuordnen. Bereits Archimedes hat ein Verfahren entwickelt, das sogenannte **Exhaustionsverfahren**, um die Fläche solcher geometrischer Gebilde zu berechnen. Dabei wird z.B. einem Kreis für festes n ein möglichst großes regelmäßiges n-Eck eingeschrieben. Durch Vergrößern von n wird der Kreis von innen immer mehr ausgeschöpft. Siehe Abbildung 20.

Wenn man damit die Fläche des Kreises für $n \to \infty$ vollständig ausschöpfen kann, so muß die Fläche des Kreises dem Grenzwert der Flächen der n-Ecke entsprechen. Auf jeden Fall ist dieser Grenzwert kleiner oder gleich der Fläche des Kreises, da die Vielecke immer im Inneren des Kreises liegen.

Wir bezeichnen den Grenzwert auch als **innere Fläche** des Kreises. Entsprechend kann dem Kreis für festes n ein möglichst kleines regelmäßiges n-Eck umschrieben werden. Durch Vergrößern von n wird der Kreis von außen eingegrenzt. Siehe Abbildung 20.

Wenn damit die Fläche des Kreises für $n \to \infty$ exakt umschlossen wird, so muß die Fläche des Kreises dem Grenzwert der Flächen der einschreibenden n-Ecke entsprechen. Auf jeden Fall, ist der Grenzwert größer oder gleich der Fläche des Kreises, da der Kreis immer im Inneren der Vielecke liegt. Den Grenzwert bezeichnen wir auch als **äußere Fläche** des Kreises.

Wenn aber die innere Fläche gleich ist der äußeren, so ist die Fläche des Kreises gleich den beiden Grenzwerten.

Für den Kreis ist dies der Fall, und es resultiert die bekannte Flächenformel $F = r^2 \pi$, wobei r der Radius des Kreises ist und π die sogenannte Zahl Pi, $\pi \simeq 3.14$.

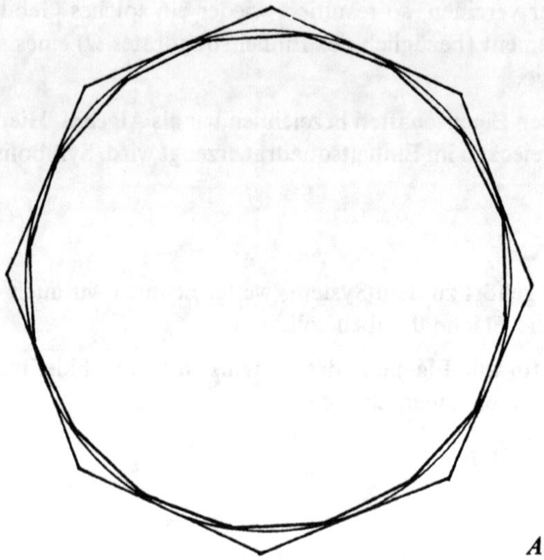

Abb. 20

Damit haben wir die Flächenberechnung des Kreises über einen Grenzübergang letztlich zurückgeführt auf die Flächenberechnung von Dreiecken, also Elementen aus der Algebra $\mathscr{A}(\triangle)$.

Wir werden nun versuchen, einer beliebigen Teilmenge S von Ω durch immer besseres Ausschöpfen mit Hilfe von Mengen aus der Algebra $\mathscr{A}(\triangle)$ eine innere Fläche zuzuordnen. Wir wenden also das sogenannte Exhaustionsverfahren von Archimedes an. Dabei schöpfen wir nicht mehr durch regelmäßige Vielecke aus, sondern wir nehmen beliebige Gebilde aus $\mathscr{A}(\triangle)$.

Damit erhalten wir ein inneres Flächenmaß, symbolisch F_i, das jeder Teilmenge S von Ω einen Wert $F_i(S)$ zuordnet. Formal erhalten wir $F_i(S)$ als das Supremum aller Werte F(A), wobei A in der Menge S enthalten ist und sonst beliebig aus der Algebra $\mathscr{A}(\triangle)$ sein kann.

$$F_i(S) = \sup_{\substack{A \subset S \\ A \in \mathscr{A}(\triangle)}} F(A)$$

Da F nach oben durch 1 beschränkt ist und vereinbarungsgemäß jede Menge zumindestens die leere Menge $\emptyset \in \mathscr{A}(\triangle)$ enthält, existiert diese Zuordnung F_i für alle Teilmengen S. Insbesondere ist F_i identisch mit F, wenn wir uns auf die Algebra $\mathscr{A}(\triangle)$ beschränken.

Dies folgt aus der Monotonieeigenschaft von F, welche bedingt, daß für ein S aus $\mathscr{A}(\triangle)$ gilt

$$F_i(S) = \sup_{\substack{A \subset S \\ A \in \mathscr{A}(\triangle)}} F(A) = F(S)$$

Entsprechend können wir ein äußeres Flächenmaß, symbolisch F_a, definieren, das jeder Teilmenge S von Ω einen Wert $F_a(S)$ zuordnet.

Formal erhalten wir $F_a(S)$ als Infimum der $F(A)$, wobei A die Menge S enthält und sonst beliebig aus der Algebra $\mathscr{A}(\triangle)$ sein kann

$$F_a(S) = \inf_{\substack{A \supset S \\ A \in \mathscr{A}(\triangle)}} F(A)$$

Da F nach unten durch Null beschränkt ist und jede Menge zumindestens in $\Omega \in \mathscr{A}(\triangle)$ enthalten ist, existiert diese Zuordnung F_a für jede Teilmenge $S \subset \Omega$.

Wenn nun $F_i(S)$ gleich ist $F_a(S)$, so werden wir der Menge S die Fläche $F(S) = F_i(S) = F_a(S)$ zuordnen.

Wir haben damit ein Verfahren beschrieben, das gestattet allen „üblichen" geometrischen Gebilden, die Teilmengen eines Einheitsquadrates sind, eine Fläche zuzuordnen. Dieses Verfahren ist konstruktiv, d.h. eine Fläche kann konkret beliebig genau berechnet werden.

Es wird als Verfahren der **Maßkonstruktion** oder **Maßerweiterung** bezeichnet. Wir haben dabei speziell das Flächenmaß betrachtet und haben uns auf das Einheitsquadrat beschränkt. Die daraus resultierende Normierung zu 1, die typisch für das Wahrscheinlichkeitsmaß ist, kann natürlich fallengelassen werden, d.h. wir können auch von anderen Gebilden als dem Einheitsquadrat ausgehen, z.B. auch von der ganzen Ebene. Dann gibt es aber Gebilde mit ∞ großen Flächen. Weiter ist dieses Verfahren auch für andere Maße als das Flächenmaß durchführbar. Wir müssen jeweils nur die Fundamentalmengen definieren, dann diesen ein Maß zuordnen und durch das Verfahren der Maßkonstruktion dieses Maß erweitern. Nehmen wir z.B. das Volumenmaß im dreidimensionalen Raum, so können wir als Fundamentalmengen Würfel verwenden. Das Volumen eines Würfels mit der Kantenlänge r ist r^3.

Das Volumen eines geometrischen Gebildes im dreidimensionalen Raum wird dann durch Ausschöpfen bzw. Einschließen mit Hilfe von Würfeln berechnet.

Formal kann man auch im n-dimensionalen Raum ($n \geqq 4$) ein „Volumen" betrachten. Die Fundamentalmengen sind n-dimensionale Würfel mit dem Volumen r^n, wenn r die Kantenlänge ist. Wir sprechen dann allgemein nicht vom Volumen sondern vom **Inhalt.**

Dabei bedeutet Inhalt speziell für $n = 1$ die Länge, für $n = 2$ die Fläche und für $n = 3$ das Volumen. Bei den folgenden Überlegungen lösen wir uns von dem konkreten Beispiel des Einheitsquadrates ($n = 2$), und wir betrachten den allgemeinen Fall, daß das Maß der geometrische Inhalt I im n-dimensionalen Raum ist.

Ergänzungen:

Im folgenden überlegen wir uns, wie wir zu einer zweidimensionalen geometrischen Figur die Fläche konkret berechnen können.

Kompliziertere geometrische Figuren haben meistens einen Rand, der durch eine Funktion beschrieben wird.

Wir gehen aus von einer geometrischen Figur, deren „oberer“ Rand durch eine Funktion f(x) begrenzt ist, und es gehe darum, die Fläche der Figur zu bestimmen, die für $\underline{x} \leqq x \leqq \bar{x}$ zwischen Abszisse und f(x) liegt. Siehe Abbildung 21.

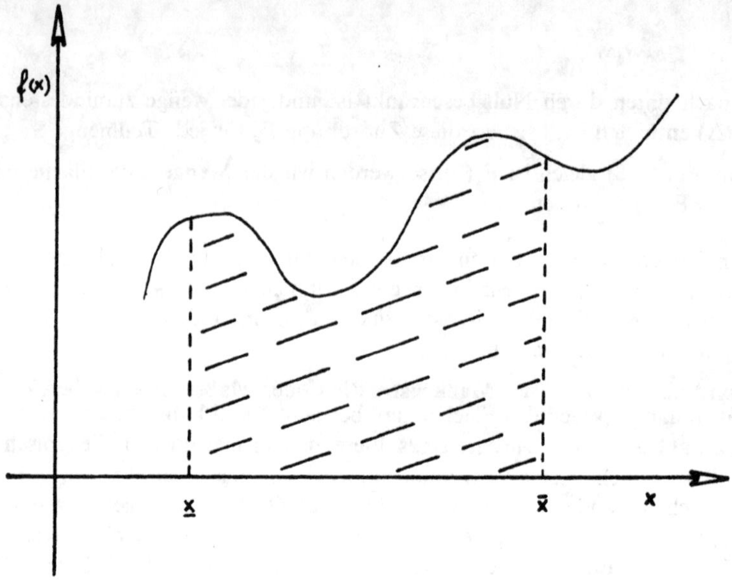

Abb. 21

Wir teilen die Strecke zwischen $\underline{x}$ und $\bar{x}$ in n gleiche Teile und erhalten damit die Teilungspunkte:

$$x_0 = \underline{x},\ x_1 = \underline{x} + (\bar{x} - \underline{x})/n,\ x_2 = \underline{x} + 2(\bar{x} - x)/n, \ldots, x_n = \bar{x}$$

Mit Hilfe dieser Unterteilung können wir die gesuchte Fläche durch Rechtecke möglichst gut ausschöpfen. Siehe Abbildung 22.

Für jede Unterteilung können wir die entsprechende Fläche konkret ausrechnen, da sie eine Summe von Rechtecksflächen ist. Wir bezeichnen eine solche Summe auch als **Untersumme.**

Lassen wir nun n gegen ∞ gehen, so resultiert im Grenzübergang eine innere Fläche $F_i(S)$.

Entsprechend können wir die gesuchte Fläche durch Rechtecke möglichst gut eingrenzen. Siehe Abbildung 23.

Die entsprechende Fläche ist eine Summe von Rechtecken; wir bezeichnen eine solche Summe auch als **Obersumme.**

Lassen wir wieder n gegen ∞ gehen, so resultiert im Grenzübergang eine äußere Fläche $F_a(S)$.

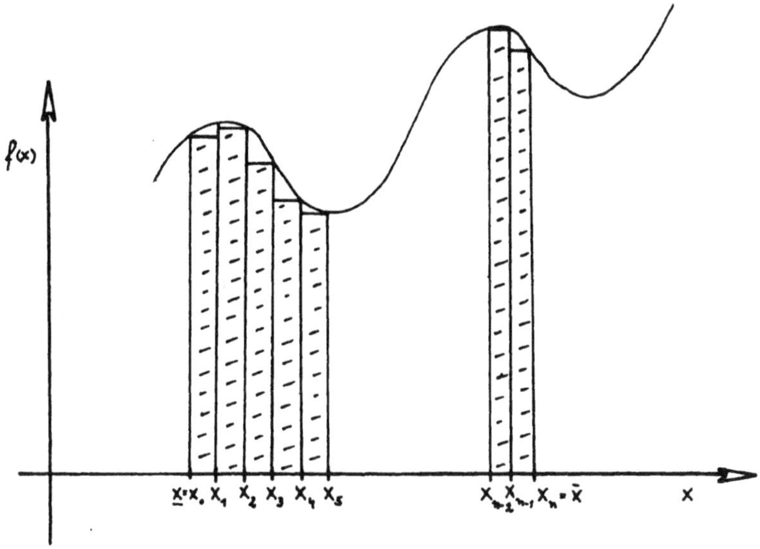

Abb. 22

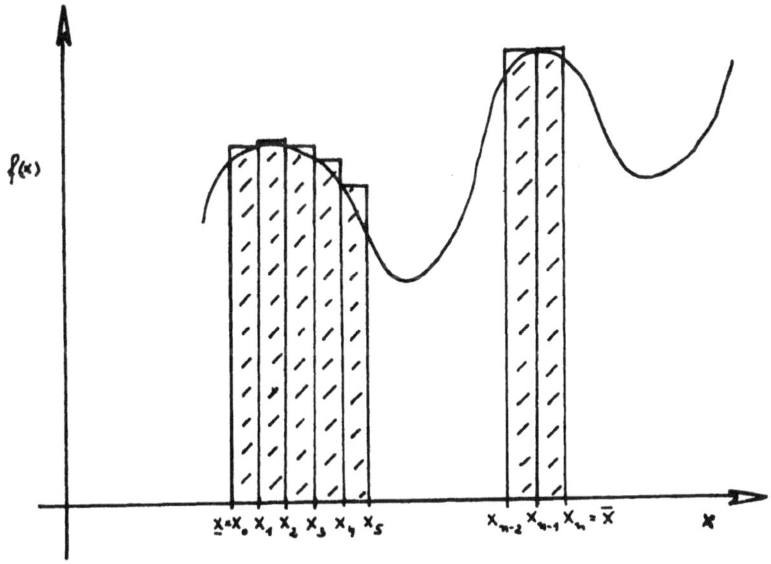

Abb. 23

Falls $F_i(S)$ gleich ist $F_a(S)$, so wird die Fläche von S, nämlich F(S), gleich diesem Wert.

Wir bezeichnen F(S) als den Wert des **Riemannschen Integrals** der Funktion f(x) über den Bereich $\underline{x} \leqq x \leqq \bar{x}$, symbolisch

$$\int_{\underline{x}}^{\bar{x}} f(x)\,dx \quad \text{oder} \quad \int_{I} f(x)\,dx,$$

wobei I das Intervall $[\underline{x}, \bar{x}]$ symbolisiert.

Die Funktion f(x) selbst bezeichnen wir als **integrierbar** (im Riemannschen Sinne).

Es ist plausibel, daß f(x) nicht zu „unstetig" sein darf, damit das Riemannsche Integral existiert.

Man überlege sich, daß die folgende für $0 \leqq x \leqq 1$ definierte Funktion

$$f(x) = \begin{cases} 0, & \text{falls x rational ist} \\ 1, & \text{falls x irrational ist} \end{cases}$$

nicht integrierbar ist, da die innere Fläche immer gleich Null ist und die äußere immer gleich 1. Diese Funktion ist auch extrem unstetig.

Speziell sind beschränkte und stückweise stetige Funktionen integrierbar. In der Regel beschränkt man sich auf solche Funktionen.

Mit Hilfe obiger Vorgehensweise können wir Flächen von Figuren der Art, wie sie oben beschrieben wurden, konkret berechnen. Es gibt aber gewisse Rechenregeln nach denen man oft ganz schematisch und einfach eine Integration durchführen kann.

Wenn F(x) eine in einem Intervall $[\underline{x}, \bar{x}]$ definierte und dort differenzierbare Funktion ist, die eine stetige Ableitung f(x) besitzt

$$\frac{dF(x)}{dx} = f(x) \quad \text{für } \underline{x} \leqq x \leqq \bar{x},$$

so gilt

$$\int_{\underline{x}}^{\bar{x}} f(x)\,dx = F(\bar{x}) - F(\underline{x})$$

Man muß also zu f(x) nur die sogenannte **Stammfunktion** F(x) finden, für welche gilt

$$\frac{dF(x)}{dx} = f(x),$$

so ist die Integration über ein Intervall leicht durchführbar. Man führe die folgenden Integrationen durch

a) $\int_0^1 x\,dx$

b) $\int_1^2 x^2 \, dx$

c) $\int_1^{10} \frac{dx}{x}$

Man beachte dabei: $d \ln(x)/dx = 1/x$

Oft wird auch eine Integration über ein unendliches Intervall vorgenommen. Die Berechnungen laufen dabei völlig analog wie die bei einem endlichen Intervall. Dazu betrachten wir ein Beispiel. Es sei das folgende Integral auszuwerten

$$\int_1^{\infty} \frac{dx}{x^2}$$

Die Stammfunktion von $1/x^2$ lautet $-1/x$, und daher ergibt sich

$$(-1/x)|_{\infty} - (-1/x)|_1 = 0 - (-1) = 1.$$

5.2.2. Theoretische Probleme bei der Maßerweiterung

Bei der Maßerweiterung ergeben sich einige Fragen theoretischer Natur, mit denen wir uns im folgenden befassen wollen. Dabei ist es im Rahmen einer Einführung nicht möglich die Behauptungen, die in den entsprechenden Antworten enthalten sind, zu beweisen. Es muß auf weiterführende Literatur verwiesen werden.

Im folgenden bezeichnen wir mit I den geometrischen Inhalt im n-dimensionalen Raum Ω und mit I_i bzw. I_a den bei der Maßkonstruktion resultierenden inneren bzw. äußeren Inhalt.

Es ergeben sich dann die folgenden zentralen Fragen:

1. Gilt für **alle** Teilmengen S von Ω: $I_i(S) = I_a(S)$?

Diese Frage muß – und das ist gerade das Paradoxon der Maßtheorie – mit nein beantwortet werden. Wenn aber für ein S gilt $I_i(S) \neq I_a(S)$, so ist es –zu mindestens auf die oben beschriebene Art – nicht möglich S eindeutig einen Inhalt zuzuordnen.

2. Wenn wir uns auf die Teilmengen S beschränken, für die gilt $I_i(S) = I_a(S)$ und für solche S den Inhalt I festlegen zu $I(S) = I_i(S)$, ist dann gewährleistet, daß der so definierte Inhalt σ-additiv ist?

Diese Frage kann mit ja beantwortet werden. Natürlich ist die ander Eigenschaft ($I \geqq 0$) erfüllt.

Damit hätten wir ein größeres Mengensystem gefunden, auf dem ein Inhalt definiert ist. Die Elemente dieses Mengensystems, d. h. die Teilmengen von Ω, denen auf diese Weise ein Inhalt zugeordnet werden kann, bezeichnen wir als **Lebesgue-meßbar** bzw. **Lebesguemengen.** Das Maß selbst bezeichnen wir als **Lebesguemaß.**

3. Wieviel Teilmengen von Ω kann auf diese Weise ein Inhalt zugeordnet werden?

Eine Vorstellung darüber gibt die folgende Behauptung. Das System der Lebesgue-meßbaren Mengen ist abgeschlossen bezüglich abzählbarer Vereinigung, abzählbarem Durchschnitt und Komplementbildung.

Dies bedeutet, daß die abzählbare Vereinigung bzw. Durchschnitt von Lebesgue-meßbaren Mengen wieder Lebesgue-meßbar ist. Wenn also eine Folge von Lebesgue-meßbaren $S_1, S_2, \ldots$ gegeben ist, so sind auch

$$S_1 \cup S_2 \cup S_3 \cup \ldots \quad \text{und} \quad S_1 \cap S_2 \cap S_3 \cap \ldots$$

Lebesgue-meßbare Mengen.

Auch das Komplement einer Lebesgue-meßbaren Menge (bezüglich Ω) ist Lebesgue-meßbar.

Ein Mengensystem, das abgeschlossen ist bezüglich abzählbarer Vereinigung, abzählbarem Durchschnitt und Komplementbildung wird als **σ-Algebra** bezeichnet. Hier liegt speziell die σ-Algebra der Lebesguemengen vor.

Zu dieser σ-Algebra gehören alle „praktisch" denkbaren Teilmengen von Ω, so z.B. alle offenen Mengen und alle abgeschlossenen Mengen.

Diese σ-Algebra ist allerdings nicht die kleinste, die man ausgehend von der Algebra $\mathscr{A}(\triangle)$ erhält. Die kleinste σ-Algebra die man erhält, indem man das Mengensystem der Fundamentalmengen so erweitert, daß man alle Teilmengen dazunimmt, die durch abzählbare Vereinigung, abzählbaren Durchschnitt und Komplementbildung resultieren, heißt **σ-Algebra der Borelmengen** und enthält auch alle „praktisch" denkbaren Teilmengen von Ω.

Im folgenden beschränken wir uns auf die Borelmengen. Dieses Mengensystem hat nämlich den Vorteil, daß es allein aus den Fundamentalmengen folgt, ohne daß man das Maß auf diesen zu kennen braucht, wie bei der Konstruktion des Systems der Lebesguemengen. Weiter ist jede Borelmenge auch Lebesguemenge, d.h. jeder Borelmenge ist ein Inhalt zugeordnet.

4. Gibt es keine andere als die oben beschriebene Vorgehensweise, nach der für noch mehr Mengen eindeutig ein Inhalt definiert werden kann?

Diese Frage muß mit nein beantwortet werden und das macht gerade die Schwere des Paradoxons der Maßtheorie aus.

Wir fassen nun die obigen Überlegungen in einem Satz zusammen.

Satz 1

Wir betrachten den k-dimensionalen Raum mit $k \geqq 1$. Dann gehen wir von gewissen Fundamentalmengen aus, die für $k = 1$ Intervalle, für $k = 2$ Dreiecke und für $k = 3$ Würfel sein können. Zu diesen Fundamentalmengen ist in naheliegender Weise ein Inhalt definiert, der für $k = 1$ der Länge, für $k = 2$ der Fläche und für $k = 3$ dem Volumen entspricht.

Dieses Mengensystem erweitern wir zur Algebra $\mathscr{A}^k$, indem wir alle Teilmengen dazunehmen, die aus **endlichem** Durchschnitt, **endlicher** Vereinigung und Komplementbildung entstehen.

Dann kann jedes Element aus $\mathscr{A}^k$ dargestellt werden als endliche Vereinigung disjunkter Fundamentalmengen.

Durch die Additivitätsforderung kann der Inhalt eindeutig auf das Mengensystem $\mathscr{A}^k$ erweitert werden.

Die Algebra $\mathscr{A}^k$ erweitern wir zur σ-Algebra $\mathscr{B}^k$ der **Borelmengen**, indem wir alle Mengen dazunehmen, die aus $\mathscr{A}^k$ durch **abzählbaren** Durchschnitt bzw. Vereinigung oder Komplementbildung entstehen. Jede Borelmenge kann dargestellt werden als abzählbare Vereinigung disjunkter Mengen aus der Algebra $\mathscr{A}^k$. Daher kann wegen der Additivität des Maßes dieses eindeutig von $\mathscr{A}^k$ auf die σ-Algebra der Borelmengen erweitert werden. Jede Borelmenge ist auch Lebesguemenge und das so definierte Maß entspricht dem Lebesguemaß.

△

Bemerkungen:

Falls wir nicht vom k-dimensionalen Raum sondern von einer Teilmenge $\Omega \subset \mathbb{R}^k$ ausgehen, die selbst eine Borelmenge ist, so erhalten wir analog eine σ-Algebra $\mathscr{B}_\Omega$, die alle Teilmengen von Ω enthält, denen ein Inhalt zugeordnet werden kann. Dann enthält $\mathscr{B}_\Omega$ alle Borelmengen aus $\mathscr{B}^k$, die wir ausgehend von $\mathbb{R}^k$ erhalten, sofern sie Teilmengen von Ω sind.

Als Fundamentalmengen können wir in der Ebene anstatt Dreiecke z.B. auch Kreise oder trigonometrische Dreiecke nehmen; es resultiert immer dieselbe σ-Algebra, nämlich die der Borelmengen.

Entsprechend erhalten wir für allgemeines n die σ-Algebra der Borelmengen, auch dann, wenn wir nicht von n-dimensionalen Würfeln sondern z.B. von Kugeln oder Zylinder ausgehen.

Ergänzungen:

1* Beispiel einer nicht meßbaren Menge

Wir gehen vom Einheitsintervall $I = [0, 1]$ aus. Zu jeder Borelmenge $B \subset I$ ist dann die geometrische Länge $L(B)$ definiert.

Das Maß L hat alle Eigenschaften eines Wahrscheinlichkeitsmaßes d.h. L ist nichtnegativ, zu 1 normiert und σ-additiv. Nun betrachten wir das Einheitsquadrat Ω d.h. die Menge aller (x, y) mit $0 \leqq x \leqq 1$ und $0 \leqq y \leqq 1$.

Zu Ω konstruieren wir uns das folgende Mengensystem. Wir gehen aus von einer Borelmenge $B \subset I$ und errichten darüber einen „Zylinder". Dieser Zylinder Z ist die Menge aller (x, y) mit $x \in B$ und $0 \leqq y \leqq 1$. Siehe Abbildung 24.

Dem Zylinder Z ordnen wir das Maß $L(B)$ zu, also die Länge von B.

Man überlegt sich leicht, daß die Menge aller Zylinder eine σ-Algebra ergibt, und daß L ein nichtnegatives, zu 1 normiertes und σ-additives Maß ist.

Nun betrachten wir die Teilmenge C von Ω, die aus den folgenden Punkten besteht:

$(x, y) \in C$, wenn $0 \leqq x \leqq 1$ *und* $0.5 \leqq y \leqq 0.8$

Siehe Abbildung 25.

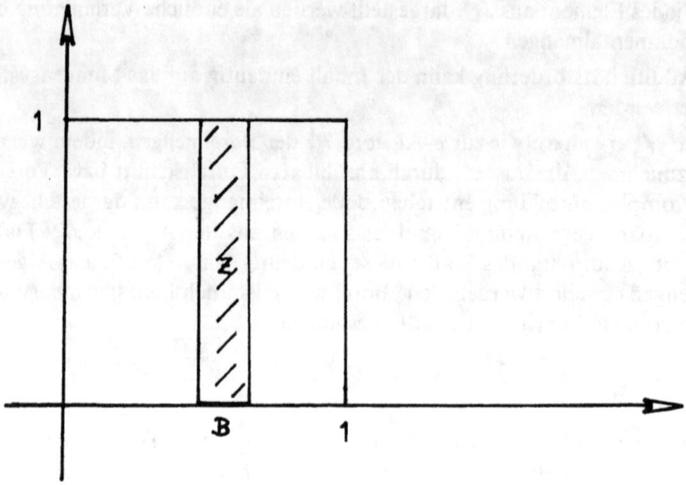

Abb. 24

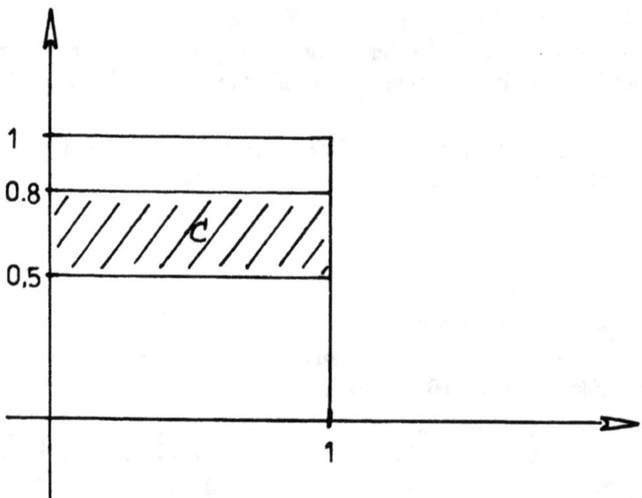

Abb. 25

Die Menge C hat die Eigenschaft, daß sie nur in der Zylindermenge Ω, also im ganzen Einheitsquadrat enthalten ist. Daher ist das äußere Maß von C gleich 1: $L_a(C) = 1$. Andererseits gibt es keine Zylindermenge, die in C enthalten ist. Nur die leere Menge ist enthalten in C, d.h. $L_i(C) = 0$. Wir können also durch Erweiterung des Maßes L der Menge C kein Maß zuordnen, da $L_a(C) \neq L_i(C)$.

2* **Unterschied von Borelmengen und Lebesguemengen**

Wenn A eine Borelmenge ist und das Lebesguemaß Null hat (d.h. A ist Borelnullmenge), so muß nicht jede Teilmenge von A auch eine Borelmenge sein.

Wenn aber A eine Lebesguenullmenge ist, so ist es auch jede Teilmenge von A. Dies ergibt sich direkt, da das innere und äußere Maß einer solchen Teilmenge Null ist. Wenn wir die Menge der Borelmengen vervollständigen, d.h. alle Teilmengen von Nullmengen dazunehmen und daraus durch Vereinigung entstehende neue Mengen, so resultieren gerade die Lebesguemengen.

Man spricht hierbei von der **Vervollständigung** des Maßes, das auf den Borelmengen definiert ist.

Ergänzende Literatur

Die in diesem Abschnitt erwähnten Probleme sind genauer dargestellt in mathematischen Lehrbüchern der Wahrscheinlichkeitstheorie oder Maßtheorie so z.B. in

1. *Bauer, H.:* Wahrscheinlichkeitstheorie und Grundzüge der Maßtheorie. Walter de Gruyter Verlag, Berlin 1968.
2. *Henze, E.:* Einführung in die Maßtheorie. Mannheim: Bibl. Institut, 1971.

5.3. Die Definition des kontinuierlichen Wahrscheinlichkeitsraumes

Die Überlegungen, die wir oben zur Bestimmung des geometrischen Inhalts verwendet haben, können wir fast wortwörtlich auf die Bestimmung der physikalischen Masse oder auf die Bestimmung der Wahrscheinlichkeit übertragen. Dabei müssen wir nur die Fundamentalmengen festlegen und ihnen ein Maß d.h. eine Masse bzw. eine Wahrscheinlichkeit zuordnen. Es sei also Ω eine Teilmenge des $\mathbb{R}^k$ mit $k \geqq 1$.

Aus Gründen der Anschaulichkeit betrachten wir den Fall $k = 2$. Die Ebene können wir in abzählbar viele disjunkte Rechtecke zerlegen, indem wir ein Gitter von Rechtecken darüberlegen. Dadurch wird auch Ω in abzählbar viele disjunkte Teilmengen $S_1, S_2, S_3 \ldots$ zerlegt. Siehe Abbildung 26. Diese Teilmengen sind die Fundamentalmengen.

Die S_i sind zu Ω gehörende Ereignisse. Wir konstruieren nun einen diskreten Ergebnisraum Ω^*, indem wir das Ereignis S_i, das zu Ω gehört, als Ergebnis ω_i^* ansehen. Offensichtlich ist Ω^* ein diskreter Ergebnisraum, der eine starke Vergröberung von Ω darstellt. Diese Vergröberung hat praktische Bedeutung, da wir – wie schon öfters erwähnt – in der praktischen Anwendung oft eine solche Vergröberung wegen Meßungenauigkeiten wirklich vornehmen.

Bei einem diskreten Ergebnisraum Ω^* können wir den Ergebnissen ω_i^* Wahrscheinlichkeiten p_i zuordnen. Da aber ω_i^* äquivalent ist dem Ereignis S_i, ordnen wir S_i auch die Wahrscheinlichkeit p_i zu.

Damit sind den S_i, also den Fundamentalmengen, in naheliegender Weise Wahrscheinlichkeiten zugeordnet.

Diese Zuordnung soll eindeutig und „additiv" sein. Das heißt wenn dieselbe Fundamentalmenge S_i bei verschiedenen Aufteilungen resultiert, so soll S_i jedesmal

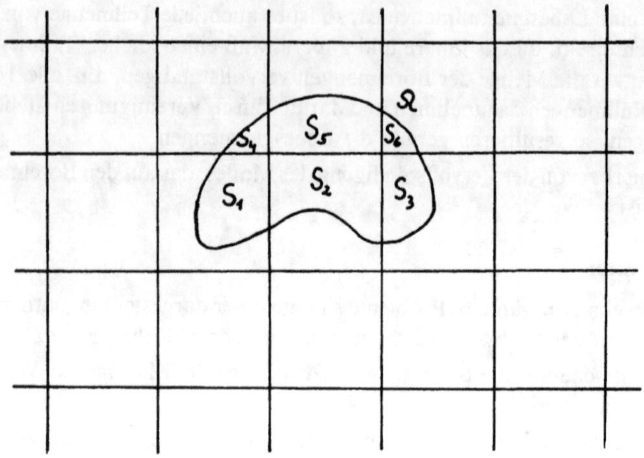

Abb. 26

dieselbe Wahrscheinlichkeit zugeordnet werden. Weiter soll einem S_i, das die Vereinigung von mehreren anderen Fundamentalmengen ist, die Wahrscheinlichkeit entsprechen, die sich als Summe der Wahrscheinlichkeiten der einzelnen Fundamentalmengen ergibt.

Es ist plausibel, daß diese Forderungen der Eindeutigkeit und Additivität erfüllt sind, da dies für die relativen Häufigkeiten zutrifft und wir im diskreten Fall die Wahrscheinlichkeiten über die relativen Häufigkeiten begründet haben.

Mit Hilfe des Verfahrens der Maßkonstruktion resultiert die σ-Algebra $\mathscr{B}_\Omega$ von Borelmengen bzw. Ereignissen, die Teilmengen von Ω sind, und denen eine Wahrscheinlichkeit zugeordnet werden kann. Da nicht allen Teilmengen bzw. Ereignissen eine Wahrscheinlichkeit zugeordnet werden kann, bezeichnen wir die Borelmengen aufgefaßt als Ereignisse auch als **zulässige Ereignisse.**

Damit resultiert ein Wahrscheinlichkeitsmaß P oder eine Verteilung auf der σ-Algebra $\mathscr{B}_\Omega$ der Borelmengen bzw. auf dem System der zulässigen Ereignisse.

Nach diesen Vorüberlegungen definieren wir, was wir unter einem kontinuierlichen Wahrscheinlichkeitsraum verstehen wollen.

Definition 1

Es sei Ω eine Borelmenge des $\mathbb{R}^k$ $k \geqq 1$. Speziell kann $\Omega = \mathbb{R}^k$ sein. Weiter sei $\mathscr{B}_\Omega$ die σ-Algebra der Borelmengen, die Teilmengen von Ω sind.

Schließlich sei ein Wahrscheinlichkeitsmaß P gegeben, das auf $\mathscr{B}_\Omega$ definiert ist und folgende Eigenschaften hat

$$P(S) \geqq 0,\ P(\Omega) = 1 \quad \text{und} \quad P(S_1 \cup S_2 \cup \ldots) = P(S_1) + P(S_2) + \ldots$$

sofern die S_i disjunkt und Borelmengen sind.

Dann heißt Ω der **Ergebnisraum**, $\mathscr{B}_\Omega$ das zulässige **Ereignissystem**, P die **Verteilung** und P(S) die **Wahrscheinlichkeit** des zulässigen Ereignisses S.

Durch das Tripel $(\Omega, \mathscr{B}_\Omega, P)$ wird ein **kontinuierlicher Wahrscheinlichkeitsraum** charakterisiert.

$\triangle$

Im diskreten Fall hatten wir in aller Regel zu Ω als Ergebnisraum die Potenzmenge $\mathfrak{P}(\Omega)$, also das System aller Teilmengen von Ω, betrachtet. Der Wahrscheinlichkeitsraum wurde durch das Paar (Ω, P) bzw. ausführlich durch das Tripel $(\Omega, \mathfrak{P}(\Omega), P)$ charakterisiert.

Im kontinuierlichen Fall ist der Ereignisraum nicht gleich der Potenzmenge sondern der Menge der Borelmengen $\mathscr{B}_\Omega$, die wir bei der Angabe des Wahrscheinlichkeitsraumes immer mit angeben

$$(\Omega, \mathscr{B}_\Omega, P)$$

Da wir im folgenden nur mehr zulässige Ereignisse betrachten werden, bezeichnen wir zulässige Ereignisse auch kurz als Ereignisse.

5.4. Beschreibung der Verteilung durch eine Dichte

Da die σ-Algebra $\mathscr{B}_\Omega$ sehr viele Teilmengen enthält, ist es im allgemeinen praktisch nicht möglich den Wert der Verteilung P für jedes S aus $\mathscr{B}_\Omega$ direkt anzugeben. Daher suchen wir nach einer einfacheren Beschreibung der Verteilung.

Im diskreten Fall charakterisieren die Werte der Zähldichte die Verteilung, und diese Werte müssen nur nicht negativ und in der Summe 1 sein. Damit konnten wir konkret Verteilungen in relativ einfacher Weise berechnen. Im folgenden zeigen wir eine analoge Charakterisierung der Verteilung im kontinuierlichen Fall.

Die denkbar einfachste Verteilung ist die **Gleichverteilung**. Diese erhält man, wenn ein Ergebnisraum Ω vorliegt, der Borelmenge ist, dem also ein endlicher Inhalt $I(\Omega)$ zugeordnet werden kann. Ähnlich wie bei den Laplaceräumen im diskreten Fall argumentieren wir, daß nach dem Prinzip vom unzureichenden Grunde Mengen mit gleichem Inhalt gleiche Wahrscheinlichkeiten zuzuordnen ist. Sei daher S eine Teilmenge von Ω, der ein Inhalt $I(S)$ zukommt (d.h. S ist Borelmenge), so gilt

$$P(S) = \frac{I(S)}{I(\Omega)}$$

Dabei wird der Inhalt von S bzw. Ω konkret aufgrund geometrischer Überlegungen berechnet. In diesem Falle ist die Berechnung der Wahrscheinlichkeit auf die Berechnung des geometrischen Inhalts zurückgeführt. Wir können uns damit zufrieden geben und davon ausgehen, daß das Problem der Berechnung des Inhalts in der Geometrie gelöst ist.

Wir wollen aber auch andere Verteilungen betrachten. Um die Überlegungen bei solchen Verteilungen anschaulicher zu gestalten, ziehen wir ein Beispiel aus der Physik heran.

Es liege ein metallischer dreidimensionaler Würfel vor und es gehe darum, die „Verteilung" der physikalischen Masse des Würfels zu erfassen. Eine mögliche aber äußerst umständliche Beschreibung bestünde darin, zu jeder Teilmenge S die entsprechende Masse M(S) anzugeben. In der Physik wählt man eine andere Darstellungsform und zwar mit Hilfe der sogenannten „Dichte" der Masse.

Wenn der Würfel völlig homogen ist, so resultiert eine Masse, die bis auf einen Faktor, nämlich die spezifische Dichte, gleich ist dem Volumen. Dieser Fall entspricht dem obigen Fall der Gleichverteilung. Wenn also die spezifische Dichte ϱ bekannt ist, so resultiert die Masse einer Teilmenge S in folgender Weise aus dem Volumen V(S)

$$M(S) = \varrho V(S)$$

Wir betrachten aber den Fall, daß in jedem Punkt Q des Würfels eine andere „Massendichte" gegeben sein kann. Einen Punkt Q des Würfels beschreiben wir zweckmäßigerweise durch den Vektor x seiner drei Ortskoordinaten $x = (x_1, x_2, x_3)$.

Dabei ist die Massendichte in einem Punkte Q des Würfels folgendermaßen definiert: wir legen um den Punkt Q einen Würfel mit der Kantenlänge r und dividieren die Masse dieses Würfels durch das Volumen r^3. Damit erhalten wir die durchschnittliche (spezifische) Dichte des Würfels. Wir lassen diesen Würfel auf den Punkt Q schrumpfen, d. h. wir gehen mit r gegen 0. Wenn der Grenzwert der durchschnittlichen Dichte existiert, so bezeichnen wir ihn als spezifische Dichte, kurz Dichte, im Punkt Q. Symbolisch schreiben wir dafür

$$p(x) \quad \text{oder} \quad p(x_1, x_2, x_3).$$

Die Dichte ist definitionsgemäß nichtnegativ.

Wir zeigen nun, daß wir mit Hilfe der Dichte p(x) die Masse einer Teilmenge des Würfels, sofern die Teilmenge eine Borelmenge ist, eindeutig berechnen können. Damit erweist sich dann die Dichte p(x) als eine Möglichkeit die Verteilung der Masse numerisch in relativ einfacher Weise zu beschreiben.

Es sei darauf hingewiesen, daß die folgenden Überlegungen weitgehend denen beim Verfahren der Maßkonstruktion entsprechen.

Es sei also die Dichte p(x) in jedem Punkt x des Würfels gegeben. Wie wir diese Dichte erhalten, bleibt noch offen. Weiter sei S eine Borelmenge des Würfels, deren Masse wir bestimmen wollen. Wir schöpfen S durch eine Anzahl von endlich vielen Würfeln mit der Kantenlänge r möglichst gut aus. Es seien dies die Würfel $W_1, W_2, \ldots, W_n$. Weiter nehmen wir den Mittelpunkt des Würfels W_i; er werde durch den Koordinatenvektor $x^{(i)}$ beschrieben. Dann ist die Masse des Würfels W_i ungefähr gleich $p(x^{(i)})r^3$ und umso genauer gleich, je kleiner r ist.

Damit wird die Masse von S nach unten ungefähr beschränkt durch (und um so genauer je kleiner r ist)

$$M_i = \sum_{i=1}^{n} p(x^{(i)})r^3$$

Falls speziell die Dichte konstant ist, so ist die Masse des Würfels W_i genau gleich $p(x^{(i)})r^3$ und M_i ist eine exakte untere Schranke für die Masse von S. Entsprechend können wir S durch m Würfel von der Kantenlänge r möglichst eng eingrenzen. Sei $y^{(i)}$ der Mittelpunkt des i-ten Würfels dieser Art, so ist die Masse von S nach oben ungefähr beschränkt durch

$$M_a = \sum_{i=1}^{m} p(y^{(i)})r^3$$

Wenn für $r \to 0$ die Werte von M_i und M_a zusammenfallen, so ist der gemeinsame Grenzwert $M(S)$ die Masse von S. Es ist ein Ergebnis aus der Analysis, daß dieser Grenzwert immer existiert, sofern $p(x)$ beschränkt und nicht zu „unstetig" ist. Symbolisch schreiben wir für den Grenzwert

$$M(S) = \int_S p(x)\,dx$$

Dies ist das **Integral** der Funktion $p(x)$ über den Bereich S. Falls $p(x) = 1$ für alle x, so wird $M(S)$ gleich dem Volumen von S

$$V(S) = \int_S 1 \cdot dx = \int_S dx$$

Für diesen Spezialfall entsprechen die Überlegungen genau denen, die wir bei der Maßkonstruktion des Maßes „Volumen" bereits durchgeführt haben. Dabei ist M_i eine (exakte) untere Schranke für das Volumen von S und entsprechend M_a eine (exakte) obere Schranke. Gehen wir dann mit r gegen Null, so entspricht M_i dem inneren und M_a dem äußeren Volumenmaß.

Es ist allerdings nicht zwingend, daß die Massenverteilung eines physikalischen Körpers durch eine Dichte $p(x)$ beschrieben werden kann. In der Physik werden auch Fälle betrachtet, bei denen keine solche Dichte existiert. Diese Fälle sind aber Idealisierungen z.B. von der Art, daß angenommen wird, ein Punkt besitze eine positive Masse.

In der Physik wird aber nicht nur die Masse von dreidimensionalen Körpern sondern auch von Flächen und Strecken betrachtet. Es geht dann darum die Massenverteilung über Flächen bzw. über Strecken zu berechnen. Obige Überlegungen können fast wortwörtlich auf diese Fälle übertragen werden. Im ersten Fall verwenden wir anstatt der Würfel Quadrate mit der Seitenlänge r und im zweiten stattdessen Intervalle der Länge r. Im ersten Fall resultieren anstatt Volumina Flächen und im zweiten Fall stattdessen Längen.

Auch die Verallgemeinerung auf den n-dimensionalen Raum kann genauso wie im Falle der Berechnung des Inhalts formal ohne Schwierigkeiten durchgeführt werden.

Wenn in der Physik das Problem der Berechnung der Masse eines Körpers gestellt wird, so geht der Physiker üblicherweise davon aus, daß die Dichte (man sagt treffender auch die Dichteverteilung) gegeben ist.

Die Dichte ist eine Funktion, die jedem Punkt x des Körpers eine nichtnegative Zahl p(x) zuordnet. Die Masse einer Teilmenge S des Körpers ergibt sich dann durch Integration von p(x) über S.

Die Dichte gestattet also eine indirekte Beschreibung der Verteilung. Diese Beschreibung ist insofern einfach, als man eine für jeden Punkt des entsprechenden Körpers definierte Funktion angeben muß, und dies ist vom mathematischen Standpunkt aus betrachtet relativ einfach. Die konkreten Werte der Dichtefunktion ergeben sich aus sachlogischen Überlegungen, die unter Umständen sehr kompliziert sein können.

Beispiel:

Wir werden im folgenden Integrationen durchführen. Dabei werden Grundkenntnisse der Integrationstheorie vorausgesetzt.

Es liege ein Rechteck der Länge a und Breite b vor, d.h. ein zweidimensionaler physikalischer Körper.

Wir legen ein Koordinatenkreuz in eine Ecke des Rechtecks. Damit können wir jeden Punkt Q des Rechtecks durch einen Vektor $x = (x_1, x_2)$ beschreiben mit $0 \leqq x_1 \leqq a$ und $0 \leqq x_2 \leqq b$. Siehe Abbildung 27.

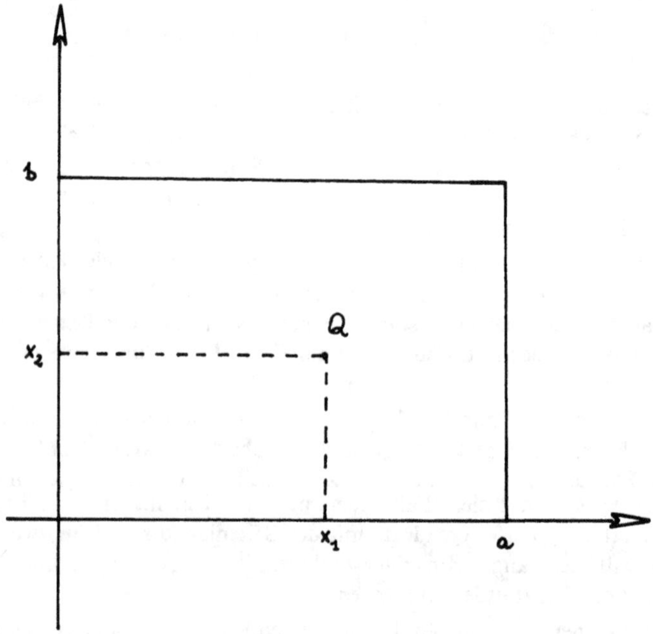

Abb. 27

Die Dichte p(x) sei von folgender Gestalt:

$$p(x) = x_1 x_2 .$$

Die Menge S, deren Masse zu berechnen ist, sei der Viertelkreis mit Radius r in der linken Ecke des Rechtecks. Die Menge S kann mathematisch beschrieben werden durch

$$0 \leqq x_1 \leqq r,\ 0 \leqq x_2 \leqq r \text{ und } x_1^2 + x_2^2 \leqq r^2.$$

Wir erhalten die gesuchte Masse durch Auswerten des folgenden Integrals.

$$M(S) = \iint\limits_{\substack{x_1^2 + x_2^2 \leqq r^2 \\ 0 \leqq x_1 \leqq r \\ 0 \leqq x_2 \leqq r}} x_1 x_2 \, dx_1 \, dx_2$$

Integration über x_2 ergibt $x_1 x_2^2/2$. Da aber $0 \leqq x_2 \leqq \sqrt{r^2 - x_1^2}$, ergibt sich

$$M(S) = \int_0^r x_1 \tfrac{1}{2}(r^2 - x_1^2)\, dx_1$$

Durch Integration über x_1 resultiert dann

$$M(S) = \tfrac{1}{4} r^4 - \tfrac{1}{8} r^4 = \tfrac{1}{8} r^4$$

Also ist die gesuchte Masse gleich $r^4/8$.

△

Die obigen physikalischen Überlegungen lassen sich unmittelbar auf die Wahrscheinlichkeitstheorie übertragen. Dabei brauchen wir nur anstatt des Begriffes Masse den Begriff Wahrscheinlichkeit zu verwenden. Diese Analogie führt auch dazu, daß man von der „Dichte“ der Wahrscheinlichkeit spricht. Dabei ist der Begriff der Dichte ursprünglich ein physikalischer. Wenn also zu jedem Punkt ω eines Ergebnisraumes $\Omega \subset \mathbb{R}^k$ eine (wahrscheinlichkeitstheoretische) Dichte $p(\omega) \geqq 0$ gegeben ist, so können wir daraus in folgender Weise ein Maß P gewinnen.

Für jede Borelmenge S ergibt sich

$$P(S) = \int_S p(\omega)\, d\omega$$

Dabei ist $p(\omega)$ nicht völlig beliebig. Es muß das Integral von $p(\omega)$ über jede Borelmenge S definiert sein.

Man sagt dafür auch, $p(\omega)$ ist **integrierbar**.

In der Integrationstheorie wird gezeigt, daß insbesondere beschränkte und stückweise stetige Funktionen integrierbar sind. Wir werden bis auf eine Ausnahme nur solche Dichten zulassen.

Weiter muß $p(\omega)$ in folgender Weise normiert sein

$$\int_\Omega p(\omega)\, d\omega = 1$$

Aus der Integrationstheorie ergibt sich, daß dann durch

$$P(S) = \int_S p(\omega)\,d\omega$$

sogar eine Verteilung definiert ist, d.h. es gilt $0 \leqq P(S) \leqq 1$,

$P(\Omega) = 1$ und P ist σ-additiv.

Die obigen Überlegungen fassen wir zusammen im

Satz 2

Es sei $\Omega \subset \mathbb{R}^k$ und Ω eine Borelmenge. Für jedes $\omega \in \Omega$ sei eine beschränkte, nichtnegative und stückweise stetige Funktion $p(\omega)$ gegeben. Weiter gelte

$$\int_\Omega p(\omega)\,d\omega = 1$$

Dann wird durch

$$(3) \qquad P(S) = \int_S p(\omega)\,d\omega$$

eine Verteilung beschrieben. Die Funktion $p(\omega)$ heißt die **Dichte** der Verteilung P.

△

Die Dichte spielt hier eine ähnliche Rolle, wie im diskreten Fall die Zähldichte.

Im diskreten Fall konnten wir schreiben

$$P(S) = \sum_{\substack{i \\ \omega_i \in S}} p_i$$

Im kontinuierlichen Fall ist $p(\omega)\,d\omega$ der Wert der Zähldichte für ω, entspricht also p_i. Die Summation über alle ω, die in S liegen, ist überabzählbar und wird symbolisiert durch das Integralzeichen

$$\int_S$$

Damit entspricht der Summation im diskreten Fall die Integration im kontinuierlichen.

Wir können also eine stückweise stetige nichtnegative Funktion

$$p: \Omega \to \mathbb{R}$$

vorgeben mit der Eigenschaft

$$\int_\Omega p(\omega)\,d\omega = 1,$$

so resultiert gemäß (3) eine Verteilung.

Es gibt allerdings auch Verteilungen, die nicht in dieser Weise durch eine Dichte beschrieben werden können. Dies sind z.B. Verteilungen, bei denen einzelnen Punkten eine von Null verschiedene Wahrscheinlichkeit zugeordnet ist. Solche Verteilungen treten in der Anwendung sehr selten auf und im folgenden werden wir nur den Fall betrachten, daß Verteilungen durch eine Dichte beschrieben werden können. Siehe hierzu die Ergänzungen.

Beispiel:

Es sei $\Omega = [0, 10]$. Also ist Ω eine Teilmenge des $\mathbb{R}^1$. Wir setzen

$$p(\omega) = \omega/50 \quad \text{für } 0 \leqq \omega \leqq 10$$

Dann ist bekanntlich

$$\int_{\Omega} p(\omega)\,d\omega = \int_{0}^{10} (\omega/50)\,d\omega = \left.\frac{\omega^2}{100}\right|_0^{10} = \frac{100}{100} = 1$$

Also ist $p(\omega)$ eine zulässige Wahrscheinlichkeitsdichte. Sei S ein Teilintervall von Ω, also die Menge aller ω mit

$$0 \leqq a \leqq \omega \leqq b \leqq 10$$

Dann ergibt sich

$$\int_{S} p(\omega)\,d\omega = \int_{a}^{b} (\omega/50)\,d\omega = \left.\frac{\omega^2}{100}\right|_a^{b} = \frac{b^2 - a^2}{100}$$

Damit ist die Verteilung für Teilintervalle konkret berechnet.

△

Ergänzungen:

Beispiel einer Verteilung, zu der keine Dichte existiert.

In einem Experiment lassen wir eine Nadel (mit unendlich feiner Nadelspitze) auf eine Strecke der Länge 1 fallen. Die Ergebnisse sind dann von folgender Art: die Nadelspitze fällt in einen Punkt der Strecke. Formal können wir die Zahlen zwischen 0 und 1 als Ergebnisse auffassen: $\Omega = [0, 1]$.

Bei Vorliegen der Gleichverteilung, ist die Verteilung gleich der geometrischen Länge.

Nun ändern wir unser Experiment dahingehend, daß wir über der ersten Hälfte der Strecke einen Trichter anbringen, der exakt in der Mitte der Strecke endet. Siehe Abbildung 28.

Wenn wir nun die Nadel auf die Strecke fallen lassen, so resultieren als Ergebnisse nur noch Zahlen zwischen 1/2 und 1, da alle Ergebnisse des vorhergehenden Experiments, die kleiner gleich 1/2 waren, nun durch den Trichter zum Ergebnis 1/2 werden. Es ist also $\Omega = [1/2, 1]$.

Wenn wir beim vorigen Experiment Gleichverteilung unterstellen, so resultiert nun

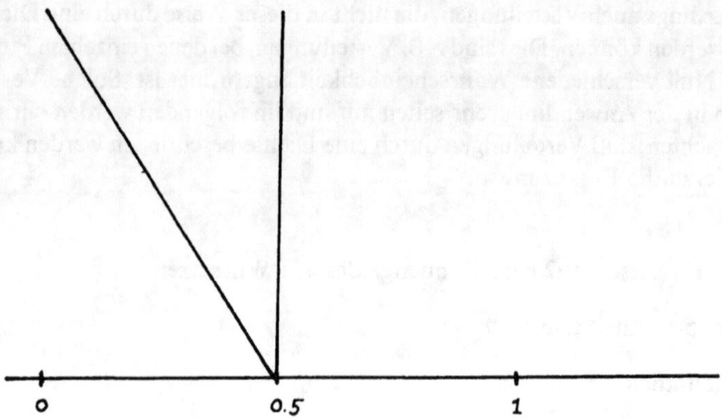

Abb. 28

eine Verteilung, bei der der Punkt $\omega = 1/2$ die Wahrscheinlichkeit 0,5 hat. Die Verteilung ist in folgender Weise beschrieben: Sei S eine Teilmenge von Ω; wenn S den Punkt 1/2 nicht enthält, so ist P(S) gleich der geometrischen Länge und falls S den Punkt 1/2 enthält, so ist P(S) gleich der geometrischen Länge plus 0,5.

Zu dieser Verteilung existiert keine Dichte im Punkt $\omega = 1/2$. Lassen wir nämlich ein Intervall I auf den Punkt $\omega = 1/2$ schrumpfen, so geht die geometrische Länge L(I) gegen Null. Die entsprechende Wahrscheinlichkeit P(I) geht aber gegen 0,5. Damit geht die Dichte im Punkte 1/2 gegen ∞, da dies für den Quotienten P(I)/L(I) der Fall ist, der ja gegen die Dichte im Punkte 1/2 strebt.

In der Sprechweise der physikalischen Masse bedeutet dies, daß ein Punkt eine positive Masse hat, d.h. wenn wir das Volumen eines Würfels um diesen Punkt gegen Null gehen lassen, so geht die entsprechende Masse nicht gegen Null. Dieser Fall ist de facto nicht vorstellbar. Bei vielen physikalischen Problemen wird aber so getan, als ob Massen in einem Punkt konzentriert wären. Dadurch vereinfachen sich die Überlegungen sehr stark. Dies sind aber immer nur Idealisierungen.

5.5. Die Verteilungsfunktion

Wir hatten gesehen, daß die Dichte $p(\omega)$ meistens eine genaue numerische Beschreibung der Verteilung P gestattet. Die Wahrscheinlichkeit eines jeden konkreten Ereignisses $S \subset \Omega$ muß dann aus der Dichte durch Integration berechnet werden. Damit ist die Verteilung zwar festgelegt aber nur implizit. In der Anwendung treten aber in aller Regel ganz wenige typische Ereignisse auf und für diese wäre es wichtig, die Verteilung explizit anzugeben, so daß nicht jedesmal eine Integration durchgeführt werden muß.

Dazu zwei **Beispiele:**

Wir betrachten den Konsum einer Volkswirtschaft. Als Ergebnis können im Prinzip alle positiven Zahlen resultieren: $\Omega \subset \mathbb{R}$. Dann sind wir an Ereignissen folgender Art interessiert:

„Der Konsum ist kleiner oder gleich a“, symbolisch

$$[\omega \leqq a],$$

oder „der Konsum ist größer b“, symbolisch

$$[\omega > b].$$

Weiter betrachten wir das Paar Konsum und Investitionen. Als Ergebnisse resultieren Paare von reellen Zahlen, d.h. $\Omega \subset \mathbb{R}^2$. Wir sind z.B. an Ereignissen folgender Art interessiert:
„Der Konsum ist kleiner gleich b_1 und die Investitionen sind kleiner gleich b_2“, symbolisch

$$[\omega_1 \leqq b_1, \omega_2 \leqq b_2]$$

oder „der Konsum ist kleiner gleich b_1 und die Investitionen sind größer a_2“, symbolisch

$$[\omega_1 \leqq b_1, \omega_2 > a_2]$$

Wir betrachten nun den allgemeinen Fall, daß ein Experiment bestehend aus k Stufen vorliegt. Ein Ergebnis lautet dann

$$\omega = (\omega_1, \omega_2, \ldots, \omega_k)$$

Wir führen eine Funktion ein, die speziellen Ereignissen der Art

$$[\omega_1 \leqq x_1, \omega_2 \leqq x_2, \ldots, \omega_k \leqq x_k]$$

die entsprechende Wahrscheinlichkeit zuordnet.

△

Definition 2
Es sei ein kontinuierlicher Wahrscheinlichkeitsraum $(\Omega, \mathscr{B}_\Omega, P)$ gegeben und Ω eine Borelmenge des $\mathbb{R}^k$. Dann definieren wir die k-dimensionale **Verteilungsfunktion** folgendermaßen

$$F(x_1, x_2, \ldots, x_k) = P(S),$$

wobei S gleich ist der Menge aller $\omega \in \Omega$ mit $\omega_1 \leqq x_1, \omega_2 \leqq x_2, \ldots, \omega_k \leqq x_k$, symbolisch

$$S = [\omega_1 \leqq x_1, \omega_2 \leqq x_2, \ldots, \omega_k \leqq x_k]$$

Man beachte, daß S Borelmenge ist.

△

Wenn speziell $k = 2$ ist, und wir z.B. das Paar Konsum und Investitionen beobachten, so gibt die Verteilungsfunktion $F(x_1, x_2)$ die Wahrscheinlichkeit dafür an, daß der Konsum kleiner gleich x_1 ist und die Investitionen kleiner gleich x_2 sind.

Man beachte, daß die Verteilungsfunktion für **jeden** Punkt $x = (x_1, x_2, \ldots, x_k) \in \mathbb{R}^k$ definiert ist, auch wenn Ω eine echte Teilmenge des $\mathbb{R}^k$ ist.

Um diesen Sachverhalt zu illustrieren, ziehen wir obiges Beispiel heran. Dabei sei vorgegeben, daß der Konsum nur Werte kleiner gleich 1000 und die Investitionen nur Werte kleiner gleich 500 annehmen können.

Dann ist Ω gleich der Menge aller Paare (ω_1, ω_2) mit $0 \leqq \omega_1 \leqq 1000$ und $0 \leqq \omega_2 \leqq 500$.

Betrachten wir $x = (x_1, x_2) = (2000, 1000)$, so ist $[\omega_1 \leqq 2000, \omega_2 \leqq 1000]$ ein wohldefiniertes Ereignis und zwar das sichere, weil alle ω_i sogar kleiner gleich 1000 und alle ω_2 sogar kleiner gleich 500 sind. Damit resultiert $F(x_1, x_2) = 1$.

Betrachten wir weiter z.B. $x = (-1, 1000)$, so resultiert $[\omega_1 \leqq -1, \omega_2 \leqq 1000]$ also das unmögliche Ereignis, weil alle $\omega_1 \geqq 0$ sein müssen. Daher resultiert $F(x_1, x_2) = 0$.

Aus der Definition der Verteilungsfunktion folgt direkt, daß sie monoton steigend in allen Argumenten ist. Die Verteilungsfunktion nimmt auch nur Werte zwischen 0 und 1 an.

Weiter konvergiert $F(x_1, x_2, \ldots, x_k)$ gegen Null, wenn wir mit einem x_i gegen $-\infty$ gehen und gegen 1, wenn wir mit allen x_i gegen $+\infty$ gehen.

Für den Fall $k = 2$ führen wir noch einen häufig verwendeten Begriff ein. Es sei die Verteilungsfunktion $F(x_1, x_2)$ gegeben. Wir betrachten die beiden Funktionen $F(\infty, x_2)$ und $F(x_1, \infty)$.

Dabei gibt $F(\infty, x_2)$ die Wahrscheinlichkeit dafür an, daß das Ergebnis auf der ersten Stufe beliebig ist und das Ergebnis auf der zweiten Stufe kleiner gleich x_2. Das ist äquivalent damit, daß das Ergebnis auf der zweiten Stufe kleiner gleich x_2 ist. Also ist $F(\infty, x_2)$ gerade die Verteilungsfunktion, die resultiert, wenn wir die zweite Stufe allein betrachten. Analog ist $F(x_1, \infty)$ die Verteilungsfunktion, die resultiert, wenn wir die erste Stufe allein betrachten. Wir bezeichnen $F(x_1, \infty)$ und $F(\infty, x_2)$ als **Randverteilungsfunktionen**, die zu $F(x_1, x_2)$ gehören.

Die Verteilungsfunktion kann angesehen werden als ein Ausschnitt der gesamten Verteilung, da durch die Verteilungsfunktion nur gewissen zulässigen Ereignissen, und zwar solchen der Art

$$[\omega_1 \leqq x_1, \omega_2 \leqq x_2, \ldots, \omega_k \leqq x_k],$$

direkt eine Wahrscheinlichkeit zugeordnet ist. Durch die Verteilung wird aber solchen und **allen anderen** zulässigen Ereignissen eine Wahrscheinlichkeit zugeordnet.

Die Frage ist, ob durch die Verteilungsfunktion bereits die **gesamte** Verteilung festgelegt ist. Wenn dies der Fall ist, so gestattet die Verteilungsfunktion, genauso wie die Dichte, die Verteilung in einfacher Weise zu beschreiben. Man beachte, daß die Verteilungsfunktion für jede Verteilung definiert ist, während dies für die Dichte nicht gelten muß.

Um auf obige Frage eine Antwort zu finden, überlegen wir uns, wie die Dichte und Verteilungsfunktion zusammenhängen. Sei das S das folgende Ereignis

$$S = [\omega_1 \leqq x_1, \omega_2 \leqq x_2, \ldots, \omega_k \leqq x_k]$$

S ist eine Punktmenge des $\mathbb{R}^k$, und es ergibt sich nach Definition der Dichte p(y)

$$P(S) = \int_S p(y)\,dy$$

Nach Definition der Verteilungsfunktion resultiert auch

$$F(x_1, x_2, \ldots, x_k) = P(S)$$

Daraus folgt die wichtige Beziehung

$$(4) \qquad F(x_1, x_2, \ldots, x_k) = \int_S p(y)\,dy$$

Diese Beziehung schreibt man oft auch folgendermaßen

$$(5) \qquad F(x_1, x_2, \ldots, x_k) = \int^{x_1} \int^{x_2} \ldots \int^{x_k} p(y_1, y_2, \ldots, y_k)\,dy_1\,dy_2 \ldots dy_k$$

Die Schreibweise in Forml (5) hat den Vorteil, daß der Integrationsbereich unmittelbar ersichtlich ist. Wegen (5) ist nach den Rechenregeln der Integrationstheorie die Dichte die Ableitung der Verteilungsfunktion nach alle Argumenten:

$$\frac{\partial^k F(x_1, x_2, \ldots, x_k)}{\partial x_1 \partial x_2 \ldots \partial x_k} = p(x_1, x_2, \ldots, x_k) = p(x)$$

Damit resultiert aus der Dichte gemäß (4) die Verteilungsfunktion, und aus der Verteilungsfunktion durch Ableiten die Dichte, sofern die Verteilung durch eine Dichte beschrieben werden kann.

Also liefert auch die Verteilungsfunktion eine genaue numerische Beschreibung der gesamten Verteilung, und wir werden oft zu einem Wahrscheinlichkeitsraum anstatt der Verteilung die viel einfachere Verteilungsfunktion angeben.

Aus den obigen Überlegungen folgt direkt, daß für eine Verteilung, zu der eine Dichte existiert, diese Dichte gleich ist der Ableitung der Verteilungsfunktion.

Es liege andererseits eine Verteilung vor, von der nicht bekannt ist, ob sie eine Dichte besitzt, die aber eine differenzierbare Verteilungsfunktion F(x) hat, und die Ableitung sei p(x).

Für Borelmengen der Art $S = [\omega_1 \leqq x_1, \ldots, \omega_k \leqq x_k]$ gilt dann Gleichung (4). Damit ist die Verteilung zumindestens für solche Borelmengen S durch Integration von p(y) über S festgelegt. Durch Maßerweiterung folgt dann, daß die Verteilung P für jede Borelmenge S durch Integration von p(y) über S festgelegt ist. Es gilt also der

Satz 3

Eine Verteilung besitzt genau dann eine Dichte, wenn die Verteilungsfunktion differenzierbar ist, und sie ist gleich der Ableitung der Verteilungsfunktion.

△

Beispiel:

Es sei Ω das Einheitsquadrat im $\mathbb{R}^2$ und die Dichte laute $p(y_1, y_2) = 4y_1 y_2$ für $0 \leqq y_1, y_2 \leqq 1$.

Man überlegt sich leicht, daß gilt

$$\int_0^1 \int_0^1 p(y_1, y_2)\, dy_1\, dy_2 = 1$$

Für die Verteilungsfunktion ergibt sich daher

$$F(x_1, x_2) = \int_0^{x_1} \int_0^{x_2} 4y_1 y_2\, dy_1\, dy_2 = \int_0^{x_2} 2y_2 x_1^2\, dy_2 = x_1^2 x_2^2$$

Durch Ableiten nach x_1 erhalten wir

$$\frac{\partial F(x_1, x_2)}{\partial x_1} = 2x_1 x_2^2$$

und durch nochmaliges Ableiten nach x_2

$$\frac{\partial^2 F(x_1, x_2)}{\partial x_1 \partial x_2} = 4x_1 x_2 = p(x_1, x_2)$$

Damit resultiert also wieder die ursprüngliche Dichte. Da die Dichte nur für Punkte aus dem Einheitsquadrat definiert ist, erhalten wir durch Integration der Dichte die Verteilung nur für Punkte aus . Sie kann aber aufgrund obiger Überlegungen auf den ganzen. ^{2} erweitert werden.

Für $x_1 \geqq 1$ und $x_2 \geqq 1$ resultiert $F(x_1, x_2) = 1$.
Für $x_1 \leqq 0$ oder $x_2 \leqq 0$ resultiert $F(x_1, x_2) = 0$.
Für $x_1 \leqq 1$ und $x_2 \geqq 1$ resultiert $F(x_1, x_2) = F(x_1, \infty)$.
Für $x_1 \geqq 1$ und $x_1 \leqq 1$ resultiert $F(x_1, x_2) = F(\infty, x_2)$.
Weiter ergeben sich die beiden folgenden Randverteilungen.

$$F(x_1, \infty) = F(x_1, 1) = x_1^2 \quad \text{und} \quad F(\infty, x_2) = F(1, x_2) = x_2^2$$

In Abbildung 29 haben wir den Definitionsbereich von $F(x_1, x_2)$ – also den $\mathbb{R}^2$ – in die Teilbereiche aufgestellt, in denen die Funktion jeweils anders definiert ist und in diese Teilbereiche jeweils hineingeschrieben, wie $F(x_1, x_2)$ festgelegt ist.

Nachdem die Verteilungsfunktion für den ganzen $\mathbb{R}^2$ definiert ist, können wir durch Differenzieren formal auch eine Dichte erhalten, die für den ganzen $\mathbb{R}^2$ definiert ist. Man überlegt sich leicht, daß die Dichte außerhalb von Ω überall verschwindet.

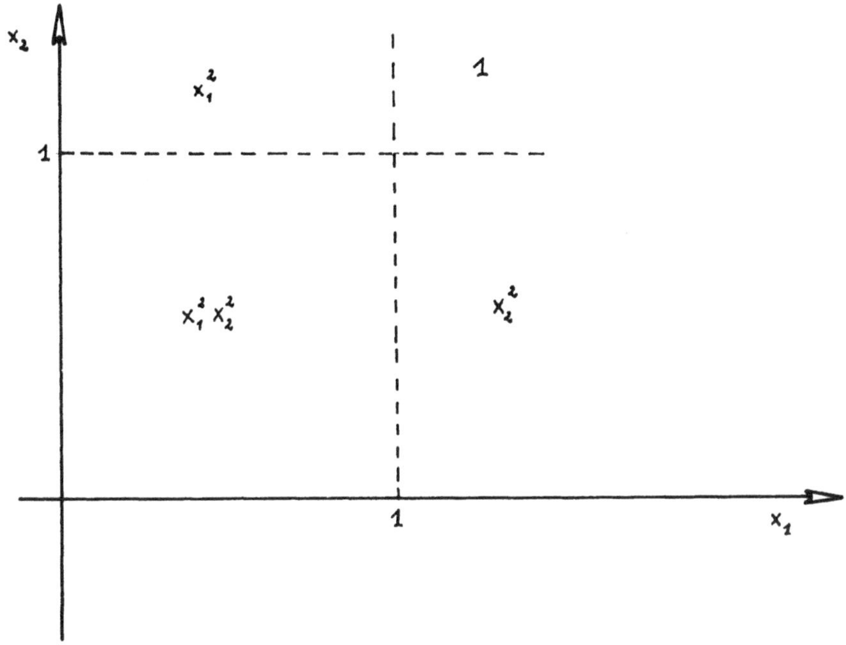

Abb. 29

Diese Überlegungen gelten nicht nur für $\Omega \subset \mathbb{R}^2$ sondern allgemein für $\Omega \subset \mathbb{R}^k$ $k \geqq 1$. Daher werden wir im folgenden oft davon ausgehen, daß die Verteilungsfunktion und die Dichte für den ganzen $\mathbb{R}^k$ gegeben sind.

△

Ergänzungen:

1. Für den Fall $k = 1$ und $k = 2$ überlegen wir uns, wie wir aus der Verteilungsfunktion direkt die Wahrscheinlichkeit auch für andere Ereignisse als solche der Art $[\omega_1 \leqq x_1]$ bzw. $[\omega_1 \leqq x_1, \omega_2 \leqq x_2]$ berechnen können.

   Zuerst der Fall $k = 1$.

   Die Verteilungsfunktion gibt die Wahrscheinlichkeit von Ereignissen der Art

   $[\omega \leqq x]$

   an. Wir betrachten nun Ereignisse der Art $[\omega > x]$. Die beiden Ereignisse $S_1 = [\omega \leqq x]$ und $S_2 = [\omega > x]$ sind disjunkt und sie ergeben vereinigt den ganzen Ergebnisraum Ω. Damit haben S_1 und S_2 eine Wahrscheinlichkeit, deren Summe 1 ist. Daraus folgt wegen

   $F(x) = P(S_1)$

   die Beziehung

   $P(S_2) = 1 - F(x)$.

   Beobachten wir z.B. den Konsum, und ist $F(x)$ die Wahrscheinlichkeit, daß dieser kleiner gleich x ist, so ist $1 - F(x)$ die Wahrscheinlichkeit, daß der Konsum größer x ist. Weiter betrachten wir Ereignisse der Art

$S = [x_1 < \omega \leqq x_2]$.

Es gilt für $S_1 = [\omega \leqq x_1]$ und $S_2 = [\omega \leqq x_2]$

$S_1 \cup S = S_2$

Da S_1 und S disjunkt sind, folgt daraus

$P(S_2) = P(S \cup S_1) = P(S) + P(S_1)$

bzw. nach Definition der Verteilungsfunktion

$F(x_2) = P(S) + F(x_1)$

Damit resultiert schließlich

$P(S) = F(x_2) - F(x_1) \quad \text{für } x_2 \geqq x_1$

Beobachten wir also z. B. den Konsum und ist F(x) die Wahrscheinlichkeit, daß dieser kleiner gleich x ist, so wird $F(x_2) - F(x_1)$ die Wahrscheinlichkeit, daß der Konsum kleiner gleich x_2 und größer x_1 ist.

Nun gehen wir über auf den Fall $k = 2$.

Es liege die Verteilungsfunktion $F(x_1, x_2)$ vor. Wir betrachten dann Ereignisse der Art

$S = [\omega_1 \leqq x_1, \omega_2 > x_2]$.

Setzen wir

$S_1 = [\omega_1 \leqq x_1, \omega_2 \leqq x_2]$ und $S_2 = [\omega_1 \leqq x_1, \omega_2 \text{ beliebig}] = [\omega_1 \leqq x_1]$,

so resultiert

$S_1 \cup S = S_2$

Da aber S_1 und S disjunkt sind, folgt

$P(S_2) = P(S_1) + P(S)$

und damit nach Definition der Verteilungsfunktion

$P(S) = F(x_1, \infty) - F(x_1, x_2)$.

Analog kann man auch für andere Ereignisse aus der Verteilungsfunktion die entsprechenden Wahrscheinlichkeiten herleiten.

2. Es sei Ω ein überabzählbarer Ergebnisraum.

   Wir gehen davon aus, daß allen Ergebnissen eine Wahrscheinlichkeit zugeordnet ist, d.h. alle einelementigen Teilmengen sind zulässige Ereignisse.

   Dann können wir drei Typen von Wahrscheinlichkeitsmaßen unterscheiden

   1) Es gibt abzählbar viele Ergebnisse: $\omega_1, \omega_2, \omega_3, \ldots$ und ω_i ist die Wahrscheinlichkeit p_i zugeordnet, wobei $\sum_i p_i = 1$.

      In diesem Falle ist die ganze Wahrscheinlichkeit auf den ω_i konzentriert und wir können ein Wahrscheinlichkeitsmaß auf der Potenzmenge von Ω definieren. Siehe dazu Aufgabe 1 zu Kapitel 5.2.

   2) Wenn alle Ergebnisse die Wahrscheinlichkeit 0 haben, so liegt ein sogenanntes **stetiges** Wahrscheinlichkeitsmaß vor. Ein solches Maß ist nicht auf der ganzen

Potenzmenge von Ω definiert. Es gibt also in diesem Falle Ereignisse, die nicht zulässig sind.

3) Zu jedem Wahrscheinlichkeitsmaß P gibt es ein diskretes Maß P_1 und ein stetiges Maß P_2, wobei sich das betrachtete Wahrscheinlichkeitsmaß P in folgender Weise ergibt:

$\alpha P_1 + (1 - \alpha) P_2 = P$

mit einem geeigneten α zwischen 0 und 1.

5.6. Kontinuierliche Zufallsfunktionen

Wir gehen von einem kontinuierlichen Wahrscheinlichkeitsraum aus. Entsprechend den Überlegungen im diskreten Fall interessieren oft nur Teilaspekte der Ergebnisse $\omega \in \Omega$.

Formal bedeutet dies, daß wir eine Abbildung f von Ω in einen abgeleiteten Ergebnisraum Ω' vorliegen haben, wobei f eine **eindeutige** Abbildung von Ω **auf** Ω' sein soll. Dies bedeutet, daß jedem $\omega \in \Omega$ nur ein $\omega' \in \Omega'$ zugeordnet wird, und andererseits zu jedem $\omega' \in \Omega'$ ein $\omega \in \Omega$ existiert mit $f(\omega) = \omega'$.

Im diskreten Falle induziert jede solche Zuordnung, wie wir uns überlegt haben, einen neuen Wahrscheinlichkeitsraum (Ω', P').

Wir überlegen uns im folgenden, daß im kontinuierlichen Falle nicht jede denkbare Zuordnung f auch einen neuen Wahrscheinlichkeitsraum induziert.

Gegeben sei ein Wahrscheinlichkeitsraum

$$(\Omega, \mathscr{B}_\Omega, P),$$

wobei Ω eine Borelmenge des $\mathbb{R}^k$ ist.

Weiter liege eine eindeutige Abbildung f von Ω auf $\Omega' \subset \mathbb{R}^l$ vor. Ω' ist dann der interessierende Ergebnisraum und $S' \subset \Omega'$ sind die interessierenden Ereignisse, denen wir versuchen Wahrscheinlichkeiten zuzuordnen.

Wenn Ω' überabzählbar ist, so wird nicht allen $S' \subset \Omega'$ eine Wahrscheinlichkeit zugeordnet werden können, d.h. nicht alle Teilmengen von Ω' sind zulässige Ereignisse. Wir werden aber verlangen, daß „natürlich" gegebene Ereignisse der Art $[\omega'_1 \leqq x_1, \omega'_2 \leqq x_2, \ldots, \omega'_k \leqq x_k]$ auf jeden Fall zulässig sind.

Ferner werden wir fordern, daß Ereignisse, die daraus durch abzählbare Vereinigung, abzählbaren Durchschnitt und Komplementbildung entstehen, auch zulässig sind.

Dieses resultierende Mengensystem ist aber gerade die σ-Algebra der Borelmengen, soweit sie Teilmengen von Ω' sind. Andererseits wissen wir, daß das Mengensystem der zulässigen Ereignisse nicht wesentlich größer sein kann.

Wir werden also versuchen zu mindestens den Borelmengen $S' \subset \Omega'$ eine Wahrscheinlichkeit zuzuordnen.

Bei den folgenden Überlegungen gehen wir genauso vor, wie im diskreten Fall.

Jedes Ergebnis $\omega' \in \Omega'$ entspricht einem Ereignis $S \subset \Omega$ und zwar der Menge **aller** ω, die vermöge f in ω' abgebildet werden. Wir bezeichnen dann S als **Urbildmenge** von ω, symbolisch $[f = \omega'] = \{\omega \mid f(\omega) = \omega'\}$.

Ebenso entspricht jedem Ereignis $S' \subset \Omega'$ ein Ereignis $S \subset \Omega$ und zwar der Menge **aller** ω,die vermöge f in S' abgebildet werden. Wir bezeichnen dann S auch als Urbildmenge von S', symbolisch $[f \in S'] = \{\omega \mid f(\omega) \in S'\}$.

Es ist daher naheliegend S' dieselbe Wahrscheinlichkeit wie $[f \in S']$ zuzuordnen.

Nun ist aber $[f \in S']$ nicht unbedingt eine Borelmenge (auch wenn S' Borelmenge ist) und besitzt daher unter Umständen gar keine Wahrscheinlichkeit. Dies hätte zur Folge, daß auch S' keine Wahrscheinlichkeit zugeordnet werden kann.

Um diesen Sachverhalt zu veranschaulichen, bringen wir ein Beispiel. Da es aber sehr schwierig ist eine Menge anzugeben, die nicht Borelmenge ist, gehen wir in dem Beispiel von einem diskreten Ergebnisraum aus. Damit analoge Bedingungen wie im kontinuierlichen Falle vorliegen, nehmen wir als Ereignissystem nicht die Potenzmenge sondern ein kleineres System.

Beispiel:

Es liege das Würfelexperiment vor mit den sechs Ergebnissen $\omega_1, \omega_2, \ldots, \omega_6$.
Wir betrachten das folgende Mengensystem $\mathscr{A}$ bestehend aus der leeren Menge $\emptyset$, $\{\omega_1, \omega_2, \omega_3\}$, $\{\omega_4, \omega_5, \omega_6\}$ und Ω. Nur diesen vier Teilmengen sei eine Wahrscheinlichkeit zugeordnet. Man überlegt sich leicht, daß $\mathscr{A}$ abgeschlossen ist bezüglich Durchschnitt, Vereinigung und Komplementbildung. Dazu sei die folgende Zuordnung f gegeben: f ordnet ω_i die Null zu, sofern i gerade ist, und sonst die Eins. Damit resultiert ein neuer Ergebnisraum $\Omega' = \{0, 1\}$.
Welche Wahrscheinlichkeit müssen wir z.B. dem Ergebnis $\omega' = 0$ zuordnen?
Das Urbild von $\omega' = 0$ ist das Ereignis $S = \{\omega_2, \omega_4, \omega_6\}$. Daher müßte dem Ergebnis $\omega' = 0$ dieselbe Wahrscheinlichkeit wie S zugeordnet werden. Da aber S kein zulässiges Ereignis ist, kann auch $\omega' = 0$ keine Wahrscheinlichkeit zugeordnet werden.

△

Aus diesem Beispiel ist ersichtlich, daß im kontinuierlichen Falle nicht jede denkbare eindeutige Zuordnung f einen abgeleiteten Wahrscheinlichkeitsraum induziert.

Dies wäre aber der Fall, wenn f die Eigenschaft hätte, daß das Urbild jeder Borelmenge $S' \subset \Omega'$ eine Borelmenge S wäre.

Für diese Eigenschaft wird eine eigene Bezeichnung eingeführt.

Definition 3

Es sei $\Omega \subset \mathbb{R}^k$ und f eine eindeutige Abbildung auf $\Omega' \subset \mathbb{R}^1$. Die Funktion f heißt **Borel-meßbar** oder kurz **meßbar**, wenn das Urbild jeder Borelmenge $S' \subset \Omega'$ wieder eine Borelmenge $S \subset \Omega$ ist.

△

Wenn aber f meßbar ist, so können wir analog den Überlegungen im diskreten Fall f als Zufallsfunktionen ansehen.

Definition 4

Es liege ein Wahrscheinlichkeitsraum

$$(\Omega, \mathscr{B}_\Omega, P)$$

vor. Weiter sei f eine eindeutige Abbildung von Ω auf Ω', die meßbar ist. Dann heißt f (kontinuierliche) **Zufallsfunktion.**

△

Nun erhebt sich die Frage, welche Abbildungen f meßbar sind und welche nicht? Genauso wie alle praktisch vorkommenden Mengen Borelmengen sind, gilt für alle praktisch vorkommenden Abbildungen, daß sie meßbar sind. Insbesondere sind alle stetigen Abbildungen meßbar. Es existieren natürlich nicht meßbare Abbildungen; sie besitzen aber nur theoretisches Interesse.

Im folgenden konstruieren wir eine mit Hilfe einer Menge die nicht Borelmenge ist.

Es sei S eine Teilmenge von Ω, die nicht Borelmenge ist.

Dann definieren wir die folgende Abbildung:

f ordnet jedem $\omega \in S$ die 0 zu und jedem $\omega \notin S$ die 1. Da $\{0\}$ eine Borelmenge ist und das Urbild davon gleich S, ist f nicht meßbar.

△

Eine solche Abbildung ist aber nur angebbar, wenn eine Menge S gegeben ist, die nicht Borelmenge ist. Da aber solche Menge praktisch nicht vorstellbar sind, sind es auch solche nicht meßbare Funktionen nicht.

Die folgenden Überlegungen laufen genauso wie im diskreten Fall. Eine Zufallsfunktion ist nicht zufällig. Wenn ω vorgegeben wird, so ist $f(\omega)$ eindeutig festgelegt. Da aber ω zufällig ist, wird es auch $f(\omega)$.

Die potentiellen Werte $f(\omega)$ sind variabel und wir erfassen sie durch eine **Zufallsvariable** oder **zufällige Größe.**

Die Zufallsfunktion ist also eine Vorschrift und die Zufallsvariable charakterisiert die potentiellen Werte, die aus der Zufallsfunktion resultieren.

Dazu ein **Beispiel:**

Wenn wir eine ökonomische Größe z.B. den Wert der Investitionen einer Volkswirtschaft in einem Zeitraum beobachten, so beobachten wir eine Zufallsvariable, symbolisch I, d.h. genauer die Werte einer Zufallsvariablen. Die Zufallsfunktion selbst, die angibt, wie aus einem allgemeinen Zustand einer Volkswirtschaft ein konkreter Wert für I zu berechnen ist, wird durch die amtliche Statistik genau festgelegt. Die Festlegungen bestehen dabei darin, daß verschiedene Größen gemessen und dann addiert, multipliziert und dividiert werden.

Eventuell wird auch ein größter, kleinster oder mittlerer Wert ausgewählt. Durch solche Operationen wird immer eine meßbare Zuordnung induziert.

In Anlehnung an die übliche Notation verwenden wir die Bezeichnungen Zufallsvariable in derselben Bedeutung wie Zufallsfunktion.

$\triangle$

Aus den obigen Überlegungen folgt, daß eine Zufallsfunktion f ein Maß induziert, das jeder Borelmenge $S' \subset \Omega'$ eine Wahrscheinlichkeit zuordnet und zwar auf die folgende Weise

$$P'(S') = P([f \in S])$$

Die Frage ist, ob P′ eine Verteilung ist.

Offensichtlich gilt

$$P'(S) \geqq 0.$$

Aus der Tatsache, daß f eine Abbildung auf Ω' ist, folgt die Normierung

$$P'(\Omega') = 1$$

Wenn S'_1 und S'_2 zwei disjunkte Teilmengen von Ω' sind, so gilt

$$[f \in S'_1 \cup S'_2] = [f \in S'_1] \cup [f \in S'_2].$$

Die beiden Teilmengen

$$[f \in S'_1] \quad \text{und} \quad [f \in S'_2],$$

sind wegen der Eindeutigkeit von f auch disjunkt.

Daher folgt nach Definition von P′

$$\begin{aligned} -'(S'_1 \cup S'_2) &= P([f \in S'_1 \cup S'_2]) = P([f \in S'_1] \cup P[f \in S'_2]) = \\ &= P([f \in S'_1]) + P([f \in S'_2]) = P'(S'_1) + P'(S'_2) \end{aligned}$$

Also ist P′ additiv. Analog zeigt man, daß P′ sogar σ-additiv ist.

Damit induziert die Zufallsfunktion f auf der Menge der Borelmengen, soweit sie Teilmengen von Ω' sind, eine Verteilung und damit einen Wahrscheinlichkeitsraum

$$(\Omega', \mathscr{B}_{\Omega'}, P').$$

Durch eine Zufallsfunktion wird also – genau wie im diskreten Fall – ein bestimmter Aspekt eines Wahrscheinlichkeitsraumes erfaßt. Dieser Aspekt ergibt sich aufgrund einer bestimmten Fragestellung.

Die eigentlich interessierenden Ereignisse sind Teilmengen S' von Ω'. Ein solches Ereignis S' entspricht auf der Ebene von Ω dem Ereignis $[f \in S']$; solche Ereignisse heißen durch **f beschreibbare Ereignisse.**

Wir bezeichnen Ω' als **Stichprobenraum** und P′ als **Verteilung** der Zufallsfunktion f. Ein Ergebnis $\omega' \in \Omega'$ bezeichnen wir als **Realisierung** der Zufallsfunktion f.

Um die Abhängigkeit von f zu betonen, schreiben wir oft anstatt Ω' auch Ω_f und anstatt P' auch P_f.

Wir bezeichnen weiter f als **k-dimensionale** Zufallsfunktion, wenn

$$\Omega_f \subset \mathbb{R}^k$$

Die i-te Komponente von f, nämlich f_i, ist dann eine eindimensionale **Zufallsfunktion.**

Aus der Verteilung P' können wir wieder eine Verteilungsfunktion F berechnen. Diese Verteilungsfunktion bezeichnen wir als Verteilungsfunktion der Zufallsfunktion f.

Auch die Verteilung P_f, die durch die Zufallsfunktion f induziert wird, ist im allgemeinen durch eine Dichte $p(x)$ darstellbar, und wir betrachten nur solche Fälle, in denen dies möglich ist.

Man beachte aber, daß aus der Tatsache, daß P eine Dichte besitzt nicht folgt, daß P_f eine Dichte besitzen muß. Die Dichte $p_f(x)$ bezeichnen wir auch als die Dichte der Zufallsfunktion f.

Der abgeleitete Wahrscheinlichkeitsraum muß nicht kontinuierlich sondern kann auch diskret sein. Dazu ein Beispiel.

Wir beobachten den gesamten wertmäßigen Konsum einer Volkswirtschaft in einem Zeitraum. Die Ergebnisse sind dann nicht negative Zahlen, d.h. $\Omega \subset \mathbb{R}$.

Wenn wir uns nur dafür interessieren, ob der Konsum größer oder gleich oder kleiner als ein Planwert C_0 ist, so definieren wir zweckmäßigerweise die folgende Zufallsfunktion: f ordnet allen $\omega < C_0$ den Wert -1, $\omega = C_0$ den Wert 0 und allen $\omega > C_0$ den Wert 1 zu.

Es resultiert dann der Ergebnisraum

$$\Omega' = \{-1, 0, 1\},$$

wobei das Ergebnis $\omega' = -1$ angibt, daß der Konsumwert den Planwert unterschreitet, das Ergebnis $\omega' = 0$ angibt, daß der Konsumwert den Planwert erreicht, und das Ergebnis $\omega' = 1$ angibt, daß der Konsumwert den Planwert überschreitet. Die Meßbarkeit von f ist in diesem Falle garantiert, da das Urbild von ω'_i immer ein Intervall also eine Borelmenge ist.

Dem Ergebnis $\omega' = -1$ wird dann die Wahrscheinlichkeit

$P([\omega < C_0])$, dem Ergebnis $\omega' = 0$ die Wahrscheinlichkeit
$P([\omega = C_0])$ und schließlich dem Ergebnis $\omega' = 1$ die Wahrscheinlichkeit
$P([\omega > C_0])$ zugeordnet.

△

Genauso wie im diskreten Fall erhalten wir durch Hintereinanderschalten von Zufallsfunktionen wieder eine Zufallsfunktion. Dazu ein Beispiel.

Wir beobachten für eine Volkswirtschaft den gesamten wertmäßigen Konsum in einer Periode, also die Zufallsvariable C und einen Konsumpreisindex am Ende der Periode, also eine Zufallsvariable p. Realisierungen sind Paare (C, p), d. h. $\Omega_f \subset \mathbb{R}^2$.

Es liegt daher eine zweidimensionale Zufallsfunktion f vor mit den Realisierungen (C, p)

$$f\colon \Omega \to \Omega_f$$

Es interessiert der entsprechende reale Konsum C/p. Dann betrachten wir zweckmäßigerweise die Funktion g mit

$$g(x_1, x_2) = x_1/x_2,$$

die also jedem Paar (C, p) den Wert C/p zuordnet.

Durch die Hintereinanderschaltung $g \circ f$ wird jedem ω ein Wert C/p zugeordnet. Siehe Abbildung 30.

△

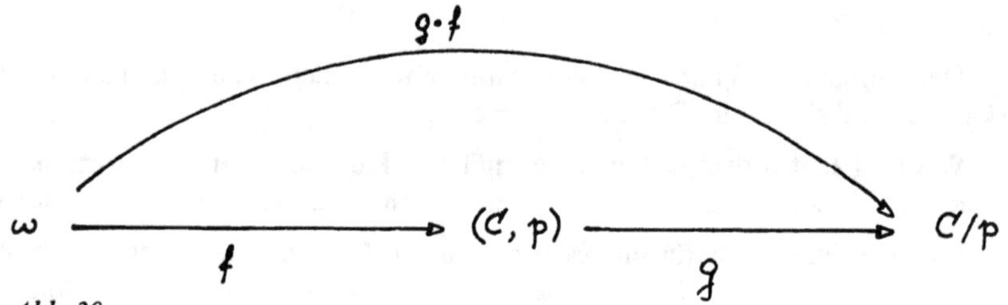

Abb. 30

Wir überlegen uns nun diesen Sachverhalt allgemein. Es sei also f eine Zufallsfunktion

$$f\colon \Omega \to \Omega_f$$

und g eine eindeutige Abbildung Ω_f auf Ω', wobei g meßbar ist.

Dann ist g formal auch eine Zufallsfunktion, und die Abbildung

$$g \circ f\colon \Omega \to \Omega'$$

ist meßbar, da das Urbild einer Borelmenge $S' \subset \Omega'$ unter g eine Borelmenge $S_f \subset \Omega_f$ wird und das Urbild von S_f unter f eine Borelmenge $S \subset \Omega$.

Damit ist das Urbild einer Borelmenge $S' \subset \Omega'$ unter der Hintereinanderschaltung $g \circ f$ gerade S, also eine Borelmenge. Daher ist $g \circ f$ auch eine Zufallsfunktion.

Wenn also $f = (f_1, f_2, \ldots, f_k)$ eine k-dimensionale Zufallsfunktion ist und

$$g\colon \mathbb{R}^k \to \mathbb{R}^l$$

eine meßbare Funktion (d. h. z. B. eine stetige Funktion), so ist

$$g(f_1, f_2, \dots, f_k) = g \circ f$$

auch eine Zufallsfunktion.

Sei insbesondere f eine k-dimensionale Zufallsfunktion, a ein konstanter l-dimensionaler Vektor und B eine konstante (l, k)-Matrix, so ist

$$g = a + Bf$$

eine l-dimensionale Zufallsfunktion. Ist speziell $B = 0$, so resultiert die konstante Zufallsfunktion $g = a$.

Wir überlegen uns noch, wie wir aus der Verteilungsfunktion von f bzw. deren Dichte die Verteilungsfunktion von $g \circ f$ bzw. deren Dichte berechnen können. Dabei beschränken wir uns auf den Fall, daß g eineindeutig ist.

Satz 4
Es sei f eine k-dimensionale Zufallsfunktion mit existierender Dichte $p(x)$ und g eine umkehrbar eindeutige Funktion

$$g\colon \Omega_f \to \Omega' \subset \mathbb{R}^k$$

Weiter gelte, daß die Ableitungen von g nämlich

$$\frac{\partial g(x_1, \dots, x_k)}{\partial x_i}$$

existieren und stetig sind. Schließlich verschwinde die sogenannte Jacobische oder Funktionaldeterminante

$$\det\left(\frac{\partial g_i(x_1, \dots, x_k)}{\partial x_j}\right)$$

für kein $x \in \Omega_f$.
Dann existiert zu $h = g \circ f$ eine Dichte $q(x)$ und es gilt

$$q(x) = \frac{1}{\left|\det\left(\dfrac{\partial g_i(x_1, \dots, x_k)}{\partial x_j}\right)\right|}\, p(g^{-1}(x))$$

Beweis
Wir führen den Beweis nur für den Fall, daß g linear ist und eine eindimensionale Zufallsfunktion vorliegt.
Es sei also $g(x) = a + bx$ mit $b \neq 0$.
Dann ist $g(x)$ umkehrbar eindeutig, und es gilt

$$x = g^{-1}(y) = (y - a)/b$$

Die Funktionaldeterminante lautet

$$\det\left(\frac{\partial g(x)}{\partial x}\right) = \det(b) = b$$

Diese verschwindet für kein x.
Nun bezeichnen wir mit F(x) die Verteilungsfunktion von f und mit H(x) die von h $= g \circ f = a + bf$.
Es gilt dann

$$H(x) = P([a + bf \leqq x]) \tag{6}$$

Da aber

$$[a + bf \leqq x] = [bf \leqq x - a]$$

und

$$[bf \leqq x - a] = \begin{cases} [f \leqq (x-a)/b] & \text{für } b > 0 \\ [f \geqq (x-a)/b] & \text{für } b < 0 \end{cases}$$

ergibt sich aus (6)

$$H(x) = \begin{cases} F\left(\dfrac{x-a}{b}\right) & \text{für } b > 0 \\ 1 - F\left(\dfrac{x-a}{b}\right) & \text{für } b < 0 \end{cases} \tag{7}$$

Durch Differenzieren erhalten wir aus H(x) die Dichte q(x)

$$q(x) = \begin{cases} \dfrac{1}{b}\, p\left(\dfrac{x-a}{b}\right) & \text{für } b > 0 \\ -\dfrac{1}{b}\, p\left(\dfrac{x-a}{b}\right) & \text{für } b < 0 \end{cases}$$

d.h.

$$q(x) = \frac{1}{|b|}\, p\left(\frac{x-a}{b}\right)$$

Damit ist für diesen Fall der Beweis erbracht.

△

Obiger Satz ist verallgemeinerbar für den Fall, daß g nicht umkehrbar ist.

Dazu ein **Beispiel:**
Es sei f eine eindimensionale Zufallsfunktion mit existierender Dichte p(x) und $\Omega_f \subset \mathbb{R}^1$ enthalte auch negative Werte.
Weiter sei $g(x) = x^2$.
Offensichtlich ist g nicht umkehrbar eindeutig. Wir bezeichnen mit H(x) die Ver-

teilungsfunktion von $h = g \circ f = f^2$. Dann ergibt sich für $x \geqq 0$

$$H(x) = P([h \leqq x]) = P([f^2 \leqq x]) =$$
$$= P([-\sqrt{x} \leqq f \leqq \sqrt{x}]) = F(\sqrt{x}) - F(-\sqrt{x})$$

Durch Ableiten von H(x) erhalten wir die Dichte q(x), und es gilt

$$q(x) = \frac{1}{2\sqrt{x}}\, p(\sqrt{x}) - \frac{1}{2\sqrt{x}}\, p(-\sqrt{x})$$

Übungen und Aufgaben

1. Man berechne aus der Dichte einer Zufallsfunktion f die von exp(f).
2. Es sei f eine k-dimensionale Zufallsfunktion, a ein k-komponentiger Vektor und B eine nichtsinguläre $k \times k$-Matrix.
   Man berechne aus der Dichte von f die von
   $g = a + Bf$.
3. Es sei der Wahrscheinlichkeitsraum
   $(\Omega, \mathscr{B}_\Omega, P)$
   gegeben, $S \in \mathscr{B}_\Omega$ und f die folgende Zufallsfunktion
   $$f(\omega) = \begin{cases} 1 & \text{für } \omega \in S \\ 0 & \text{für } \omega \in \bar{S} \end{cases}$$
   Man überlege sich, daß durch f ein diskreter Wahrscheinlichkeitsraum induziert wird, und daß f der Null-Eins-Verteilung unterliegt.

5.6.1. Die diskrete Approximation

Im folgenden überlegen wir uns, wie ein kontinuierlicher Wahrscheinlichkeitsraum durch einen diskreten approximiert werden kann.

Diese Approximation hat insofern praktische Bedeutung, als in der Anwendung de facto immer mit einem diskreten Wahrscheinlichkeitsraum gerechnet wird, der gerade durch eine solche Approximation resultiert.

Wir überlegen uns den Sachverhalt an einem Beispiel. Wir beobachten den gesamten wertmäßigen Konsum einer Volkswirtschaft in einer Zeitperiode. Als Ergebnisse resultieren dann nichtnegative reelle Zahlen, die wir eventuell nach oben durch eine obere Grenze G beschränken können. Damit ergeben sich theoretisch überabzählbar viele Ergebnisse $\omega \in \Omega$.

Wenn die Ergebnisse konkret berechnet werden, so beschränken wir uns darauf, diese z.B. in ganzen Mio DM anzugeben. Damit resultieren als Ergebnisse nur ganze nichtnegative Zahlen. Diese ganzen Zahlen entstehen entweder durch Auf- bzw. Abrunden genauerer Zahlen oder auch dadurch, daß uns beim Messen immer Grenzen der Meßgenauigkeit gesetzt sind, schon aus rein technischen Gründen. So sind bei Konsumausgaben die kleinsten denkbaren Beträge Pfennigbeträge. Aber auch bei Größen, für die es keine kleinste Einheit gibt, wie z. B. bei der Längenmessung beschränken wir uns immer darauf, diese mit einer dem Problem angepaßten Genauigkeit anzugeben.

Damit steht ein konkret angegebenes Ergebnis $\omega_i^* \in \Omega^*$ eigentlich für eine Menge von möglichen Ergebnissen, nämlich für ein Intervall I_i von reellen Zahlen.

Wir können den Sachverhalt auch so beschreiben, daß der ursprüngliche Ergebnisraum $\Omega \subset \mathbb{R}^1$ in endlich viele disjunkte Intervalle $I_1, I_2, \ldots, I_n$ zerlegt wird, und eine Zuordnung f ordnet dem Ereignis I_i ein abgeleitetes Ergebnis ω_i^* zu. Beobachten können wir konkret nur die ω_i^*.

Wir bezeichnen f als die **Approximationsvorschrift**. Nun überlegen wir uns, daß f eine Zufallsfunktion ist. Das Urbild jedes Ergebnisses ω_i^* ist ein Intervall, also eine Borelmenge, und das Urbild jeder Teilmenge $S^* \subset \Omega^*$ ist eine Vereinigung von Intervallen also auch eine Borelmenge. Damit ist f eine Zufallsfunktion, die einen diskreten Wahrscheinlichkeitsraum

$$(\Omega^*, \mathfrak{P}(\Omega^*), P^*)$$

induziert. Dabei ist die zu P^* gehörende Zähldichte p^* folgendermaßen festgelegt

$$\omega_i^* \rightarrow P(I_i) = p_i^*$$

Aus der Zähldichte p^* ergibt sich dann die Verteilung P^*.

Die obigen Überlegungen sind direkt auf den Fall übertragbar, daß die Ergebnisse Paare von Zahlen oder allgemein Vektoren sind.

Wir halten also fest, daß wir in der Anwendung immer nur diskrete Wahrscheinlichkeitsräume verwenden. Daß wir trotzdem kontinuierliche Wahrscheinlichkeitsräume betrachten, hat zwei Gründe. Erstens erhalten wir je nach der Meßgenauigkeit einen anderen diskreten Wahrscheinlichkeitsraum, und zweitens lassen sich manche Ergebnisse viel einfacher in der Sprechweise der kontinuierlichen Wahrscheinlichkeitsräume formulieren.

Die Verwendung kontinuierlicher Wahrscheinlichkeitsräume hat also nur theoretisches Interesse. Ein analoger Sachverhalt ergibt sich im Bereich der reellen Zahlen: praktisch kommen wir mit den rationalen Zahlen aus, es ist aber zweckmäßig auch die irrationalen Zahlen mit zu betrachten. Für uns ist dies heute selbstverständlich. Im Altertum soll aber ein Philosoph Selbstmord verübt haben, als er feststellte, daß die Diagonale des Einheitsquadrates für ihn, der nur rationale Zahlen kannte, nicht meßbar war. In der Maßtheorie erkaufen wir allerdings die Abstraktion durch das Paradoxon der Maßtheorie.

5.7. Bedingte Ereignisse und Unabhängikeit

Die Begriffe bedingte Ereignisse, bedingte Wahrscheinlichkeit, unabhängige bzw. abhängige Ereignisse und unabhängige bzw. abhängige Zufallsfunktionen sind genauso definiert wie im diskreten Fall.

Deswegen wollen wir an dieser Stelle nicht näher darauf eingehen, sondern nur die Definitionen bringen. Ausführlicher befassen wir uns nur mit Punkten, die nicht direkte Übertragungen vom diskreten auf den kontinuierlichen Fall sind. Mit $A|B$ bezeichnen wir wieder das **bedingte Ereignis** A gegeben B.

Es ist dann für $P(B) \neq 0$

$$P(A|B) = P(A \cap B)/P(B)$$

die **bedingte** Wahrscheinlichkeit von A gegeben B.

Für kontinuierliche Wahrscheinlichkeitsräume, können wir aus dieser Formel eine analoge in den Dichtefunktionen herleiten.

Es sei $f = (f_1, f_2)$ eine zweidimensionale Zufallsfunktion. Die entsprechende Verteilungsfunktion laute $F(x_1, x_2)$. Zur Verteilungsfunktion $F(x_1, x_2)$ existiere eine Dichte $p(x_1, x_2)$. Mit $F_2(x_2)$ bezeichnen wir die Randverteilungsfunktion $F(\infty, x_2)$ und mit $p_2(x_2)$ die entsprechende Dichte.

Wir betrachten das Intervall $(a, x_2]$ also die Menge aller reellen Zahlen x mit $a < x \leqq x_2$.

Weiter bilden wir die beiden Ereignisse

$$A = [f_1 \leqq x_1] \quad \text{und} \quad B = [f_2 \in (a, x_2]].$$

Nach Definition der bedingten Wahrscheinlichkeit ergibt sich

$$P(A|B) = P(A \cap B)/P(B)$$

Durch Erweitern mit der Länge des Intervalls $(a, x_2]$ erhalten wir daraus

$$(8) \qquad P(A|B) = \frac{P(A \cap B)}{x_2 - a} \Big/ \frac{P(B)}{x_2 - a}$$

Nach Definition der Ereignisse A und B gilt

$$P(A \cap B) = F(x_1, x_2) - F(x_1, a) \quad \text{und} \quad P(B) = F_2(x_2) - F_2(a)$$

Lassen wir auf der rechten Seite von (8) a gegen x_2 gehen, so resultiert im Grenzübergang nach Definition der Ableitung

$$(9) \qquad \frac{\partial F(x_1, x_2)}{\partial x_2} \Big/ p_2(x_2)$$

Für die linke Seite von (8) resultiert im Grenzübergang die Wahrscheinlichkeit, daß

$f_1 \leqq x_1$ unter der Bedingung $[f_2 = x_2]$, also die Verteilungsfunktion von f_1 gegeben $[f_2 = x_2]$, symbolisch

(10) $P([f_1 \leqq x_1] \mid [f_2 = x_2])$

Differenzieren wir nun (9) und (10) nach x_1, so ergibt sich für (9)

$$p(x_1, x_2)/p_2(x_2)$$

und für (10) die Dichte von f_1 gegeben $[f_2 = x_2]$.

Dafür schreiben wir symbolisch $p(x_1 \mid x_2)$. Damit folgt dann die Formel

$$p(x_1 \mid x_2) = p(x_1, x_2)/p_2(x_2)$$

Wir bezeichnen $p(x_1 \mid x_2)$ als **bedingte Dichte** von f_1 gegeben $[f_2 = x_2]$.

Der Satz der totalen Wahrscheinlichkeit gilt genauso wie im diskreten Fall, wenn wir Ω aufspalten in endlich oder auch abzählbar viele disjunkte Ereignisse B_i, $i = 1, 2, \ldots$

Darüber hinaus gibt es eine kontinuierliche Version des Satzes von der totalen Wahrscheinlichkeit. Dabei treten anstelle der Summe ein Integral und anstelle der abzählbaren disjunkten Mengen B_i die überabzählbar vielen Ergebnisse $\omega \in \Omega$.

Darauf gehen wir aber nicht näher ein.

Zwei Ereignisse A und B bezeichnen wir als **unabhängig**, wenn

$$P(A \mid B) = P(A)P(B)$$

Wenn zwei Ereignisse nicht unabhängig sind, so heißen sie **abhängig.**

Zwei Zufallsfunktionen f und g heißen **unabhängig**, wenn alle durch f beschreibbaren Ereignisse, d.h. Ereignisse der Art $[f \in S']$, wobei S' eine Borelmenge ist, unabhängig sind von allen durch g beschreibbaren Ereignissen.

Im diskreten Fall ergab sich ferner die Zähldichte zweier unabhängiger Zufallsfunktionen als Produkt der einzelnen Zähldichten.

Ein analoges Ergebnis können wir für die Dichte zweier unabhängiger kontinuierlicher Zufallsfunktionen ableiten.

Es sei $f = (f_1, f_2)$ eine zweidimensionale Zufallsfunktion. Die entsprechende Verteilungsfunktion sei $F(x_1, x_2)$. Die Funktion $F(x_1, x_2)$ sei differenzierbar nach x_1 und x_2, d.h. es existiere zu $F(x_1, x_2)$ eine Dichte $p(x_1, x_2)$. Mit $F_1(x_1)$ bzw. $F_2(x_2)$ bezeichnen wir die Randverteilungsfunktion $F(x_1, \infty)$ bzw. $F(\infty, x_2)$ und mit $p_1(x_1)$ bzw. $p_2(x_2)$ die entsprechenden Dichten. Weiter seien f_1 und f_2 unabhängig.

Wir betrachten die beiden folgenden Ereignisse

$$A = [f_1 \leqq x_1] \quad \text{und} \quad B = [f_2 \leqq x_2]$$

Wegen der Unabhängigkeit der Zufallsfunktionen ergibt sich dann

$$P(A \cap B) = P(A)P(B)$$

Nach Definition der Verteilungsfunktion entspricht dies

(11) $F(x_1, x_2) = F_1(x_1) F_2(x_2)$

Daraus folgt durch Differenzieren nach x_1 und x_2

(12) $p(x_1, x_2) = p_1(x_1) p_2(x_2)$

Dieses Ergebnis gilt auch, wenn f_1 eine k_1-dimensionale Zufallsfunktion ist mit $k_1 \geqq 1$ und wenn f_2 eine davon unabhängige k_2-dimensionale Zufallsfunktion mit $k_2 \geqq 1$. Der Beweis verläuft völlig analog. Es gilt also der

Satz 5

Es seien f_1 und f_2 zwei unabhängige Zufallsfunktionen. Zu f_1 gehöre die Dichte $p_1(x_1)$ und zu f_2 die Dichte $p_2(x_2)$.
Dann gilt für die gemeinsame Dichte $p(x_1, x_2)$ der Zufallsfunktion $f = (f_1, f_2)$

$$p(x_1, x_2) = p_1(x_1) p_2(x_2).$$

△

Analog zum diskreten Falle definieren wir die Faltung. Es sei $f = (f_1, f_2)$ eine zweidimensionale Zufallsfunktion mit der Verteilungsfunktion $F(x_1, x_2)$. Diese besitze eine Ableitung

$$p(x_1, x_2) = \partial^2 F(x_1, x_2)/\partial x_1 \, \partial x_2$$

Also existiert zu f eine Dichte, nämlich $p(x_1, x_2)$.

Wir bilden die Zufallsfunktion

$$g = f_1 + f_2$$

Die entsprechende Verteilungsfunktion sei $G(x)$.

Dann betrachten wir das folgende Ereignis

$$A = [f_1 + f_2 \leqq x] = [g \leqq x]$$

Nach Definition der Verteilungsfunktion ergibt sich

(13) $G(x) = P(A)$

und nach Definition der Dichte

(14) $P(A) = \int\int_{x_1 + x_2 \leqq x} p(x_1, x_2) \, dx_1 \, dx_2$

Integrieren wir auf der rechten Seite von (14) über alle $x_2 \leqq x - x_1$, und beachten wir die Beziehung

$$p(x_1, x_2) = \partial F(x_1, x_2)/\partial x_1 \partial x_2,$$

so resultiert

$$(15)\qquad P(A) = \int \frac{\partial F(x_1, x_2)}{\partial x_1}\bigg|_{x_2 = x - x_1} dx_1$$

Beachten wir (13), so folgt nach (15), daß G(x) differenzierbar ist, und es ergibt sich

$$(16)\qquad \frac{dG(x)}{dx} = \int p(x_1, x - x_1)\, dx_1$$

Falls f_1 und f_2 voneinander unabhängig sind, so ergibt sich

$$p(x_1, x_2) = p_1(x_1)\, p_2(x_2).$$

Damit resultiert aus (16) die zu $g = f_1 + f_2$ gehörende Dichte als

$$\int p(x_1)\, p_2(x - x_1)\, dx_1$$

Man bezeichnet den Vorgang, wie aus der gemeinsamen Dichte von zwei unabhängigen Zufallsfunktionen die Dichte der Summe berechnet wird, als **Faltung.**

Übungen und Aufgaben

1. Es seien f und g zwei unabhängige Zufallsfunktionen, die beide der Gleichverteilung unterliegen. Weiter sei
   $\Omega_f = [1, 2]$ und $\Omega_g = [1, 3]$.
   Wie lautet die Dichte von
   a) (f, g)
   b) f + g
   und
   c) die bedingte Dichte von f gegeben g = 0.5?
2. Es sei $f = (f_1, f_2)$ eine zweidimensionale Zufallsfunktion mit
   $\Omega_f = \{(x, y) \mid 0 \leqq x, y\}$
   und der Dichte $\alpha \exp(-y^2/2 - y - xy - x)$.
   Man berechne die Randdichte von f_2 durch Integration und die Dichte $p(x_1 \mid x_2)$.
   Sind f_1 und f_2 unabhängig?

5.8. Kennzahlen von Verteilungen

Im diskreten Falle haben wir zu einer Verteilung bzw. einer Verteilungsfunktion bzw. Zufallsfunktion Kenngrößen abgeleitet, die einen bestimmten Aspekt erfassen sollen.

Für Zufallsfunktionen war der Erwartungswert die wichtigste Kenngröße.

Im folgenden leiten wir für kontinuierliche, eindimensionale Zufallsfunktionen eine entsprechende Größe ab.

Wir legen den kontinuierlichen Wahrscheinlichkeitsraum

$$(\Omega, \mathscr{B}_\Omega, P)$$

zugrunde, wobei $\Omega \subset \mathbb{R}^k$.

Weiter sei f eine eindimensionale Zufallsfunktion

$$f: \Omega \to \Omega_f \subset \mathbb{R}$$

Dabei setzen wir der Einfachheit halber voraus, daß Ω_f ein endliches beidseitig abgeschlossenes Intervall ist, d.h. es gibt zwei reelle Zahlen $a < b$, so daß Ω_f gleich ist $[a, b]$, also der Menge aller x mit $a \leqq x \leqq b$.

Wir werden im folgenden den kontinuierlichen Ergebnisraum Ω_f und die kontinuierliche Zufallsfunktion f durch entsprechende diskrete Größen approximieren.

Die Überlegungen sind hier dieselben wie bei der diskreten Approximation.

Den kontinuierlichen Ergebnisraum Ω_f approximieren wir durch einen diskreten Ergebnisraum Ω^*, indem wir Ω_f in n disjunkte gleichlange Teilintervalle $I_1, I_2, \ldots, I_n$ zerlegen. Die Intervalle I_i sind Ereignisse. Das Ereignis I_i fassen wir nun als Ergebnis ω_i^* auf. Damit resultiert ein endlicher Ergebnisraum

$$\Omega^* = \{\omega_1^*, \omega_2^*, \ldots, \omega_n^*\}$$

Die Wahrscheinlichkeit von ω_i^* ist dann gleich

$$p_i^* = P_f(I_i).$$

Die kontinuierliche Zufallsfunktion f approximieren wir durch eine diskrete f^*, indem wir allen ω, die durch f in I_i abbildet werden, den Mittelpunkt von I_i nämlich $x^{(i)}$ zuordnen. Formal ordnet also f^* dem Ereignis $[f \in I_i]$ den Wert $x^{(i)}$ zu. Da aber das Ereignis $[f \in I_i]$ äquivalent ist dem Ergebnis ω_i^*, so fassen wir f^* als Abbildung von Ω^* in

$$\Omega_f^* = \{x^{(1)}, x^{(2)}, \ldots, x^{(n)}\}$$

auf.

Damit wird der kontinuierliche Wahrscheinlichkeitsraum $(\Omega_f, \mathscr{B}_{\Omega_f}, P_f)$ approximiert durch den diskreten mit dem Ergebnisraum Ω_f^* und der Zähldichte p_i^*.

Es liegen nun T Realisierungen von f vor: $x_1, x_2, \ldots, x_T$. Konkret messen wir aber T Realisierungen von f^* nämlich $x_1^*, x_2^*, \ldots, x_T^*$, wobei x_i^* gleich ist dem Mittelpunkt $x^{(j)}$, sofern $x_i \in I_j$. Zu diesen Meßwerten betrachten wir den Mittelwert

$$\overline{x^*} = \frac{1}{T} \sum_{i=1}^{T} x_i^*$$

Dieser Mittelwert ist eine Schätzung des Erwartungswertes

(17) $$E(f^*) = \sum_i x^{(i)} p_i^*,$$

also des Erwartungswertes von f*, der diskreten Approximation von f.

Existiert nun zu f eine Dichte p(x), so ergibt sich

(18) $$p_i^* = P_f(I_i) \simeq p(x^{(i)})\,L(I_i),$$

wobei $\simeq$ ungefähre Gleichheit bedeutet und $L(I_i)$ die Länge des Intervalls I_i ergibt.

Gehen wir mit (18) in (17) ein, so folgt

$$E(f^*) \simeq \sum_{i=1}^{n} x^{(i)} p(x^{(i)})\,L(I_i)$$

Nun ist aber f* eine Approximation von f und zwar eine umso bessere, je größer n ist. Auch Gleichung (18) wird um so genauer, je größer n ist.

Lassen wir aber n gegen ∞ gehen, so ergibt sich aus der Integrationstheorie als Grenzwert das folgende Integral

(19) $$\int_{\Omega_f} x p(x)\,dx,$$

sofern dieses Integral existiert.

Also sehen wir das Integral (19) als Verallgemeinerung des diskreten Erwartungswertes an, also als Erwartungswert der Zufallsfunktion f, symbolisch E(f).

Dabei kann dieser Erwartungswert als „Mittelwert" aller Realisierungen von f angesehen werden.

Die Überlegungen können direkt auf den Fall übertragen werden, daß Ω_f eine beliebige Borelmenge des $\mathbb{R}^1$ ist, dabei wird Ω_f in endlich oder abzählbar viele disjunkte Intervalle zerlegt, deren Länge dann beim Grenzübergang gegen Null geht.

Definition 5

Es sei f eine kontinuierliche Zufallsfunktion

$$f: \Omega \to \Omega_f \subset \mathbb{R}^1$$

Zu f existiere eine Dichte p(x). Falls das folgende Integral

$$\int_{\Omega_f} x p(x)\,dx$$

existiert, bezeichnen wir den Wert des Integrals als **Erwartungswert** der Zufallsfunktion f, symbolisch E(f).

△

Den kontinuierlichen Erwartungswert können wir auch rein formal aus dem diskreten ableiten.

Für den diskreten gilt

$$\Sigma x_i p_i$$

Ersetzen wir darin die diskreten Ergebnisse x_i durch die kontinuierlichen x, die Zähldichte p_i durch die Dichte $p(x)dx$ und die diskrete Summation durch das Integral, so resultiert gerade (19).

Wenn die Zufallsfunktion f konstant gleich c ist, so resultiert

(20) $$E(f) = E(c) = c,$$

da jede Mittelung über den Wert c den Wert c ergibt.

Der Erwartungswertoperator ist – genauso wie im diskreten Fall – linear. Dies überlegen wir uns.

Seien f und g zwei eindimensionale Zufallsfunktionen mit der gemeinsamen Dichte $p(x, y)$ und den beiden Randdichten $p_1(x)$ bzw. $p_2(y)$.

Bei den folgenden Überlegungen beachte man, daß die Zufallsfunktion $af + bg$ die Realisierung $ax + by$ mit der Wahrscheinlichkeit $p(x, y)dx\,dy$ „annimmt", und daß die Integration von $p(x, y)$ über x bzw. y gerade $p_2(y)$ bzw. $p_1(x)$ ergibt.

Dann ergibt sich

(21) $$\begin{aligned} E(af + bg) &= \int (ax + by)p(x, y)dx\,dy = \\ &= \int axp(x, y)dx\,dy + \int byp(x, y)dx\,dy = \\ &= \int axp_1(x)dx + \int byp_2(y)dy = \\ &= aE(f) + bE(g) \end{aligned}$$

Speziell ergibt sich aus der Linearitätseigenschaft

(22) $$E(a + bf) = a + bE(f)$$

Wir wollen für eine Verteilung im kontinuierlichen Fall noch weitere Kenngrößen ableiten. Dabei orientieren wir uns an den Überlegungen im diskreten Falle. Wir konnten alle Momente als entsprechende Erwartungswerte ansehen. Daher ist die folgende Definition naheliegend.

Definition 6

Es sei f eine eindimensionale Zufallsfunktion mit der Dichte $p(x)$.

Falls das folgende Integral existiert

$$\int_{\Omega_f} x^n p(x)dx \quad \text{für } n = 1, 2, 3, \ldots,$$

so bezeichnen wir den Wert als das **n-te unzentrierte Moment** der Zufallsfunktion f, symbolisch $E(f^n)$.

Falls das folgende Integral existiert

$$\int_{\Omega_f} (x - E(f))^n p(x)\,dx \quad \text{für } n = 1, 2, 3, \ldots,$$

so bezeichnen wir den Wert als das **n-te zentrierte Moment** der Zufallsfunktion f, symbolisch $E(f - E(f))^n$.
Spezielle heißt das zweite zentrierte Moment auch die **Varianz** der Zufallsfunktion f, symbolisch Var(f) und die Wurzel aus der Varianz die **Streuung.**

△

Nun überlegen wir uns einige Rechenregeln.

Es gilt

$$\text{(23)} \qquad \operatorname{Var}(f) = E(f^2) - (E(f))^2$$

Diese Beziehung folgt unmittelbar aus der Definition der Varianz und der Linearität des Erwartungswertoperators:

$$\operatorname{Var}(f) = E(f - E(f))^2 = E[f^2 - 2fE(f) + (E(f))^2] = E(f^2) - 2(E(f))^2 + (E(f))^2$$
$$= E(f^2) - (E(f^2))^2$$

Sei $g = a + bf$, dann folgt

$$\text{(24)} \qquad \operatorname{Var}(g) = b^2 \operatorname{Var}(f).$$

Die Beziehung (24) ergibt sich analog wie Beziehung (23).

Im diskreten Falle haben wir zu zwei Zufallsfunktionen das gemischte Moment bzw. die Kovarianz definiert. Dieses konnte auch als Erwartungswert angesehen werden. Durch Verallgemeinerung auf den kontinuierlichen Fall erhalten wir

Definition 7

Es seien zwei eindimensionale Zufallsfunktionen f und g gegeben. Die gemeinsame Zufallsfunktion (f, g) habe die Dichte $p(x_1, x_2)$.
Falls das folgende Integral existiert

$$\iint x_1 x_2 \, p(x_1, x_2)\, dx_1\, dx_2,$$

so heißt der Wert das **gemischte unzentrierte Moment** der beiden Zufallsfunktionen f und g.
Falls das folgende Integral existiert

$$\iint (x_1 - E(f))(x_2 - E(g))\, p(x_1, x_2)\, dx_1\, dx_2,$$

so heißt der Wert das **gemischte zentrierte Moment** oder die **Kovarianz** der beiden Zufallsvariablen, symbolisch Cov(f, g).

△

Man beachte, daß gilt

$$\mathrm{Cov}(g, g) = \mathrm{Var}(g).$$

Dies folgt aus der Tatsache, daß die Zufallsfunktion (g, g) den Wert (x, y) mit der Wahrscheinlichkeit 0 annimmt für $x \neq y$ und mit der Wahrscheinlichkeit $p_g(x)\,dx$ für $x = y$.

Weiter folgt aus $g = a + bf$, wobei a und b konstante Werte sind,

$$\mathrm{Cov}(f, g) = b\,\mathrm{Var}(f) \tag{25}$$

Falls zwei Zufallsfunktionen f und g eine Kovarianz besitzen, die verschwindet, so bezeichnen wir sie als **unkorreliert.** Ist $\mathrm{Cov}(f, g) > 0$, so heißen die Zufallsfunktionen **positiv korreliert,** und für $\mathrm{Cov}(f, g) < 0$ **negativ korreliert.**

Genauso wie im diskreten Fall wird gezeigt, daß zwei unabhängige Zufallsfunktionen unkorreliert sind.

Die Kovarianz hat die Eigenschaft dimensionsabhängig zu sein; wenn die Werte der Zufallsvariablen f die Dimension [f] und die Werte der Zufallsvariablen g die Dimension [g] haben, so hat Cov(f, g) die Dimension $[f] \cdot [g]$.

Daher definieren wir eine Größe, die bis auf einen positiven Faktor gleich ist der Kovarianz und welche die Eigenschaft hat dimensionsunabhängig sein.

Als **Korrelationskoeffizienten** bezeichnen wir die durch die Streuungen normierte Kovarianz

$$\varrho_{fg} = \frac{\mathrm{Cov}(f, g)}{\sqrt{\mathrm{Var}(f)}\sqrt{\mathrm{Var}(g)}}$$

Man kann zeigen, daß der Korrelationskoeffizient nur Werte zwischen -1 und $+1$ annimmt.

Sei

$$g = a + bf,$$

so ergibt sich der Korrelationskoeffizient

$$\varrho_{gf} = b/|b|,$$

also der Wert $+1$ für $b > 0$ und der Wert -1 für $b < 0$.

Sehen wir den Korrelationskoeffizienten als normiertes Maß für die Kovarianz an, so ergibt positive lineare Abhängigieit maximale (normierte) Kovarianz nämlich $+1$ und negative lineare Abhängigkeit minimale (normierte) Kovarianz, nämlich -1.

Die Begriffe Erwartungswert und zweites Moment erweitern wir auf mehrdimensionale Zufallsfunktionen.

Es sei f eine k-dimensionale Zufallsfunktion

$$f = (f_1, f_2, \ldots, f_k).$$

Als Erwartungswert von f bezeichnen wir den folgenden Vektor

$$E(f) = (E(f_1), E(f_2), \ldots, E(f_k)).$$

Entsprechend definieren wir den Erwartungswert einer Matrix G, die in Zeile i und Spalte j eine Zufallsfunktion g_{ij} stehen hat, folgendermaßen

$$E(G) = (E(g_{ij})).$$

Es steht also in Zeile und Spalte j von E(G) das Element $E(g_{ij})$. Es sei f eine k-dimensionale Zufallsfunktion

$$f = (f_1, f_2, \ldots, f_k)$$

und g eine l-dimensionale

$$g = (g_1, g_2, \ldots, g_l),$$

dann bezeichnen wir die k × l-Matrix, die in Zeile i und Spalte j den Wert $E(f_i g_j)$ stehen hat als die **Matrix der zweiten Momente** von f und g.

Entsprechend bezeichnen wir die k × l-Matrix, die in Zeile i und Spalte j den Wert $Cov(f_i, g_j)$ stehen hat, als **Kovarianzmatrix** von f und g, symbolisch Σ_{fg}.

Schließlich bezeichnen wir die quadratische k × l-Matrix, die in Zeile i und Spalte j den Wert $Cov(f_i, f_j)$ stehen hat, als **Varianz-Kovarianzmatrix** der Zufallsfunktion f, symbolisch Σ_{ff}.

Wenn eine k-dimensionale Zufallsfunktion f und eine l-dimensionale Zufallsfunktion g in folgender Weise verknüpft sind

$$g = a + Bf,$$

wobei a ein l-dimensionaler konstanter Vektor und B eine konstante l × k-Matrix ist, so gilt

(26) $E(g) = a + BE(f)$ und

und

(27) $\Sigma_{gg} = B\,\Sigma_{ff}\,B'$

Formel (26) und (27) resultieren direkt aus der Linearität des Erwartungswertoperators.

Übungen und Aufgaben

1. Es sei f eine Zufallsfunktion, die der Gleichverteilung unterliegt und mit $\Omega_f = [0, 10]$

   Man berechne: $E(f), E(f^2), Var(f), E(f^{10})$ und $Cov(f, f^2)$.

2. Es seien f und g zwei Zufallsfunktionen mit der gemeinsamen Dichte

   $p(x, y) = \alpha xy$

   und $\Omega_f = \Omega_g = [0, 2]$

   Wie muß α gewählt werden? Sind f und g unabhängig?

   Man berechne

   $E(f \cdot g), Cov(f, g)\, Var(f), Var(g)$ und ϱ_{fg}.

3. Es sei $f = (f_1\, {}^f{}_2)$ eine zweidimensionale Zufallsfunktion mit

   $\Omega_f = \{(x, y) | 0 \leqq x, y \leqq 1\}$

   Die gemeinsame Dichte von f sei

   $p(x, y) = 4xy$

   Man berechne $E(f)$, Σ_{ff} und den Erwartungswert sowie die Varianz von $5f_1 + 6f_2$.

5.9. Spezielle Verteilungen

Im folgenden betrachten wir bestimmte Verteilungen, die in der Anwendung häufig verwendet werden. Die wichtigste ist die sogenannte Normalverteilung. Der Name dieser Verteilung rührt davon her, da sie in der „Natur" normalerweise vorkommt. Dazu werden wir Beispiele bringen. Man kann aber auch theoretisch Bedingungen ableiten, unter denen eine solche Verteilung resultiert.

Dies geschieht im Abschnitt 5.12 mit Hilfe eines Zentralen Grenzwertsatzes. Im folgenden werden wir diese Verteilung zuerst anhand eines Beispiels einführen und erläutern. Dabei beschränken wir uns darauf, die Verteilungsfunktion herzuleiten. Durch diese ist dann die Verteilung eindeutig festgelegt.

Beispiel:

In einer Zuckerfabrik wird der hergestellte Zucker maschinell in 1000 g Packungen gefüllt. Eine einzelne Packung hat nicht völlig exakt das Sollgewicht, sondern nur annähernd. Wir können das Gewicht einer Packung (a priori) als zufällig ansehen. Ein Ergebnis ω ist dann eine reelle Zahl in der Nähe des Wertes 1000: $\Omega \subset \mathbb{R}$. Die entsprechende Verteilung können wir empirisch angenähert ermitteln. Wenn wir eine bestimmte Meßgenauigkeit vorgeben, z.B. das Gewicht in ganzen Gramm angeben, so ist ein Ergebnis ω_i^* eine ganze Zahl. Mit einer Messung ω^* erfassen wir damit alle Gewichte ω mit $i - \frac{1}{2} < \omega \leqq i + \frac{1}{2}$, also alle ω aus einem Intervall I_i.

De facto liegt also ein diskreter Ergebnisraum Ω^* vor, und wir können h(i), die relativen Häufigkeiten von ω_i^*, ermitteln. Wenn wir die Meßgenauigkeit vergrößeren, also das Gewicht in Gramm mit einer oder mehreren Stellen hinter dem Komma genau angeben, dann werden die Intervalle I_i kleiner und die entsprechenden h(i) auch. Es leuchtet ein, daß die h(i) mit wachsender Genauigkeit alle gegen Null gehen.

Wir dividieren nun die relativen Häufigkeiten h(i) durch die Länge des Intervalls I_i und bezeichnen diese Werte mit q_i. Dann stellen wir fest, daß die q_i nicht alle gegen

Null gehen. Tragen wir die q_i graphisch über der Mitte des entsprechenden Intervalls I_i auf, so ergibt sich ein typischer glockenförmiger Verlauf. Siehe Abbildung 31.

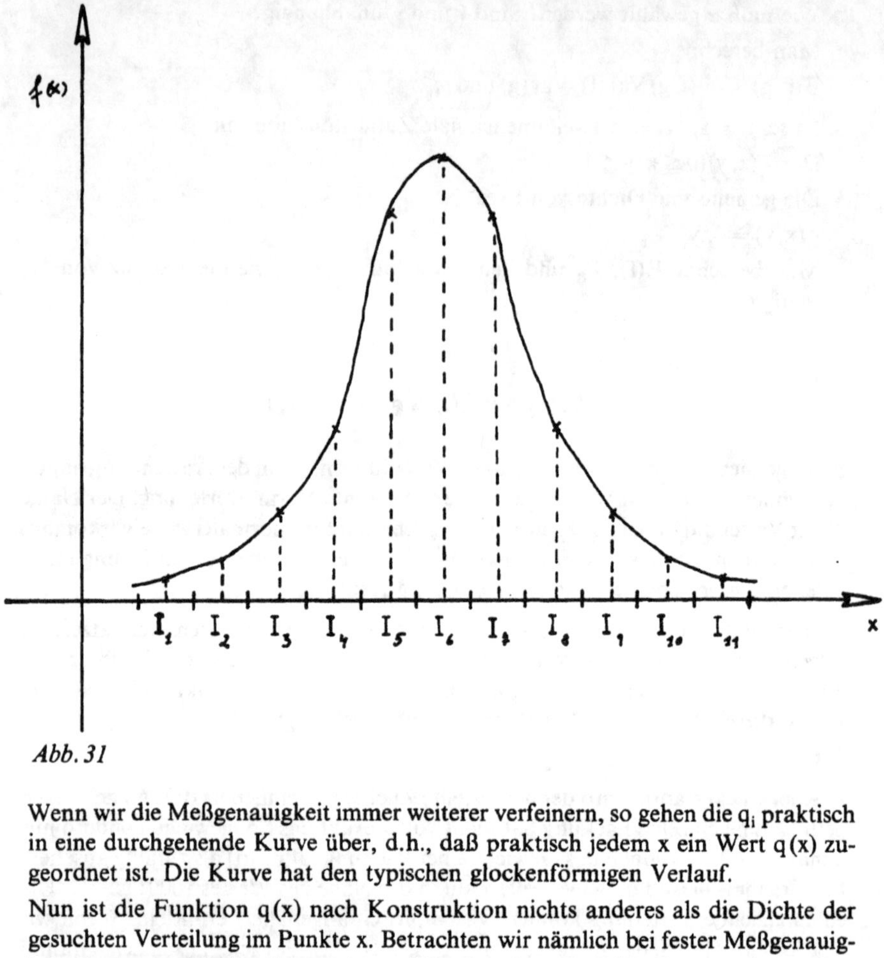

Abb. 31

Wenn wir die Meßgenauigkeit immer weiterer verfeinern, so gehen die q_i praktisch in eine durchgehende Kurve über, d.h., daß praktisch jedem x ein Wert q(x) zugeordnet ist. Die Kurve hat den typischen glockenförmigen Verlauf.

Nun ist die Funktion q(x) nach Konstruktion nichts anderes als die Dichte der gesuchten Verteilung im Punkte x. Betrachten wir nämlich bei fester Meßgenauigkeit ein Intervall I_i der Länge Δx, so können wir wegen des Gesetzes der großen Zahl, wenn wir viele Messungen vornehmen, die relative Häufigkeit h(i) ansehen als ungefähren Wert für $P(I_i)$. Dividieren wir aber $P(I_i)$ durch die Länge Δx, und zieht sich der Intervall I_i auf einen Punkt zusammen (d.h. Δx geht gegen Null) so resultiert, falls der entsprechende Grenzwert existiert, gerade p(x), der Wert der Dichte an der Stelle x.

Damit haben wir ein Verfahren entwickelt, wie wir eine Dichte empirisch angenähert ermitteln können.

Je genauer wir messen, um so genauer ergibt sich auch die Dichte.

Bei vielen empirischen Sachverhalten ist ein solcher glockenförmiger Verlauf fest-

zustellen. Ob wir z.B. die Länge von Schrauben, die von einer Maschine produziert werden, betrachten, oder die Länge von Blättern eines Baumes, oder die Zuwachsraten des Einkommens der Haushalte einer Region, in all diesen Fällen resultiert für die Dichte dieser typische glockenförmige Verlauf.
Es gibt allerdings manchmal auch andere Verläufe der Dichte, so z.B. bei der Beobachtung der Höhe des Einkommens.

△

Ein zentraler Grenzwertsatz wird im Modell der Wahrscheinlichkeitstheorie die theoretische Begründung dafür liefern, wann ein solcher glockenförmiger Verlauf zu erwarten ist.

Es erhebt sich nun die Frage, ob es eine mathematische Funktion gibt, die den empirisch festgestellten glockenförmigen Verlauf gut zu erfassen gestattet.

Es stellt sich heraus, daß die folgende Funktion

$$a \exp(-b(x-\mu)^2)$$

dies zu leisten vermag. Dabei sind a, b und μ Parameter, die typisch für den speziellen Anwendungsfall sind und $\exp(\alpha)$ bedeute e^{α}, wobei e die natürliche Zahl ist ($e \simeq 2{,}72$).

Im obigen Beispiel sind natürlich nur nichtnegative Ergebnisse sinnvoll. Aus rechentechnischen Gründen ist es aber zweckmäßiger alle reellen Zahlen, also auch negative, als Ergebnisse zuzulassen.

Die Funktion

$$a \exp(-b(x-\mu)^2)$$

ist auch für alle $x \in \mathbb{R}$ definiert.

Damit resultiert, daß eine glockenförmige Dichte p(x) in guter Näherung folgendermaßen dargestellt werden kann

$$(28) \qquad p(x) = a \exp(-b(x-\mu)^2)$$

Da das Integral über die Dichte gleich 1 sein muß, können wir in der Darstellung (28) nicht alle drei Parameter a, b, μ beliebig wählen.

Unter Berücksichtigung dieser Tatsache ergibt sich die folgende Darstellung

$$(29) \qquad p(x) = \frac{1}{\sqrt{2\pi\sigma^2}} \exp\left(-\frac{1}{2\sigma^2}(x-\mu)^2\right) \quad \text{für alle } x \in \mathbb{R},$$

wobei π die Zahl Pi ist: $\pi \simeq 3{,}14$

Definition 8

Es sei eine eindimensionale Zufallsfunktion f gegeben. Sie besitze die Dichte der Form (29). Dann bezeichnen wir die Zufallsfunktion f als **normalverteilt,** die Verteilung als **Normalverteilung**, die Dichte als **Normaldichte** und die Verteilungsfunktion als **Normalverteilungsfunktion** mit den Parametern μ und σ.

△

Ausgehend von der Normaldichte können wir die Normalverteilungsfunktion berechnen. Es ist allerdings nicht möglich diese Funktion geschlossen durch andere geläufige Funktionen wie $\ln(x)$, x^2, 10^x oder ähnliche anzugeben. Sie ist aber ausführlich tabelliert. Siehe ergänzende Literatur.

Die Verteilungsfunktion einer normalverteilten Zufallsfunktion mit den Parametern μ und σ werden wir folgendermaßen bezeichnen

$$\Phi(x;\mu,\sigma^2).$$

Die entsprechende Dichte schreiben wir in folgender Form

$$\varphi(x;\mu,\sigma^2).$$

Wir überlegen uns nun Eigenschaften der Normalverteilung. Die Dichte ist glokkenförmig, eingipfelig, und sie hat den höchsten Wert (Scheitel) für $x = \mu$. Weiter ist sie symmetrisch bezüglich $x = \mu$, d.h. für $x = \mu - y$ hat sie denselben Wert wie für $x = \mu + y$. Siehe Abbildung 32.

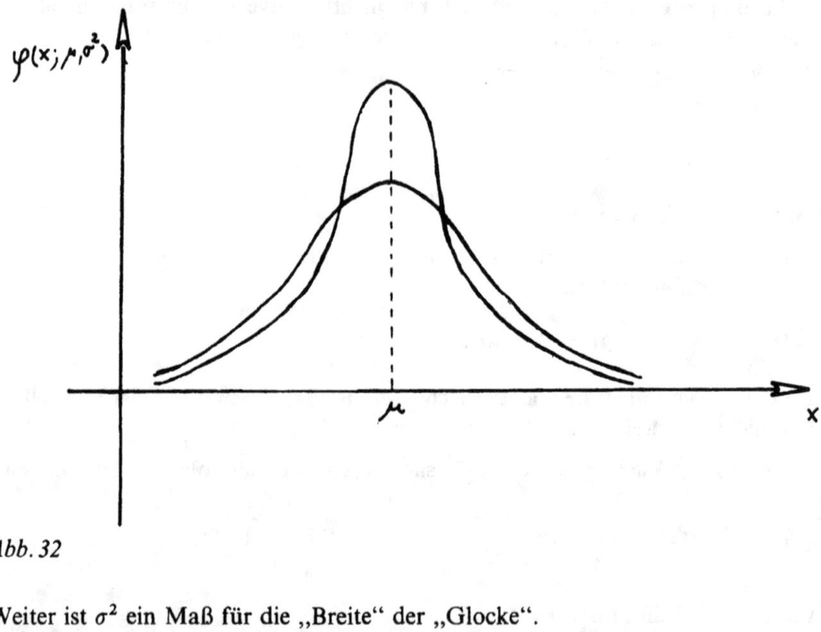

Abb. 32

Weiter ist σ^2 ein Maß für die „Breite" der „Glocke".

Durch Integration ergeben sich für eine normalverteilte Zufallsfunktion f der Erwartungswert und die Varianz:

$$E(f) = \int x\varphi(x;\mu,\sigma^2)\,dx = \mu$$

und

$$\operatorname{Var}(f) = \int (x-\mu)^2 \varphi(x;\mu,\sigma^2)\,dx = \sigma^2$$

Damit sind die beiden Parameter μ und σ^2 der Erwartungswert bzw. die Varianz der Zufallsfunktion.

Die Normalverteilung mit Erwartungswert 0 und Varianz 1 heißt **Standardnormalverteilung.**

Die entsprechende Dichte lautet dann

$$\varphi(x;0,1) = \frac{1}{\sqrt{2\pi}} \exp(-\frac{1}{2}x^2)$$

Es sei nun f eine normalverteilte Zufallsfunktion mit der Dichte $\varphi(x;\mu,\sigma^2)$. Dann betrachten wir die durch lineare Transformation entstandene Zufallsfunktion

$$g = a + bf,$$

wobei a und b Konstanten sind mit $b \neq 0$.

Entsprechend den Transformationsregeln für Dichten lautet dann die Dichte von g

$$\frac{1}{|b|}\varphi\left(\frac{x-a}{b};\mu,\sigma^2\right) = \varphi(x; b\mu + a, b^2\sigma^2)$$

Also resultiert für g wieder eine Normaldichte.

Daher hat die Normalverteilung die wichtige Eigenschaft bei linearen Transformationen erhalten zu bleiben. Diese Eigenschaft ist mit ein Grund, daß die Normalverteilung so häufig beobachtbar ist, denn aufgrund dieser Eigenschaft bleibt der Verteilungstyp erhalten, wenn wir die Realisierungen linear transformieren. Solche linearen Transformationen ergeben sich, wenn wir den Maßstab ändern, z.B. ein Gewicht anstatt in Pfund in Kilogramm messen.

Bei den obigen Überlegungen haben wir uns auf den Fall eindimensionaler Zufallsfunktionen beschränkt. Sie können aber auch bei Vorliegen mehrdimensionaler Zufallsfunktionen durchgeführt werden. Damit resultiert dann die mehrdimensionale Normalverteilung.

Im folgenden werden wir diese Verteilung aber aus der bereits definierten eindimensionalen Normalverteilung ableiten.

Es sei f eine k-dimensionale Zufallsfunktion. Die einzelnen Komponenten f_i seien voneinander unabhängig und standardnormalverteilt.

Dann ist die gemeinsame Dichte aller f_i, also die Dichte von f das Produkt der Einzeldichten

$$\left(\frac{1}{\sqrt{2\pi}}\right)^k \exp(-\frac{1}{2}x_1^2)\exp(-\frac{1}{2}x_2^2)\ldots\exp(-\frac{1}{2}x_k^2)$$

Dafür können wir auch schreiben

$$\left(\frac{1}{\sqrt{2\pi}}\right)^k \exp\left(-\frac{1}{2} x'x\right),$$

wobei x ein Spaltenvektor ist mit der i-ten Komponente x_i. Nun betrachten wir die folgende lineare Transformation

$$g = a + Bf,$$

wobei a ein k-dimensionaler Spaltenvektor und B eine nichtsinguläre (k, k)-Matrix ist.

Für die Dichte von h erhalten wir dann nach den Transformationsregeln für Dichten

$$(30) \qquad \frac{1}{\sqrt{2\pi}^k} \frac{1}{|\det B|} \exp\left(-\frac{1}{2}(x-a)' B^{-1\prime} B^{-1}(x-a)\right)$$

Für den Erwartungswert von g ergibt sich

$$E(g) = a$$

und für die Varianz-Kovarianzmatrix von g

$$\Sigma = BB'$$

Daraus folgt aber

$$B^{-1\prime} B^{-1} = \Sigma^{-1} \quad \text{und} \quad \det B = (\det \Sigma)^{\frac{1}{2}}$$

Daher können wir anstatt (30) auch schreiben

$$(31) \qquad \frac{1}{\sqrt{2\pi}^k} \frac{1}{|\det \Sigma|^{\frac{1}{2}}} \exp\left(-\frac{1}{2}(x-a)' \Sigma^{-1}(x-a)\right)$$

Wir halten also fest, daß wir ausgehend von einer Zufallsfunktion f bestehend aus k voneinander unabhängigen Komponenten f_i, die standardnormalverteilt sind, durch lineare Transformation eine Zufallsfunktion mit der Dichte (31) erhalten.

Definition 9

Ein k-dimensionale Zufallsfunktion g mit der Dichte (31) bezeichnen wir als normalverteilt und die Verteilung als Normalverteilung.

Die Normaldichte (31) kennzeichnen wir durch

$$\varphi(x; a, \Sigma)$$

Nach Konstruktion ist a der Erwartungswert und Σ die Varianz-Kovarianzmatrix der normalverteilten Zufallsfunktion. Als Spezialfall ergibt sich für $k = 1$ die eindimensionale Normalverteilung aus Definition 8.

△

Für $a = 0$ und $\Sigma = I$ (= Einheitsmatrix) bezeichnen wir die Normalverteilung als **Standardnormalverteilung.**

Wir zeigen nun den folgenden wichtigen Satz.

Satz 6

Wenn $f = (f_1, f_2, \dots, f_k)$ eine k-dimensionale normalverteilte Zufallsfunktion ist, so folgt aus der Unkorreliertheit der Komponenten f_i, daß die f_i alle voneinander unabhängig sind.

Beweis

Der Erwartungswert von f sei gleich

$$a = (a_1, a_2, \dots, a_k),$$

und die Varianz-Kovarianz-Matrix sei gleich Σ.

Wegen der Unkorreliertheit der f_i ist Σ diagonal

$$\Sigma = \begin{bmatrix} \sigma_1^2 & 0 & 0 & \dots & 0 \\ 0 & \sigma_2^2 & 0 & \dots & 0 \\ \cdot & & & & \cdot \\ 0 & 0 & 0 & \dots & \sigma_k^2 \end{bmatrix}$$

Dann lautet die Dichte von f

$$\text{(32)} \quad \varphi(x; a, \Sigma) = \frac{1}{\sqrt{2\pi}^k \sigma_1 \cdot \sigma_2 \dots \sigma_k} \exp\left(-\frac{1}{2} \sum_{i=1}^{k} (x_i - a_i)^2 \sigma_i^{-2}\right) =$$

$$= \frac{1}{\sqrt{2\pi}\sigma_1} \exp\left(-\frac{1}{2}(x_1 - a_1)^2 \sigma_1^{-2}\right) \dots$$

$$\frac{1}{\sqrt{2\pi}\sigma_k} \exp\left(-\frac{1}{2}(x_k - a_k)^2 \sigma_k^{-2}\right)$$

Aus der Gleichung (32) folgt, daß die gemeinsame Dichte der Zufallsfunktion f gleich ist dem Produkt der einzelnen Dichten von f_i. Daraus folgt aber, daß die f_i voneinander unabhängig sind.

△

Man beachte, daß die Umkehrung dieses Satzes, nämlich, daß aus der Unabhängigkeit die Unkorreliertheit folgt, für jede Verteilung gilt. Bei normalverteilten Zufallsfunktionen sind aber Unabhängigkeit und Unkorreliertheit äquivalent.

Analog zum eindimensionalen Fall, erhalten wir durch eine nichtsinguläre Lineartransformation aus einer normalverteilten Zufallsfunktion wieder eine normalverteilte Zufallsfunktion.

Satz 7

Es sei f eine k-dimensionale Zufallsfunktion mit der Dichte $\varphi(x; \mu, \Sigma)$. Weiter sei a ein konstanter l-dimensionaler Vektor und B eine konstante $l \times k$-Matrix vom Range l. Dann ist

$$g = a + Bf$$

auch normalverteilt mit

$$E(g) = a + BE(f) \quad \text{und} \quad \Sigma_{gg} = B\Sigma_{ff}B'.$$

Beweis

Wir führen den Beweis nur für den Fall $l = k$.

Da B nichtsingulär ist, resultiert nach der Transformationsregel für Dichten für g die folgende Dichte

$$\frac{1}{|\det B|}\,\varphi\big(B^{-1}(x-a); \mu, \Sigma\big)$$

Nach Definition der Funktion φ ist dieser Ausdruck aber gleich

$$\varphi(x; B\mu + a, B\Sigma B')$$

Damit ist der Beweis erbracht.

△

Schließlich überlegen wir uns noch, wie die Summe h zweier unabhängiger, normalverteilter eindimensionaler Zufallsfunktionen f und g verteilt ist.

Es seien also f und g unabhängig und normalverteilt mit den Dichten

$$\varphi(x_1; \mu_1 \sigma_1^2) \quad \text{und} \quad \varphi(x_2; \mu_2, \sigma_2^2).$$

Mit Hilfe der Faltung erhalten wir für die Dichte von $h = f + g$

$$\int \varphi(x_1; \mu_1, \sigma_1^2)\; \varphi(x - {}_1; \mu_2, \sigma_2^2)\, dx_1.$$

Durch Auswerten dieses Integrals resultiert wieder eine Normaldichte nämlich

$$\varphi(x; \mu_1 + \mu_2, \sigma_1^2 + \sigma_2^2)$$

Also ist h auch normalverteilt.

Daraus folgt allgemein, daß die Summe von n voneinander unabhängigen Zufallsfunktion auch normalverteilt ist, da wir diese Summe durch sukzessive Summation von zwei Termen aufbauen können.

Aus der Normalverteilung resultieren einige andere Verteilungen, die in der Anwendung häufig verwendet werden. Diese Verteilungen besprechen wir im folgenden.

Wir gehen von einem bekannten Schätzproblem der Statistik aus. Es sei f eine normalverteilte Zufallsfunktion mit Erwartungswert Null und Varianz σ^2.

Zu f beobachten wir n Realisierungen $x_1, x_2, \ldots, x_n$. Aus diesen Realisierungen soll der Parameter σ^2 geschätzt werden. In der Statistik wird der folgende Wert als Schätzwert für σ^2 verwendet.

$$\frac{1}{n} \sum_{i=1}^{n} x_i^2$$

Wir können uns die n Realisierungen $x_1, x_2, \ldots, x_n$ auch in folgender Weise entstanden denken: Es liegen n Zufallsfunktionen $f_1, f_2, \ldots, f_n$ vor, wobei alle normalverteilt sind mit Erwartungswert 0 und Varianz σ^2, und wir beobachten dazu eine Realisierung $(x_1, x_2, \ldots, x_n)$ der Zufallsfunktion $f = (f_1, f_2, \ldots, f_n)$.

Üblicherweise wird noch vorausgesetzt, daß die Realisierungen x_i voneinander „unabhängig" sind, d.h. eigentlich, daß die f_i voneinander unabhängig sind.

Wir lösen uns von den speziellen Werten $x_1, x_2, \ldots, x_n$ und fassen die Schätzung von σ^2 als Vorschrift auf, wie aus beliebigen Realisierungen der Schätzwert zu berechnen ist. Damit erhalten wir eine Zufallsfunktion.

$$(33) \qquad \hat{\sigma}^2 = \frac{1}{n} \sum_{i=1}^{n} f_i^2$$

Diese Zufallsfunktion heißt in der Statistik **Schätzfunktion** des Parameters σ^2.

Anstatt $\hat{\sigma}^2$ betrachten wir die folgende normierte Zufallsfunktion

$$\chi_n^2 = \frac{\hat{\sigma}^2 n}{\sigma^2}$$

Aus (33) ergibt sich

$$(34) \qquad \chi_n^2 = \frac{\hat{\sigma}^2 n}{\sigma^2} = \sum_{i=1}^{n} \left(\frac{f_i}{\sigma}\right)^2$$

Da aber die f_i/σ_i standardnormalverteilte Zufallsfunktionen sind, ist χ_n^2 die Summe von n quadrierten unabhängigen standardnormalverteilten Zufallsfunktionen. Die entsprechende Verteilung heißt **Chi-Quadrat-Verteilung**, kurz **χ^2-Verteilung**, mit n Freiheitsgraden.

Wir berechnen nun die Dichte von χ_n^2. Wir überlegen uns, daß sie existiert und bezeichnen sie mit $\psi(x; n)$. Zuerst betrachten wir den Fall $n = 1$.

Es gilt für $x > 0$:

$$P([\chi_1^2 \leqq x]) = P([-\sqrt{x} \leqq f \leqq \sqrt{x}]) = \Phi(\sqrt{x}; 0, 1) - \Phi(-\sqrt{x}; 0, 1)$$

Durch Differenzieren erhalten wir die Dichte

$$\psi(x; 1) = \frac{1}{2\sqrt{x}} \varphi(\sqrt{x}; 0, 1) + \frac{1}{2\sqrt{x}} \varphi(-\sqrt{x}; 0, 1)$$

Beachten wir die Symmetrie der Normaldichte, so folgt schließlich

$$\psi(x;1) = \frac{1}{\sqrt{x}}\,\varphi(\sqrt{x};0,1) = \frac{1}{\sqrt{2\pi}\sqrt{x}}\exp\left(-\frac{1}{2}x\right) \quad \text{für } x > 0,$$

Die Dichte $\psi(x;2)$ können wir durch Faltung berechnen, und zwar ausgehend von der gemeinsamen Dichte von

$$(f_1^2/\sigma_1^2,\ f_2^2/\sigma_2^2),$$

die ja das Produkt zweier Dichten $\psi(x_1;1)$ und $\psi(x_2;1)$ ist. Analog ergeben sich durch sukzessive Faltung die Dichte von χ_3^2, von χ_4^2 und allgemein die Dichte von χ_n^2

$$\psi(x;n) = \left(\frac{1}{2}\right)^{n/2} \frac{1}{\Gamma\left(\frac{n}{2}\right)}\, x^{\frac{n}{2}-1}\exp\left(-\tfrac{1}{2}x\right) \qquad \text{für } x > 0,$$

wobei $\Gamma(m)$ die Gammafunktion ist. Siehe Übung 5.

In Abbildung 33 ist $\psi(x\,n)$ für $n = 1, 2, 3$ und 6 graphisch dargestellt.

In $\psi(x;1)$ haben wir eine Dichte vorliegen, die nicht beschränkt ist, da sie bei Annäherung an $x = 0$ beliebig große Werte annimmt.

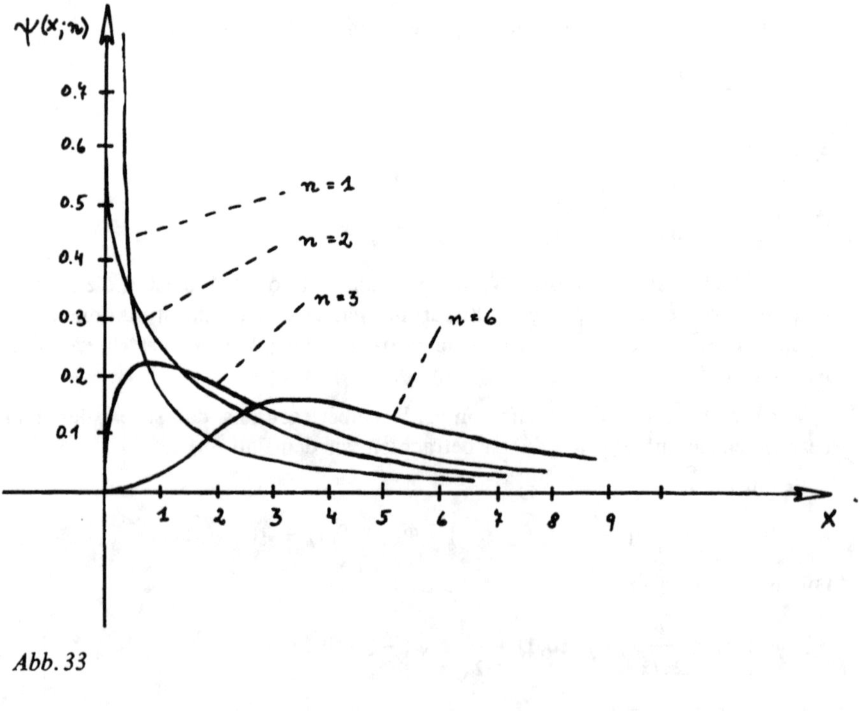

Abb. 33

Aus dieser Dichte ergibt sich aber eindeutig die Verteilungsfunktion, da das Integral

$$\int_0^x \psi(y;1)\,dy$$

existiert und endlich ist.

Durch Integration ergeben sich

$$E(\chi_n^2) = n \quad \text{und} \quad Var(\chi_n^2) = 2n$$

Zur χ^2-Verteilung gibt es ausführliche Tabellen. Siehe ergänzende Literatur.

Ausgehend von der χ^2-Verteilung gelangt man zu anderen häufig verwendeten Verteilungen.

In der Statistik wird der folgende Sachverhalt betrachtet. Es sei f eine normalverteilte Zufallsfunktion mit Erwartungswert 0 und Varianz σ_1^2. Zu f liegen die folgenden Realisierungen vor: $x_1, x_2, \ldots, x_n$.

Weiter sei g eine von f unabhängige normalverteilte Zufallsfunktion mit Erwartungswert 0 und Varianz σ_2^2.

Zu g liegen die folgenden Realisierungen vor: $y_1, y_2, \ldots, y_m$. Die Frage ist dann, ob die beiden unbekannten Parameter σ_1^2 und σ_2^2 gleich sind. Um dies zu prüfen, kann der Quotient der folgenden Schätzfunktionen betrachtet werden:

$$\hat{\sigma}_1^2 = \frac{1}{n}\sum_{i=1}^{n} f_i^2, \quad \hat{\sigma}_2^2 = \frac{1}{m}\sum_{i=1}^{m} g_i^2$$

Dieser Quotient enthält eine Information darüber, ob die beiden Varianzen gleich sind; er ist eher in der Nähe von 1, wenn die beiden Varianzen gleich sind. Anstatt dieses Quotienten wir die folgende normierte Größe betrachtet

$$F_{n,m} = \frac{\hat{\sigma}_1}{\sigma_1} \Big/ \frac{\hat{\sigma}_2}{\sigma_2}$$

Offensichtlich ist dieser Ausdruck der Quotient zweier voneinander unabhängiger χ^2-verteilter Zufallsfunktionen, jeweils dividiert durch die Anzahl der Freiheitsgrade. Die zu $F_{n,m}$ gehörende Verteilung heißt **F-Verteilung mit n Zähler- und m Nennerfreiheitsgraden.**

Die entsprechende Dichte lautet:

$$\frac{1}{B(m,n)}\left(\frac{m}{n}\right)^{\frac{m}{2}} x^{\frac{m}{2}-1}\left(1+\frac{m}{n}x\right)^{-\frac{m+n}{2}} \quad \text{für } x > 0$$

Dabei ist $B(m, n)$ die sogenannte Betafunktion:

$$B(m,n) = \Gamma(m)\,\Gamma(n)/\Gamma(m+n)$$

Die F-Verteilung ist ausführlich tabelliert. Siehe ergänzende Literatur.

In der Statistik spielt noch eine andere Verteilung eine wichtige Rolle.

Es sei f eine normalverteilte Zufallsfunktion mit Erwartungswert μ und Varianz σ^2. Dazu liegen n unabhängige Realisierungen $x_1, x_2, \ldots, x_n$ vor. Zu schätzen sind die Parameter μ und σ^2.

Dann wird für μ die Schätzfunktion

$$\hat{\mu} = \frac{1}{n} \sum_{i=1}^{n} f_i,$$

und für σ^2 die Schätzfunktion

$$\hat{\sigma}^2 = \frac{1}{n-1} \sum_{i=1}^{n} (f_i - \hat{\mu})^2$$

verwendet.

Aufgrund der Eigenschaften der Normalverteilung ist $\hat{\mu}$ auch normalverteilt mit Erwartungswert μ und Varianz σ^2/n.

Daher ist die Größe

$$\frac{\sqrt{n}}{\sigma} \hat{\mu}$$

standardnormalverteilt.

Da aber σ nicht bekannt ist, wird anstatt dieser Größe die folgende betrachtet

$$t_{n-1} = \frac{\sqrt{n}\hat{\mu}}{\hat{\sigma}} = \frac{\sqrt{n}\hat{\mu}}{\sigma} \Big/ \frac{\hat{\sigma}}{\sigma}$$

Man kann nun zeigen, daß $\hat{\mu}$ und $\hat{\sigma}^2$ unabhängig sind, und daß $(n-1)\,\hat{\sigma}^2$ verteilt ist nach einer χ^2-Verteilung mit $n-1$ Freiheitsgraden. Siehe Übung 3.

Dann ist t_{n-1} der Quotient einer standardnormalverteilten und der Wurzel einer davon unabhängigen χ^2-verteilten Zufallsfunktion geteilt durch die Anzahl der Freiheitsgrade $n-1$.

Eine solche Zufallsfunktion heißt **t-verteilt mit n − 1 Freiheitsgraden.** Die Verteilung heißt **t-Verteilung.** Man überlegt sich leicht, daß sich eine solche Zufallsfunktion ergibt, wenn wir aus einer F-verteilten Zufallsfunktion mit einem Zähler- und $n-1$ Nennerfreiheitsgraden die Wurzel ziehen. Die Dichte hat folgende mathematische Darstellung

$$\frac{1}{\sqrt{\pi n}} \frac{\Gamma\left(\frac{n+1}{2}\right)}{\Gamma\left(\frac{n}{2}\right)} \left(1 + \frac{x^2}{n}\right)^{-\frac{n+1}{2}} \quad \text{für } x \in \mathbb{R}$$

Für $n = 1$ existiert zu dieser Dichte kein Erwartungswert. Die entsprechende Verteilung heißt auch **Cauchy-Verteilung.** Für $n \geqq 2$ wird der Erwartungswert gleich 0. Eine Varianz existiert nur für $n \geqq 3$, und sie hat den Wert $n/(n-2)$. Auch diese Verteilung ist ausführlich tabelliert. Die t-Verteilung approximiert mit wachsender Anzahl der Freiheitsgrade die Normalverteilung.

Bei der Betrachtung von Wartezeiten und Lebensdauerzeiten tritt häufig noch eine bestimmte Verteilung auf. Diese Verteilung hat die Eigenschaft „ohne Gedächtnis" zu sein, d.h. wenn wir z.B. die Lebensdauer T eines physikalischen Teilchens betrachten, so gilt

$$(35) \qquad P([T > t+s] \mid [T > s]) = P([T > t])$$

Diese Formel besagt, daß das Teilchen nicht altert. Wenn nämlich das Teilchen bis zum Zeitpunkt s noch existiert, so hat es die selbe Lebenserwartung wie eines, das in s neu entstanden ist.

Durch die Forderung (35) wird die Dichte eindeutig festgelegt. Sie hat folgende mathematische Form

$$p(x) = \alpha e^{-\alpha x} \quad \text{für } x \geqq 0$$

Zu dieser Dichte können wir auch die Verteilung explizit angeben. Sie lautet

$$F(x) = 1 - e^{-\alpha x} \quad \text{für } x \geqq 0$$

Diese Verteilung heißt Lebensdauer Verteilung und sie spielt in der Wartschlagentheorie eine wichtige Rolle.

Ergänzende Literatur:

Ausführliche Tabellen von Verteilungen sind zu finden in:

1. *Owen, D.B.:* Handbook of statistical tables. Pergamon Press, 1962.

2. *Wetzel, W., M.-D. Jöhnk und P. Naeve:* Statistische Tabellen. W. de Gruyter, 1967.

Übungen auf Aufgaben

1. Es sei $f = (f_1, f_2, \ldots, f_n)$ eine n-dimensionale und normalverteilte Zufallsfunktion mit Erwartungswert 0 und mit der Varianz-Kovarianz-Matrix

   $\Sigma_{ff} = \sigma^2 I$,

   wobei I die Einheitsmatrix ist.

   Weiter sei A eine quadratische (n, n)-Matrix, die symmetrisch, idempotent und vom Range $k \leqq n$ ist. Dabei bedeutet idempotent, daß A^2 gleich ist A. Aus dieser Eigenschaft ergibt sich allgemein

   $A^m = A \quad \text{für } m \geqq 1$

   Man überlege sich, daß die Zufallsfunktion

   $$Q = \frac{1}{\sigma^2} \sum_{i,j} a_{ij} f_i f_j = \frac{1}{\sigma^2} f' A f$$

χ^2-verteilt ist mit k Freiheitsgraden.

Hinweise:

a) Aus der Linearen Algebra folgt, daß A darstellbar ist in der Form

$$A = UI_kU',$$

wobei U orthogonal ist, d.h. $U'U = I$ und I_k eine Diagonalmatrix mit k Einsen in der Diagonalen und sonst lauter Nullen.

b) Man definiere

$$B = I_kU'$$

und die Zufallsfunktion

$$g = \frac{1}{\sigma} Bf$$

c) Man überlege sich, daß g normalverteilt ist mit

$$\Sigma_{gg} = I_k$$

d) Man überlege sich

$$Q = g'g$$

2. Es sei die Größe Q genau so definiert wie in Aufgabe 1. Weiter sei mit einer (m, n)-Matrix C die folgende Zufallsfunktion definiert

$$h = Cf$$

Schließlich gelte

$$CA = 0$$

Man zeige, daß h und Q voneinander unabhängig sind.

Hinweise:

a) Man überlege sich, daß es reicht zu zeigen, daß die Kovarianzmatrix Σ_{hg} verschwindet, wobei g wie in Aufgabe 1 definiert ist.

b) Man berechne Σ_{hg} unter Verwendung der Gleichungen

$$h = Cf \quad \text{und} \quad g = \frac{1}{\sigma} Bf$$

c) Man überlege sich, daß sich CA in folgender Weise schreiben läßt

$$CA = CUI_kU',$$

und daß daraus die Gleichung

$$CB' = 0$$

folgt.

3. Es sei f eine Zufallsvariable, die normalverteilt ist mit Erwartungswert μ und Varianz σ^2. Beobachtet werden n „unabhängige" Realisierungen $x_1, x_2, \ldots, x_n$. Wir betrachten dazu die Schätzfunktion für μ

$$\hat{\mu} = \frac{1}{n} \sum_{i=1}^{n} f_i,$$

wobei die f_i gleich verteilt sind wie f und voneinander unabhängig.

Man zeige, daß die Größe

$$t_n = \frac{\sqrt{n}\,(\hat{\mu} - \mu)}{\hat{\sigma}}$$

t-verteilt ist mit n − 1 Freiheitsgraden, wobei

$$\hat{\sigma}^2 = \frac{1}{n-1} \sum_{i=1}^{n} (f_i - \hat{\mu})^2$$

Hinweise:

a) Man überlege sich, daß die Größe

$$z = \sqrt{n}\,(\hat{\mu} - \mu)\sigma$$

standardnormalverteilt ist.

b) Man überlege sich die Gleichheit

$$t_n = \frac{\sqrt{n}\,(\hat{\mu} - \mu)}{\sigma} \Big/ \sqrt{\frac{1}{\sigma^2}\hat{\sigma}^2}$$

c) Man überlege sich, daß sich z bzw. Q folgendermaßen schreiben lassen

$$z = Cg, \quad Q = g'Ag,$$

wobei A idempotent ist und $CA = 0$ gilt.

4. Sei f eine Zufallsfunktion, für welche der Erwartungswert μ, das zweite und das vierte Moment existieren. Das Verhältnis

$$E(f - \mu)^4/(E(f - \mu)^2)^2$$

wird als **Kurtosis** bezeichnet.

Falls f normalverteilt ist, so ergibt sich

$$E(f - \mu)^4 = 3\sigma^4$$

Also hat die Kurtosis in diesem Falle den Wert 3. Eine Kurtosis von 3 wird daher als normale Kurtosis bezeichnet.

5. Die sogenannte Gammafunktion $\Gamma(z)$ ist folgendermaßen definiert

$$\Gamma(z) = \int_0^\infty x^{z-1} e^{-x} dx \quad \text{für } z > 0$$

Es gilt

$$\Gamma(z+1) = z\Gamma(z)$$

Speziell ist $\Gamma(1) = 1$.

Damit ergibt sich

$$\Gamma(z+1) = z! \quad \text{für } z = 0, 1, 2, 3, \ldots$$

Weiter ist speziell $\Gamma(\frac{1}{2}) = \sqrt{\pi}$.

5.11. Das Gesetz der großen Zahl

Im Rahmen eines diskreten Wahrscheinlichkeitsraumes haben wir ein Gesetz der großen Zahl kennengelernt. Im folgenden leiten wir ein entsprechendes Gesetz für kontinuierliche Wahrscheinlichkeitsräume ab.

Dabei gehen wir aus von dem statistischen Problem der Schätzung des Erwartungswertes einer Zufallsfunktion f. Wir beobachten die Realisierungen $x_1, x_2, \ldots, x_n$ einer eindimensionalen Zufallsfunktion f, zu der ein Erwartungswert μ und eine Varianz σ^2 existieren.

Wir nehmen an, daß die Realisierungen unabhängig sind, d.h. präzise, daß wir x_i auffassen als Realisierung einer Zufallsfunktion f_i, wobei die f_i alle gleich verteilt sind wie f, und die f_i voneinander unabhängig sind.

Der Mittelwert μ wird dann geschätzt durch

$$\frac{1}{n}(x_1 + x_2 + \ldots + x_n) = \bar{x}$$

Wenn wir uns von den speziellen Realisierungen lösen, so erhalten wir eine Zufallsfunktion, nämlich die sogenannte Schätzfunktion

$$\hat{\mu}_n = \frac{1}{n} \sum_{i=1}^{n} f_i$$

Für jedes n erhalten wir auf diese Weise eine Zufallsfunktion, also insgesamt eine Folge von Zufallsfunktionen

$$\hat{\mu}_1, \hat{\mu}_2, \hat{\mu}_3, \ldots$$

Mit Hilfe der $\hat{\mu}_n$ soll μ möglichst gut geschätzt werden. Es leuchtet ein, daß wir im allgemeinen μ nicht exakt schätzen können sondern nur ungefähr. Es wäre aber wünschenswert, daß sich mit wachsendem n die Realisierungen von $\hat{\mu}_n$ immer dichter um μ herum befinden. Das bedeutet, daß die Folge $\hat{\mu}_1, \hat{\mu}_2, \ldots$ in einer gewissen Weise μ mit wachsendem n immer besser approximiert. Ein Gesetz der großen Zahl gibt an, in welcher Weise und unter welchen Voraussetzungen die Approximation erfolgt. Um dieses Gesetz zu beweisen, zeigen wir zuerst die sogenannte **Tschebyscheff-Ungleichung** für kontinuierliche Wahrscheinlichkeitsräume.

Ungleichung von Tschebyscheff

Es sei f eine eindimensionale Zufallsfunktion, zu der ein Erwartungswert und eine Varianz existieren.

Dann gilt

(36) $\quad P([|f| \geqq \varepsilon]) \leqq E(f^2)/\varepsilon^2, \quad$ für jedes $\varepsilon > 0$.

Beweis

Der Beweis dieser Ungleichung ist völlig analog dem Beweis im diskreten Fall. Der Einfachheit halber setzen wir voraus, daß zu f eine Dichte p(x) existiert.

Es kann dann das zweite Moment in folgender Weise abgeschätzt werden

$$(37)\qquad E(f^2) = \int x^2 p(x)\,dx \geqq \int_{|x| \geqq \varepsilon} x^2 p(x)\,dx \geqq \int_{|x| \geqq \varepsilon} \varepsilon^2 p(x)\,dx =$$

$$= \varepsilon^2 \int_{|x| \geqq \varepsilon} p(x)\,dx = \varepsilon^2 P([|f| \geqq \varepsilon]),$$

wobei $\varepsilon > 0$ sein muß.

Aus Gleichung (37) folgt aber unmittelbar Gleichung (36).

△

Die Ungleichung von Tschebyscheff wenden wir nun an. Es sei

$$f_1, f_2, \ldots, f_n, \ldots$$

eine Folge von eindimensionalen und unabhängigen Zufallsfunktionen, die identisch verteilt sind und Erwartungswert μ und Varianz σ^2 besitzen.

Damit hat die Zufallsfunktion

$$g_n = \frac{1}{n} \sum_{i=1}^{n} (f_i - \mu)$$

den Erwartungswert 0 und es ergibt sich

$$E(g_n^2) = \mathrm{Var}(g_n) = \sigma^2/n .$$

Beachten wir

$$g_n = \frac{1}{n} \sum_{i=1}^{n} f_i - \mu,$$

so ergibt sich durch Anwenden der Tschebyscheff-Ungleichung auf g_n

$$(38)\qquad P([|\frac{1}{n} \sum_{i=1}^{n} f_i - \mu| \geqq \varepsilon]) \leqq \sigma^2/n\varepsilon^2 \quad \text{für jedes } \varepsilon > 0 .$$

Wählen wir also ein festes $\varepsilon > 0$ und lassen wir n gegen ∞ gehen, so geht wegen (38) die Wahrscheinlichkeit, daß

$$g_n = \frac{1}{n} \sum_{i=1}^{n} f_n$$

um mehr als ε von μ abweicht, gegen Null.

Da wir ε nur größer Null aber sonst beliebig wählen können, approximiert g_n in einer bestimmten Weise μ und zwar um so besser, je größer n ist.

Ungleichung (38) ist ein spezielles Gesetz der großen Zahl, das wir im folgenden genau formulieren wollen.

Gesetz der großen Zahl

Sei $f_1, f_2, \ldots$ eine Folge von unabhängigen und identisch verteilten Zufallsfunktionen mit dem Erwartungswert μ und der Varianz σ^2.
Dann gilt Gleichung (38). △

Bei obigem Gesetz der großen Zahl hatten wir gefordert, daß die Zufallsfunktionen f_i unabhängig und identisch verteilt sind. Die Aussage des Satzes bleibt aber auch unter allgemeineren Voraussetzungen gültig.

Anstelle der identischen Verteilung reicht es zu fordern, daß

$$\frac{1}{n^2} \sum_{i=1}^{n} \operatorname{Var}(f_i)$$

für n gegen ∞ gegen Null geht. Dies ist sicher der Fall, wenn die Varianzen von f_i alle kleiner als eine Konstante C sind. Diese Bedingung garantiert, daß die Zufallsfunktionen f_i in etwa gleich stark variieren. Mit anderen Worten, keine Zufallsfunktion ist in der Varianz sehr stark dominierend. Die Unabhängigkeit kann auch abgeschwächt werden. Es reicht z.B. die sogenannte „Stationarität" der f_i zu fordern. Darauf wollen wir aber nicht näher eingehen.

Je nach den Annahmen, die getroffen werden, ergibt sich ein spezielles Gesetz der großen Zahl.

Durch das Gesetz der großen Zahl wird eine bestimmte Art der Konvergenz impliziert, die wir im folgenden genau festlegen wollen.

Definition 10

Es sei $f_1, f_2, \ldots$ ein Folge von eindimensionalen Zufallsvariablen. Wir sagen, daß die Folge **stochastisch** oder in **Wahrscheinlichkeit** gegen Null konvergiert, wenn für jedes $\varepsilon > 0$

$$P([|f_n| < \varepsilon])$$

für wachsendes n gegen 1 geht. △

Bemerkungen:

In dieser Definition können wir auch fordern, daß

$$P([|f_n| \geqq \varepsilon])$$

für wachsendes n gegen 0 geht, da $[|f_n| < \varepsilon]$ und $[|f_n| \geqq \varepsilon]$ zwei disjunkte Ereignisse sind, die zusammen das sichere Ereignis ergeben.

Wenn die Folge $f_1 - f, f_2 - f, \ldots$ stochastisch gegen Null konvergiert, so sagen wir auch, daß die Folge $f_1, f_2, \ldots$ stochastisch gegen f konvergiert. Speziell kann f auch eine Konstante a sein. Für diese Art der Konvergenz schreiben wir auch symbolisch

$$\operatorname*{p\,lim}_{n \to \infty} f_n = f$$

△

Nach dem Gesetz der großen Zahl konvergiert also

$$g_n = \frac{1}{n} \sum_{i=1}^{n} f_i$$

stochastisch gegen μ: $\operatorname{p\,lim} g_n = \mu$

Nach Definition bedeutet die stochastische Konvergenz einer Folge $f_1, f_2, \ldots$ gegen eine Konstante a, daß sich die Verteilung von f_n immer mehr um a herum konzentriert. Diesen Sachverhalt kann man graphisch deutlich machen, wenn zu f_i eine Dichte $p_i(x)$ existiert. Siehe Abbildung 34.

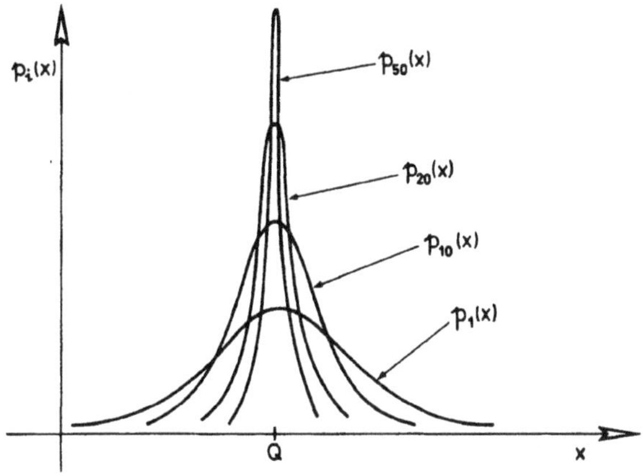

Abb. 34

Bei einer Folge von k-dimensionalen Zufallsfunktionen $f_1, f_2, \ldots$ sagen wir, daß sie stochastisch gegen Null konvergiert, wenn dies für jede der k Komponenten, die eindimensionale Zufallsfunktionen sind, gilt.

Die wichtigste Anwendung des Gesetzes der großen Zahl besteht darin, daß wir die Wahrscheinlichkeit von Ereignissen als Grenzwert von relativen Häufigkeiten zumindestens angenähert ermitteln, also schätzen, können.

Es sei $(\Omega, \mathscr{B}_\Omega, P)$ ein Wahrscheinlichkeitsraum.

Gesucht ist P(S), wobei $S \in \mathscr{B}_\Omega$, also eine Borelmenge ist. Wir führen n Versuche durch und in m Fällen realisiere sich S. Dann ist die relative Häufigkeit des Ereignisses S gleich

$$h = m/n$$

Definieren wir die Zufallsfunktion f_i auf folgende Weise

$$f_i(\omega) = \begin{cases} 1 & \text{falls } \omega \in S \text{ im Versuch i, sich also S realisiert} \\ 0 & \text{falls } \omega \notin S \text{ im Versuch i, sich also nicht S realisiert} \end{cases}$$

Dann gibt die Zufallsfunktion

$$\frac{1}{n} \sum_{i=1}^{n} f_i$$

gerade die relative Häufigkeit des Ereignisses S in den n Versuchen an.

Die f_i sind natürlich identisch verteilt, und es gilt

$$E(f_i) = 1 \cdot P(S) + 0P(\bar{S}) = P(S) \quad \text{und} \quad E(f_i^2) = 1^2 P(S) + 0^2 P(\bar{S}) = P(S).$$

Damit ergibt sich für die Varianz von f_i

$$\text{Varianz}\,(f_i) = P(S) - P(S)^2 = \sigma^2$$

Fordern wir noch, daß die f_i unabhängig sind, so ist das Gesetz der großen Zahl anwendbar.

Also konvergiert die relative Häufigkeit des Ereignisses S gegen die Wahrscheinlichkeit von S und zwar stochastisch. Insofern ist das Gesetz der großen Zahl für die Statistik von enormer Bedeutung, da es gestattet, die Wahrscheinlichkeit von Ereignissen durch Beobachten relativer Häufigkeiten mit wachsendem Stichprobenumfang immer besser zu schätzen. Insbesondere kann damit die Verteilungsfunktion F(x) geschätzt werden, da F(x) für jedes feste x gleich ist der Wahrscheinlichkeit eines bestimmten Ereignisses.

Auch die Parameter von Verteilungen können wir wegen des Gesetzes der großen Zahl sinnvoll schätzen.

In der Einleitung haben wir das Problem der Schätzung des Mittelwertes einer Zufallsfunktion f angesprochen. Die Schätzfunktion lautete

$$\hat{\mu}_n = \frac{1}{n} \sum_{i=1}^{n} f_i$$

bzw. wenn $x_1, x_2, \ldots, x_n$ Realisierungen der Zufallsfunktion f sind, so lautet eine Realisierung von $\hat{\mu}_n$

$$\frac{1}{n} \sum_{i=1}^{n} x_i$$

Wenn das Gesetz der großen Zahl anwendbar ist, so konvergiert das arithmetische Mittel stochastisch gegen den Erwartungswert μ.

Entsprechend kann man zu anderen Parametern (z.B. der Varianz) Schätzfunktionen konstruieren, die stochastisch gegen den entsprechenden Parameter konvergieren.

Solche Schätzfunktionen heißen **konsistent**.

Wenn eine Zufallsfolge $f_1, f_2, \ldots$ stochastisch gegen eine Konstante a konvergiert, so bedeutet dies allerdings nicht, daß jede Folge von Realisierungen $x_1, x_2, \ldots$, wobei x_i Realisierung von f_i ist, gegen a konvergiert.

Diesen Sachverhalt wollen wir uns genauer überlegen. Die stochastische Konvergenz der Folge $f_1, f_2, \ldots$ gegen die Konstante a besagt, wenn wir n genügend groß wählen, so sind mit einer Wahrscheinlichkeit P_n die Realisierungen von f_n von a nur weniger als ε entfernt, wobei P_n für wachsendes n gegen 1 geht. Die Folge $x_1, x_2, \ldots$

konvergiert aber im Sinne der Analysis nicht gegen a, wenn bei noch so großem n immer wieder ein x_n von a um mehr als ε entfernt ist.

Dies ist aber denkbar, auch wenn die Folge $f_1, f_2, \ldots$ stochastisch konvergiert, da durch die stochastische Konvergenz nur eine Aussage über das Verhalten der Realisierungen für ein **festes n** gemacht wird und nicht über das Verhalten der **Realisierungsfolgen.**

Dazu ein **Beispiel:**

Es sei $\Omega = [0,1]$ der Ergebnisraum und dazu gehöre die Gleichverteilung, d.h. das Wahrscheinlichkeitsmaß ist die geometrische Länge.

Wir definieren die folgende Folge von Zufallsfunktionen

$$\begin{array}{l}
f_1(x) = 1 \text{ für } \quad 0 \leqq x \leqq 1/2 \text{ und } = 0 \text{ sonst} \\
f_2(x) = 1 \text{ für } \quad \tfrac{1}{2} \leqq x \leqq 1 \quad \text{ und } = 0 \text{ sonst} \\
f_3(x) = 1 \text{ für } \quad 0 \leqq x \leqq 1/3 \text{ und } = 0 \text{ sonst} \\
f_4(x) = 1 \text{ für } 1/3 \leqq x \leqq 2/3 \text{ und } = 0 \text{ sonst} \\
f_5(x) = 1 \text{ für } 2/3 \leqq x \leqq 1 \quad \text{ und } = 0 \text{ sonst} \\
f_6(x) = 1 \text{ für } \quad 0 \leqq x \leqq 1/4 \text{ und } = 0 \text{ sonst} \\
f_7(x) = 1 \text{ für } 1/4 \leqq x \leqq 2/4 \text{ und } = 0 \text{ sonst} \\
\text{usw.}
\end{array}$$

Das Bildungsgesetz ist klar: mit wachsendem n wir des immer unwahrscheinlicher, daß f_n ungleich Null ist.

Die Wahrscheinlichkeit dafür ist für f_1 gleich 1/2 für f_3 gleich 1/3, für f_7 gleich 1/4 usw.

Also konvergiert f_n stochastisch gegen Null.

Andererseits gibt es für ein festes x immer wieder ein n, so daß x in das Intervall fällt, wo $f_n(x)$ den Wert 1 annimmt.

Betrachten wir also ein **festes** x und dazu die Folge der Realisierungen

$$f_1(x), f_2(x), \ldots,$$

so gibt es in dieser Folge zwar immer mehr Nullen, aber trotzdem wenn auch in immer größeren Abständen, immer wieder Einsen. Also konvergiert **keine einzige** der Folgen der Realisierungen im Sinne der Analysis gegen Null.

△

Aus diesem Beispiel ist ersichtlich, daß die oben definierte stochastische Konvergenz relativ schwach ist. Man bezeichnet sie daher auch als **schwache Konvergenz** und obiges Gesetz der großen Zahl als **schwaches Gesetz der großen Zahl.**

Wünschenswerter als die stochastische Konvergenz wäre die Konvergenz aller Realisierungsfolgen bzw. praktisch aller. Dies führt zu folgenden

Definition 11

Es sei $f_1, f_2, \ldots$ eine Folge von Zufallsfunktionen. Wir sagen die Folge konvergiert **mit Wahrscheinlichkeit 1** oder **stark**, wenn die Wahrscheinlichkeit dafür, daß eine

Folge der Realisierungen konvergiert gleich 1 ist, symbolisch

$$P([f_n \text{ konvergiert}]) = 1.$$

△

Es kann also durchaus einzelne Folgen von Realisierungen geben, die nicht konvergieren; die Wahrscheinlichkeit dafür, daß sich eine solche Folge ergibt, ist aber gleich Null.

Es gibt auch Gesetze der großen Zahl, bei denen die starke Konvergenz vorliegt; ein solches Gesetz heißt dann **starkes Gesetz der großen Zahl.**

Die Voraussetzungen im oben formulierten schwachen Gesetz der großen Zahl reichen aus, um sogar ein starkes Gesetz der großen Zahl zu formulieren.

Zum Schluß bringen wir noch zwei Sätze, die für die Anwendung in der Schätztheorie sehr wichtig sind.

Wir gehen aus von einer Folge von Zufallsfunktion $f_1, f_2, \ldots$, wobei die f_i alle den Erwartungswert μ haben. Die Varianz von f_i sei σ_i^2, und die Folge der Varianzen konvergiere gegen Null.

Dann ergibt sich aufgrund der Tschebyscheff-Ungleichung

$$P([|f_n - \mu| \geqq \varepsilon]) \leqq \sigma_n^2/\varepsilon^2$$

Also konvergiert die Folge $f_1, f_2, \ldots$ stochastisch gegen Null. Wir haben also gezeigt, daß aus der Konvergenz der Varianzen die stochastische Konvergenz folgt. Diese Aussage ist für einen Nachweis der stochastischen Konvergenz sehr wichtig, da es meistens relativ einfach ist, die Varianzen zu berechnen und zu zeigen, daß sie gegen Null konvergieren. Wenn die Varianzen gegen Null gehen, so spricht man auch von der **Konvergenz im quadratischen Mittel.**

Satz 8

Wenn eine Folge von Zufallsfunktionen mit gleichem Erwartungswert μ im quadratischen Mittel konvergiert, so konvergiert sie stochastisch gegen den Erwartungswert μ.

△

Aus der Analysis sind die folgenden Aussagen bekannt:

a) Wenn die Folge $x_1, x_2, \ldots$ gegen x konvergiert, so konvergiert die Folge

$$a + bx_1,\ a + bx_2, \ldots \quad \text{gegen } a + bx,$$

b) und allgemein ergibt sich für eine stetige Funktion g, daß die Folge

$$g(a + bx_1),\ g(a + bx_2), \ldots \quad \text{gegen } g(a + bx) \text{ konvergiert.}$$

c) Wenn die Folge $x_1, x_2, \ldots$ gegen x konvergiert, und die Folge $y_1, y_2, \ldots$ gegen y, so konvergiert die Folge

$$x_1 + y_1,\ x_2 + y_2, \ldots \quad \text{gegen } x + y.$$

Entsprechende Aussagen gelten für die stochastische Konvergenz. Wir formulieren die Aussagen im folgenden

Satz von Slutzky

Es seien $f_1, f_2, \ldots$ bzw. $g_1, g_2, \ldots$ zwei Folgen von Zufallsfunktionen, die stochastisch gegen die Konstanten α bzw. β konvergieren. Weiter sei $h(x, y)$ eine Funktion, die für alle x, die Realisierungen von $f, f_1, f_2, \ldots$ sind, und für alle y, die Realisierungen von $g, g_1, g_2, \ldots$ sind, definiert und stetig ist.

Dann konvergiert die Folge

$$h(f_1, g_1),\ h(f_2, g_2), \ldots \quad \text{gegen } h(\alpha, \beta).$$

Wenn speziell $h(x, y)$ gleich ist $a + bx$, so konvergiert also $a + bf_1$, $a + bf_2, \ldots$. gegen $a + b\alpha$, und wenn speziell $h(x, y)$ gleich ist $x + y$, so konvergiert also $f_1 + g_1$, $f_2 + g_2, \ldots$, gegen $\alpha + \beta$.

△

Beweis

Aus der Stetigkeit von $h(x, y)$ ergibt sich, daß es zu jedem $\eta > 0$ ein $\varepsilon_1 > 0$ und ein $\varepsilon_2 > 0$ gibt, so daß aus

$$|x - \alpha| < \varepsilon_1 \quad \text{und} \quad |y - \beta| < \varepsilon_2$$

die Ungleichung

$$|h(x, y) - h(\alpha, \beta)| < \eta$$

folgt.

Das bedeutet

$$[|f_i - \alpha| < \varepsilon_1] \cap [|g_i - \beta| < \varepsilon_2] \subset [|h(f_i, g_i) - h(\alpha, \beta)| < \eta]$$

oder in Worten:

wenn $|f_i(\omega) - \alpha| < \varepsilon_1$ „und" $|g_i(\omega) - \beta| < \varepsilon_2$, so ist

$$|h(f_i(\omega), g_i(\omega)) - h(\alpha, \beta)| < \eta$$

Bezeichnen wir mit

A_i das Ereignis $[|f_i - \alpha| < \varepsilon_1]$, mit

B_i das Ereignis $[|g_i - \beta| < \varepsilon_2]$ und mit

C_i das Ereignis $[h(f_i, g_i) - h(\alpha, \beta)| < \eta]$, so schreibt sich obige Beziehung folgendermaßen

$$A_i \cap B_i \subset C_i$$

Nach Voraussetzung konvergieren

$P(A_i)$ und $P(B_i)$ gegen 1. Damit ergibt sich, daß

$P(C_i) \geqq P(A_i \cap B_i)$ auch gegen 1 konvergiert, was gleichbedeutend ist mit der stochastischen Konvergenz von $h(f_i, g_i)$ gegen $h(\alpha, \beta)$.

5.12. Zentraler Grenzwertsatz

Bei der Einführung der Normalverteilung hatten wir erwähnt, daß der Name dieser Verteilung davon herrührt, daß sie in der praktischen Anwendung sehr häufig auftritt. Im folgenden zeigen wir, unter welchen wahrscheinlichkeitstheoretischen Voraussetzungen eine solche Verteilung resultieren kann.

Wir gehen wieder aus von dem statistischen Problem der Schätzung eines Erwartungswertes einer Zufallsfunktion f. Es liegen also die n Realisierungen $x_1, x_2, \ldots, x_n$ vor. Wir fassen die Realisierung x_i auf als Realisierung einer Zufallsfunktion f_i, wobei die f_i voneinander unabhängig sind und gleich verteilt wie f.

Die Schätzfunktion lautet dann

$$\hat{\mu}_n = \frac{1}{n} \sum_{i=1}^{n} f_i$$

Nach dem Gesetz der großen Zahl wissen wir, daß $\hat{\mu}_n$ stochastisch gegen μ konvergiert.

Das bedeutet anschaulich, daß sich die Verteilung immer mehr (mit wachsendem n) um μ herum konzentriert. Die Varianz von $\hat{\mu}_n$ lautet

$$\sigma_n^2 = \frac{1}{n} \sigma^2,$$

und sie geht für wachsendes n gegen Null. Damit wird auch zum Ausdruck gebracht, daß die Verteilung sich für wachsendes n auf einen Punkt, nämlich den Erwartungswert μ, konzentriert.

Wenn wir aber $\hat{\mu}_n$ normieren, so daß die Varianz zu 1 wird, so kann sich die Verteilung für wachsendes n nicht mehr auf einen Punkt konzentrieren. Der Erwartungswert der normierten Größe

$$\hat{\mu}_n / \frac{1}{\sqrt{n}} \sigma$$

ist aber gleich $\mu / \frac{1}{\sqrt{n}} \sigma = \sqrt{n}\, \mu/\sigma$. Bei dieser Normierung geht also der Erwartungswert gegen ∞. Um dies zu verhindern, zentrieren wir die Größe auch.

Wir betrachten also die standardisierte Größe

$$\frac{(\hat{\mu}_n - \mu)}{\frac{1}{\sqrt{n}} \sigma} = \sqrt{n}\, \frac{(\hat{\mu}_n - \mu)}{\sigma} = \frac{\sqrt{n}}{\sigma} \frac{1}{n} \sum_{i=1}^{n} (f_i - \mu) = \frac{1}{\sigma} \frac{1}{\sqrt{n}} \sum_{i=1}^{n} (f_i - \mu),$$

die Erwartungswert 0 und Varianz 1 hat.

Bezeichnen wir die Verteilung dieser standardisierten Zufallsfunktion mit $F_n(x)$, so erhebt sich die Frage, ob sich die Verteilungen $F_n(x)$ für wachsendes n zu einer Verteilungsfunktion F(x) stabilisieren, d.h., daß die Verteilung von

$$(\hat{\mu}_n - \mu) / \frac{1}{\sqrt{n}} \sigma$$

für wachsendes n immer genauer durch die Verteilung F(x) approximiert werden kann.

Diese Art von Approximation definieren wir genauer.

Definition 12

Es sei $f_1, f_2, \ldots$ eine Folge von Zufallsfunktionen. Die Verteilung von f_n sei $F_n(x)$. Wenn für jedes feste x die Folge $F_n(x)$ gegen einen Wert F(x) konvergiert und F(x) eine stetige Verteilungsfunktion ist, so sagen wir, daß die Folge der f_n **in Verteilung** gegen eine Zufallsfunktion konvergiert mit der Verteilungsfunktion F(x).

△

Es erhebt sich nun die Frage, ob die Folge $(\hat{\mu}_n - \mu) / \frac{1}{\sqrt{n}} \sigma$ in Verteilung konvergiert.

Eine Aussage darüber macht der folgende Satz:

Zentraler Grenzwertsatz

Es sei $f_1, f_2, \ldots$ eine Folge identisch verteilter unabhängiger Zufallsfunktionen mit Erwartungswert μ und Varianz σ^2.

Dann konvergiert die Folge

$$g_n = \frac{1}{\sqrt{n}\sigma} \sum_{i=1}^{n} (f_i - \mu)$$

in Verteilung gegen eine Zufallsfunktion, die der Standardnormalverteilung unterliegt.

△

Der Beweis dieses Satzes ist nicht ganz einfach. Für den mathematisch interessierten Leser geben wir den Beweis in groben Zügen wirder.

Dazu müssen wir zuerst den Begriff der charakteristischen Funktion einführen.

Definition 13

Es sei f eine eindimensionale Zufallsfunktion.

Dann sind für jedes reelle t

$$\cos(tf) \quad \text{und} \quad \sin(tf)$$

wohldefinierte Zufallsfunktionen.

Die Funktion

$$\chi(t) = E(\cos(tf)) + i\,E(\sin(tf))$$

heißt **charakteristische Funktion** von f. Dabei ist i die imaginäre Einheit. Um die Abhängigkeit von f zum Ausdruck zu bringen schreiben wir auch $\chi_f(t)$.

△

Ferner gilt

$$e^{ix} = \cos x + i \sin x$$

Daher können wir die charakteristische Funktion auch folgendermaßen schreiben

$$\chi_f(t) = E(\exp(itf))$$

Aus dieser Darstellung ergibt sich, wenn f und g zwei unabhängige Zufallsfunktionen sind, so folgt

$$\begin{aligned}\chi_{f+g}(t) &= E(\exp(it(f+g))) = E(\exp(itf)\exp(itg)) = \\ &= E(\exp(itf))\,E(\exp(itg)) = \chi_f(t)\cdot\chi_g(t).\end{aligned}$$

Also ist die charakteristische Funktion der Summe zweier unabhängiger Zufallsfunktionen gleich dem Produkt der beiden einzelnen charakteristischen Funktionen.

Falls zur Zufallsfunktion f eine Dichte p(x) existiert, die ursprungsymmetrisch ist, für die also gilt

$$p(-x) = p(x),$$

so ist die charakteristische Funktion reellwertig.

Dies folgt aus der Tatsache, daß

$$\begin{aligned}E(\sin(tf)) = \int_{-\infty}^{\infty} \sin(tx)\,p(x)\,dx &= \int_{-\infty}^{0} \sin(tx)\,p(x)\,dx + \\ &+ \int_{0}^{\infty} \sin t(tx)\,p(x)\,dx = 0\end{aligned}$$

Die Normalverteilung besitzt also eine reellwertige charakteristische Funktion.

Durch Integration ergibt sich für die Standardnormalverteilung

$$\chi(t) = \exp(-t^2/2)$$

Besonders wichtig ist die Tatsache, daß die charakteristische Funktion die Verteilung eindeutig festlegt. Dies wollen wir nicht beweisen.

Wir überlegen uns noch den Zusammenhang der Momente einer Verteilung und ihrer charakteristischen Funktion. Es sei f eine Zufallsfunktion mit einer Dichte p(x).

Wir entwickeln $\exp(itx) = 1 + itx + (itx)^2/2 + \ldots$

Daraus folgt

$$(39)\qquad \begin{aligned}\chi_f(t) &= E(\exp(itx)) = \int \exp(itx)\, p(x)\, dx = \\ &= \int [1 + itx + (itx)^2/2 + R^*(tx)]\, p(x)\, dx = \\ &= 1 + it\, E(f) + (it)^2\, E(f^2)/2 + R(t),\end{aligned}$$

wobei $R(t)/t^2$ gegen Null geht für $t \to 0$.

Mit Hilfe dieser Überlegungen können wir den Zentralen Grenzwertsatz beweisen.

Beweis:

Die charakteristische Funktion von $f_\nu - \mu$ sei $\chi(t)$.

Dann lautet die von g_n

$$\chi_{g_n}(t) = E\left(\exp\left(\frac{it}{\sqrt{n}\sigma} \sum_{\nu=1}^{n} (f_\nu - \mu)\right)\right) = \chi(t/\sqrt{n}\sigma)^n$$

Nun entwickeln wir diese Funktion nach Potenzen von t und wir erhalten wegen (39)

$$\chi(t/\sqrt{n}\sigma) = 1 + iE(f_\nu - \mu)t/\sqrt{n}\sigma + (it)^2 E(f_\nu - \mu)^2/2n\sigma^2 + R(t/\sqrt{n}\sigma)$$

Wir beachten $E(f_\nu) = \mu$ und $E(f_\nu - \mu)^2 = \sigma^2$ und erhalten daraus

$$\chi(t/\sqrt{n}\sigma)^n = (1 - t^2/2n + R(t/\sqrt{n}\sigma))^n$$

Durch einen Grenzübergang $n \to \infty$ ergibt sich schließlich

$$\chi_{g_n}(t) = \chi(t/\sqrt{n}\sigma)^n \to \exp(-t^2/2)$$

Asymptotisch hat also g_n dieselbe charakteristische Funktion wie eine Zufallsfunktion, welche standardnormalverteilt ist. Daraus folgt dann, daß die Verteilung von g_n gegen die Standardnormalverteilung konvergiert.

△

Beim Zentralen Grenzwertsatz hatten wir gefordert, daß die f_i identisch verteilt und unabhängig sind. Die Aussage des Zentralen Grenzwertsatzes bleibt aber auch unter allgemeineren Voraussetzungen gültig.

Je nach den Voraussetzungen erhalten wir eine spezielle Version eines Zentralen Grenzwertsatzes. Insbesondere kann man die Annahme der identischen Verteilung fallen lassen. Diese garantiert, daß keine Variable dominant wird; wenn nämlich eine Variable dominant wäre, so würde deren Verteilung in der Grenzverteilung durchschlagen. Dieses Durchschlagen einer Verteilung kann auch verhindert werden, indem wir die Gleichverteilungsannahme ersetzen durch die sogenannte **Ljapunov-Bedingung**

$$\frac{1}{\mathrm{Var}(g_n)^{3/2}} \sum_{i=1}^{n} E|f_i|^3 \to 0 \quad \text{für } n \to \infty$$

Die Voraussetzungen eines zentralen Grenzwertsatzes kann man folgendermaßen verbal beschreiben:

Es müssen eine Vielzahl von Faktoren additiv zusammenwirken, wobei eine gewisse Unabhängigkeit der Faktoren gegeben sein muß, und kein Faktor dominant sein darf.

Wenn aus sachlogischen Überlegungen diese Voraussetzungen in etwa gewährleistet sind, so ist zu erwarten, daß eine Normalverteilung resultiert. Es gibt Beispiele, wo eine dieser Annahmen verletzt ist, und man kann empirisch nachprüfen, daß keine Normalverteilung resultiert.

Dazu ein **Beispiel:**

Wir betrachten die sogenannte Einkommensverteilung einer Gruppe von Unselbständigen.

Es liegt also eine Zufallsvariable E vor, nämlich das Einkommen, und E ist ein potentieller Einkommenswert einer Person aus dieser Gruppe.

Wir betrachten nun das Einkommen einer Person im Laufe der Zeit und bezeichnen das Einkommen zum Zeitpunkt t mit E_t.

Für die Entwicklung des Einkommens im Laufe der Zeit unterstellen wir folgenden Zusammenhang

(40) $$E_{t+1} = E_t(1+\varepsilon_t)$$

Dabei stellt $1+\varepsilon_t$ den Faktor dar, um den das Einkommen vom Zeitpunkt t zum Zeitpunkt $t+1$ wächst.

Der Gleichung (40) liegt die Idee zugrunde, daß das Einkommen proportional wächst; der Faktor $(1+\varepsilon_t)$ bewirkt nämlich eine größere Zunahme, wenn E_t größer ist. Das proportionale Zunehmen der Einkommen ist weitgehend in der Tarifpolitik verankert und auch dadurch nahegelegt, daß Preise meistens proportional wachsen und wohl auch der technische Fortschritt in der Vergangenheit proportional gewachsen ist. Dieses proportionale Wachstum des Einkommens aus unselbständiger Arbeit wird zum Teil verhindert durch Gewähren von Sockelbeträgen. Diese Sockelbeträge haben den Sinn, die Einkommensverteilung „gerechter" zu machen.

Wir überlegen uns, was resultiert, wenn wir striktes propotionales Wachstum unterstellen, d.h. wir gehen von Gleichung (40) aus. Dabei ist ε_t zufällig, da wir annehmen, daß es zufällige Schwankungen bei der Änderung des Einkommens gibt, verursacht z.B. durch die konjunkturelle Lage, durch eigene schwankende Leistungen usw.

Aus (40) erhalten wir sukzessive

$$E_2 = E_1(1+\varepsilon_1)$$
$$E_3 = E_2(1+\varepsilon_2) = E_1(1+\varepsilon_1)(1+\varepsilon_2)$$

und allgemein

(41) $$E_n = E_1(1+\varepsilon_1)(1+\varepsilon_2)\dots(1+\varepsilon_{n-1}).$$

Durch Logarithmieren von (41) erhalten wir

$$(42) \qquad \log(E_n) = \log(E_1) + \log(1+\varepsilon_1) + \log(1+\varepsilon_2) + \ldots + \log(1+\varepsilon_{n-1})$$

Wenn wir annehmen, daß n relativ groß ist und der Faktor $(1 + \varepsilon_t)$ im Mittel größer 1 ist, so ergibt sich aus (42) in guter Näherung

$$(43) \qquad \log(E_n) \simeq \sum_{i=1}^{n-1} \log(1+\varepsilon_t)$$

Wenn die ε_t voneinander nicht zu sehr abhängen, und kein ε_t dominant ist, so erwarten wir, wegen des zentralen Grenzwertsatzes für großes n, daß $\log(E_n)$ in etwa normalverteilt ist.

Wenn wir eine Gruppe von Personen betrachten, die schon eine Zeitlang ein Einkommen beziehen, wobei für das Einkommen jeder Person Gleichung (40) gilt (d.h. die Verteilung der ε_t ist für jede Person dieselbe), so sind die einzelnen Einkommen alle in etwa gleichverteilt und zwar sind die logarithmierten Größen normalverteilt. Betrachten wir also das Einkommen E aller Personen zu einem festen Zeitpunkt, so erwarten wir, daß log(E) in etwa normalverteilt ist.

Diese Tatsache kann man empirisch bestätigen. Man sagt dafür auch, daß das Einkommen lognormalverteilt ist. Die Dichte dieser Verteilung ist linksschief. Siehe Abbildung 35.

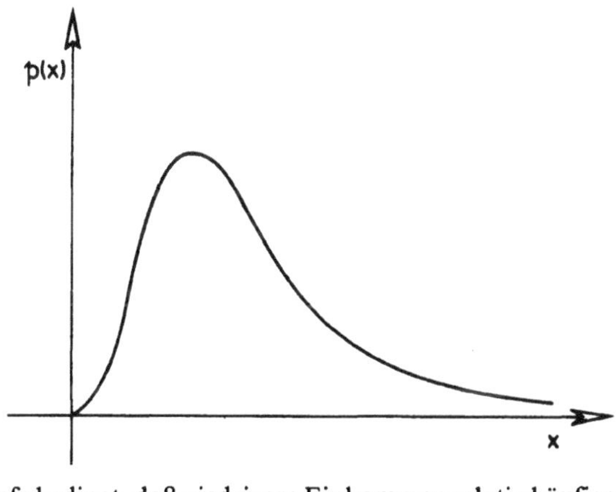

Abb. 35

Die Linksschiefe bedingt, daß niedrigere Einkommen relativ häufiger vorkommen.

Oft wird die Meinung vertreten, daß eine symmetrische Einkommensverteilung z.B. eine Normalverteilung „gerechter" ist.

Eine solche Verteilung resultiert nach obigen Überlegungen, wenn wir anstatt von (40) von der folgenden Beziehung ausgehen

$$E_{t+1} = E_t + \eta_t,$$

wobei η_t der additive Einkommenszuwachs ist.

Wenn sich also in der Tarifpolitik anstelle proportionaler Einkommenszuwächse

Sockelbeträge durchsetzen, so würde langfristig bei den Einkommen der Unselbständigen eine Normalverteilung resultieren.

△

Dieses Beispiel zeigt, daß für das Einkommen der Zentrale Grenzwertsatz nicht gilt, weil die Additivität nicht gegeben ist.

Es gibt auch andere Beispiele für Sachverhalte, bei denen eine Lognormalverteilung resultiert. Von Kolmogoroff stammt das folgende Beispiel. Die Göße der Steine, die von einer Schottermühle gemahlen worden sind, ist in guter Näherung lognormalverteilt. Dies ergibt sich theoretisch aus der Tatsache, daß die Verkleinerung der Steine in der Schottermühle proportional zur Größe erfolgt, d.h. die Steine zerfallen durch das Mahlen in Bruchteile.

Lösungen der Aufgaben zu Kapitel 1

1. a) $A = B$, $A \subset B$, $A \supset B$
   b) $A \neq B$
   c) $A \supset B$, $A \neq B$
   d) $A \supset B$, $A \neq B$
2. Richtig sind b), d) falls $x \neq y$, e), f).
3. $A \cup B = \{1, 2, 3, 4, 5, 6, 8\}$
   $B \cup C = M$
   $A \cap B = \{2, 4\}$
   $A \cap (B \cap C) = \emptyset$
   $\bar{B} = C$
4. Die Elemente des Durchschnitts $A \cap B$ und nur diese werden in der Summe $n(A) + n(B)$ jeweils einmal gezählt und alle anderen Elemente nur einmal.
5. Die Tabelle lautet

	Männer	Frauen	Summe
A			65
B	20		
Summe		50	100

Die Tabelle ist so auszufüllen, daß die Zeilen- und Spaltensummen richtig sind. Daraus resultiert die Tabelle

	Männer	Frauen	Summe
A	30	35	65
B	20	15	35
Summe	50	50	100

6.
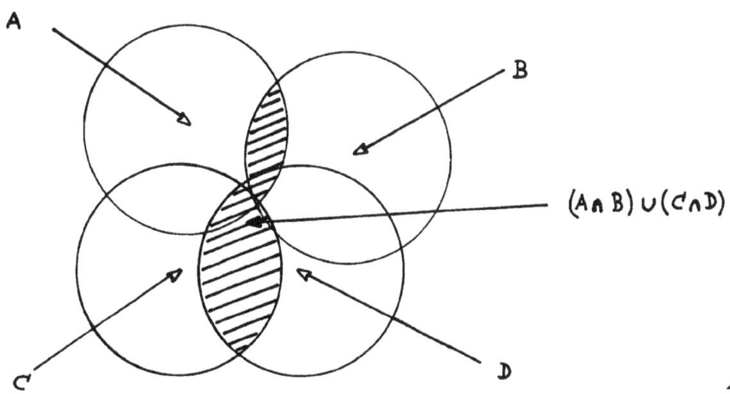

Abb. 36

7.

	A	B	$A \cap B$	$\overline{A \cap B}$	$\bar{A}$	$\bar{B}$	$\bar{A} \cup \bar{B}$
a	∈	∈	∈				
b	∈			∈		∈	∈
c	∈			∈		∈	∈
d		∈		∈	∈	∈	∈

8.

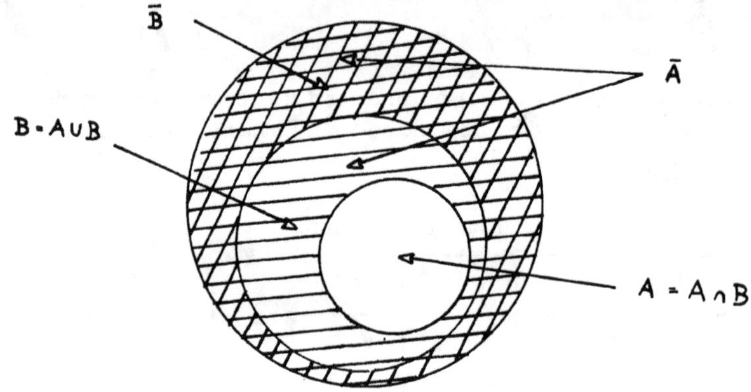

Abb. 37

Lösungen der Aufgaben zu Kapitel 3

1. $\Omega = \{\omega_1, \omega_2\}$ mit $\omega_1 =$ Kopf und $\omega_2 =$ Zahl. Es resultieren die folgenden Ereignisse:

   $\emptyset$, $\{\omega_1\}$, $\{\omega_2\}$, $\{\omega_1, \omega_2\}$.

2. S_1 „und" S_2 ergibt das unmögliche Ereignis.

   S_3 „und" S_4 ergibt „Augenzahl 4". Also ergibt S das Ereignis „Augenzahl 4".

   $S_1 \cap S_2 = \emptyset$, $S_3 \cap S_4 = \{\omega_4\}$ und $S = \{\omega_4\}$.

3. Durch Vereinigung, Durchschnitt und Komplementbildung der vier Mengen resultiert immer wieder eine der vier Mengen.

5. $\omega_1 = (r, r, r)$, $\omega_2 = (r, r, f)$, $\omega_3 = (r, f, r)$, $\omega_4 = (r, f, f)$
   $\omega_5 = (f, r, r)$, $\omega_6 = (f, r, f)$, $\omega_7 = (f, f, r)$, $\omega_8 = (f, f, f)$

   (1) $S = \{\omega_1, \omega_2\}$
   (2) $S = \{\omega_4, \omega_6, \omega_7\}$
   (3) $S = \{\omega_8\}$

   $\Omega' = \{0, 1, 2, 3\}$

   E entspricht $\{\omega_2, \omega_3, \omega_5\}$

6. Alle vier Aussagen sind richtig.

8. $S_1 = \{(\omega_1, \omega_1, \omega_1), (\omega_1, \omega_1, \omega_2), (\omega_1, \omega_2, \omega_1), (\omega_1, \omega_2, \omega_2)\}$
$S_2 = \{(\omega_1, \omega_1, \omega_1), (\omega_1, \omega_2, \omega_1), (\omega_2, \omega_1, \omega_2), (\omega_2, \omega_2, \omega_2)\}$

Lösungen der Aufgaben zu Kapitel 4

Abschnitt 4.1. Der mathematische Wahrscheinlichkeitsbegriff

4. Es ist $S_2 = S_1 \cup S_3$, wobei S_3 gleich ist dem Komplement von S_1 bezüglich S_2.
Daraus folgt
$P(S_1) \leqq P(S_1) + P(S_3) = P(S_2)$
Die Elemente der Menge $S_1 \cap S_2$ werden in der Summe $P(S_1) + P(S_2)$ doppelt gezählt in $S_1 \cup S_2$ nur einmal.
Wegen $S \cup \bar{S} = \Omega$ ergibt sich
$1 = P(\Omega) = P(S \cup \bar{S}) = P(S) + P(\bar{S})$

5*. Unabhängigkeit der k Stufen des Experiments wird vorausgesetzt. Dann hat A_n die selbe Wahrscheinlichkeit, wie das Ergebnis: bei einem Wurf ergibt sich Augenzahl 3, d.h. 1/6.
Das Ereignis B_n entspricht dem Ereignis: nicht A_1 „und" nicht A_2 „und" nicht A_3 „und" ... „und" nicht A_{n-1} „und" A_n. Daher gilt: $P(B_n) = \frac{5}{6})^{n-1} \cdot \frac{1}{6}$.
Das Ereignis C_n ist gleich $B_n \cap A_{n+1}$ und hat daher die Wahrscheinlichkeit $P(B_n) \cdot 1/6$.

6*. Wir überlegen uns zuerst mit welcher Wahrscheinlichkeit die Zahl 7777777 auftritt.
Die Wahrscheinlichkeit dafür ist
$\frac{7}{70} \cdot \frac{6}{69} \cdot \frac{5}{68} \cdot \frac{4}{67} \cdot \frac{3}{66} \cdot \frac{2}{65} \cdot \frac{1}{64}$
Die Wahrscheinlichkeit für die Zahl 1234567 ist gleich
$\frac{7}{70} \cdot \frac{7}{69} \cdot \frac{7}{68} \cdot \frac{7}{67} \cdot \frac{7}{66} \cdot \frac{7}{65} \cdot \frac{7}{64}$

8. Die Chance alle Senatoren zu erraten steht 1 zu $\binom{100}{5}$ d.h. 1 zu $\simeq$ 76 Mio.

9. Zuerst überlegen wir uns wie viele Möglichkeiten es gibt 36 Geburtstage zu verteilen, so daß keine zwei Geburtstage gleich sind. Dies ergibt
$365 \cdot 364 \cdot 363 \cdot \ldots \cdot 330$
Möglichkeiten. Insgesamt gibt es 365^{36} Möglichkeiten.

10. Es gibt 2^n verschiedene n-stellige Dualzahlen und daher 2^n Teilmengen. Man beachte, daß die Dualzahl 0 der leeren Menge entspricht!

12. Die Rekursionsformel lautet
$$\binom{n}{i} + \binom{n}{i+1} = \binom{n+1}{i+1}$$

13. 2^n ist die Anzahl aller Teilmengen einer n-elementigen Menge und $\binom{2}{i}$ die Anzahl der Teilmengen bestehend aus i Elementen.

Abschnitt 4.2. Bedingte Wahrscheinlichkeiten

3. Die Wahrscheinlichkeit ist 0.5×0.5, da man die Ergebnisse als unabhängig ansehen kann. Aus dem selben Grund ist die Wahrscheinlichkeit, daß auf drei Jungen ein Mädchen folgt gleich 0.5.

5*. Wir betrachten die folgenden Ereignisse, immer unter der Voraussetzung, daß in der geöffneten Schublade des Schrankes eine Goldmünze liegt.

Es sei S das Ereignis, daß in der anderen Schublade eine Silbermünze liegt und S_1 das Ereignis, daß der Schrank der ist, mit den beiden Goldmünzen, S_2 das Ereignis, daß es der ist mit der Gold- und der Silbermünze und S_3 das Ereignis, daß es der Schrank ist mit den beiden Silbermünzen.

Es gilt dann

$P(S_1) = 1/2$, $P(S_2) = 1/2$ und $P(S_3) = 0$

$P(S|S_1) = 0$

$P(S|S_2) = 1$

und daraus folgt

$P(S) = P(S|S_1)P(S_1) + P(S|S_2)P(S_2) + P(S|S_3)P(S_3) = 1/2.$

7. Offensichtlich ist $P(\cdot|C) \geqq 0$ und wegen $P(A \cap C) \leqq P(C)$ auch kleiner gleich 1. Weiter ist

$P(C|C) = P(C)/P(C) = 1$ und $P(\emptyset|C) = P(\emptyset)/P(C) = 0$

Schließlich gilt

$$P(A \cup B|C) = P((A \cup B) \cap C)/P(C) = \frac{P(A \cap C) + P(B \cap C)}{P(C)} = P(A|C) + P(B|C).$$

Abschnitt 4.3. Stochastische Unabhängigkeit

1. Es gilt
   a) $P(A \cap \Omega) = P(A) \cdot P(\Omega)$
   b) $P(A \cap \emptyset) = P(A) \cdot P(\emptyset)$
   c) $P(A \cap A) \neq P(A) \cdot P(A)$, falls $A \neq \emptyset$ und Ω
   d) $P(A \cap B) \neq P(A) \cdot P(B)$, falls $P(A) \neq 0$, $P(B) \neq 0$, $P(A) \neq 1$ und $P(B) \neq 1$.

2. Die Behauptungen folgen aus den beiden Gleichungen:

$$P((A \cap B) \cap C) = P(A \cap B \cap C) = P(A)P(B)P(C) = P(A \cap B)P(C) \quad \text{und}$$

$$\begin{aligned} P((A \cup B) \cap C) &= P((A \cap C) \cup (B \cap C)) = P(A \cap C) + P(B \cap C) \\ &\quad - P((A \cap C) \cap (B \cap C)) = \\ &= P(A)P(C) + P(B)P(C) - P(A \cap B)P(C) = [P(A) + P(B) \\ &\quad - P(A \cap B)]P(C) = P(A \cup B)P(C). \end{aligned}$$

3. Es reicht zu zeigen

$P(\bar{A} \cap B) = P(\bar{A})P(B)$

Da aber $B = (A \cap B) \cup (\bar{A} \cap B)$, ergibt sich

$P(B) = P(A \cap B) + P(\bar{A} \cap B)$ oder

$P(\bar{A} \cap B) = P(B) - P(A \cap B) = P(B)(1 - P(A)) = P(B)P(\bar{A})$

4. Die Behauptung stimmt nicht.

5. Man bildet die Zeilensummen z_1, z_2, z_3 und die Spaltensummen s_1, s_2, s_3 und zeige, daß nicht gilt $p_{ij} = z_i s_j$.

6*Die Definition müßte lauten
$P(A|B) = 100P(A \cap B)/P(B)$.

7. Es ergibt sich ein Experiment bestehend aus zwei Stufen und die Ergebnisse haben die Fom $\omega = (\omega_1, \omega_j'')$.
Die Unabhängigkeit wird genauso wie in Aufgabe 5 gezeigt.

8. Es gibt $2^5 = 32$ verschiedene Ergebnisse und davon $\binom{5}{2} = 10$ Fälle. in denen zwei Aufgaben richtig sind. Also ist die Wahrscheinlichkeit
$\binom{5}{2} \cdot (0.7)^2 \cdot (0.3)^3$.

9. Die Wahrscheinlichkeit ist $p \cdot q$.

10. Die Wahrscheinlichkeit, daß keine Verbindung klappt, ist gleich $(1 - r)(1 - s)$ und daher die, daß sie klappt, gleich $1 - (1 - r)(1 - s)$.

11. Die Wahrscheinlichkeit ist $1 - (1 - rs)(1 - pq)$.

Abschnitt 4.4. Diskrete Zufallsfunktionen

1. Die Zähldichte ist eine Abbildung von Ω auf die Menge $\{p_1, p_2, p_3, \ldots\}$ und daher formal eine Zufallsfunktion.
2. Ein Thermometer ordnet jedem Wetterzustand eine Zahl (= Temperaturgrad) zu und ist daher eine Zufallsfunktion in unserem Sinne.
3. $\Omega_f = \{2, 3, 4, 5, \ldots, 12\} = \{\omega_1', \omega_2', \omega_3', \ldots, \omega'_{11}\}$
$f((\omega_i, \omega_j)) = i + j \quad 1 \leqq i, j \leqq 6$
$p_1' = p_{11}' = 1/36,\ p_2' = p_{10}' = 2/36,\ p_3' = p_9' = 3/36$ usw.
$\Omega_f = \{1, 2, 3, \ldots, 6\} = \{\omega_1', \omega_2', \ldots, \omega_6'\}$
$f((\omega_i, \omega_j)) = \max(i, j)$
$p_1' = 1/36,\ p_2' = 3/36,\ p_3' = 5/36,\ p_4' = 7/36,\ p_5' = 9/36,\ p_6' = 11/36$.

Abschnitt 4.5. Unabhängige Zufallsfunktionen

1. Durch f beschreibbare Ereignisse sind
$\{(\omega_1, \omega_1, \omega_1)\}$, $\{(\omega_1, \omega_1, \omega_2), (\omega_1, \omega_2, \omega_1), (\omega_2, \omega_1, \omega_1)\}$,
$\{(\omega_1, \omega_2, \omega_2), (\omega_2, \omega_1, \omega_2), (\omega_2, \omega_2, \omega_1)\}$, $\{(\omega_2, \omega_2, \omega_2)\}$
und Vereinigungen davon.
Nicht durch f beschreibbar ist
$\{(\omega_1, \omega_2, \omega_1)\}$.
2. $a + bf$ ist eine Funktion von f und $\alpha + \beta g$ eine Funktion von g, daher sind diese Zufallsfunktionen unabhängig.

3. Man bilde die Zeilen- und Spaltensummen und das Produkt der ersten Zeilensumme und ersten Spaltensumme. Dieses Produkt ist nicht gleich 1/4. Daher sind die Zufallsfunktionen abhängig.

4. Das Ereignis
   $[f_1 + f_2 = 0]$ entspricht (ω_1, ω_1),
   das Ereignis
   $[f_1 + f_2 = 1]$ entspricht (ω_1, ω_2) „oder“ (ω_2, ω_1)
   und das Ereignis
   $[f_1 + f_2 = 2]$ entspricht (ω_2, ω_2).
   Daher lautet die Zähldichte

   $0 \to p^2$
   $1 \to 2pq$
   $2 \to q^2$

   Entsprechend lautet die Zähldichte von $f_1 + f_2 + f_3$

   $0 \to p^3$
   $1 \to 3p^2q$
   $2 \to 3pq^2$
   $3 \to q^3$.

Abschnitt 4.6.2. Kennzahlen von Zufallsfunktionen

4. Gleichung (2) folgt aus dem Ansatz $y = a + bx + u$, da der Operator Erwartungswert linear ist.
   Formel (3) ergibt sich daraus, daß y und $bx + u$ diesselbe Varianz haben und aus

   $$\mathrm{Var}(bx + u) = E(b(x - Ex) + u)^2 = b^2\mathrm{Var}(x) + b\mathrm{Cov}(x, u) + \mathrm{Var}(u).$$

   Formel (4) ergibt sich wenn wir die Gleichung $y = a + bx + u$ zentrieren zu

   $$y - Ey = b(x - Ex) + u,$$

   diese Gleichung mit $(x - Ex)$ multiplizieren und von beiden Seiten den Erwartungswert bilden.
   Gleichung (5) ergibt sich direkt unter Verwendung von (3) und (4). Lösen wir die beiden Gleichungen (2) und(4) in den Unbekannten a und b, so resultiert

   $$a = E(y) - bE(x)$$
   $$b = \mathrm{Cov}(y,x)/\mathrm{Var}(x)$$

   also formal dasselbe System wie bei der Minimum-Quadrat-Methode.

5. Das Ereignis, alle drei Augenzahlen sind gleich einer fest vorgegebenen Zahl, hat die Wahrscheinlichkeit $(1/6)^3$ und bringt die Auszahlung 4E.
   Das Ereignis, zwei Augenzahlen sind gleich einer fest vorgegebenen Zahl, hat die Wahrscheinlichkeit $3(1/6)^2 \cdot 5/6$ und bringt die Auszahlung 3E.

Schließlich hat das Ereignis, eine Augenzahl ist gleich einer fest vorgegebenen Zahl, die Wahrscheinlichkeit $3(1/6)\,(5/6)^2$ und bringt die Auszahlung E.

Die erwartete Auszahlung ist

$(4E + 15E + 75E)/216 = 94E/216 < E.$

6. $E(f-a)^2 = E(f^2 - 2af + a^2) = E(f^2) - 2aE(f) + a^2 =$
$= E(f - E(f))^2 - 2aE(f) + 2(E(f))^2 - (E(f))^2 + a^2 = \mathrm{Var}(f) + (a - E(f))^2.$

7. $E(\min(f_1, f_2)) = 1 \cdot 0.35 + 2 \cdot 0.45 + 3 \cdot 0.20 = 1.85$
$E(\max(f_1, f_2)) = 1 \cdot 0.05 + 2 \cdot 0.30 + 3 \cdot 0.65 = 2.60$
$Ef_1 = 1 \cdot 0.20 + 2 \cdot 0.50 + 3 \cdot 0.30 = 2.10$
$Ef_2 = 1 \cdot 0.20 + 2 \cdot 0.25 + 3 \cdot 0.55 = 2.35$

Abschnitt 4.7. Spezielle diskrete Verteilungen

2. Es ist eine Poissonverteilung zu erwarten, da ein Experiment zugrundeliegt mit zwei Ergebnissen: ω_1 = Konkurs und ω_2 = kein Konkurs. Das ω_1 Ergebnis ist auch relativ selten.

3. Es liegt die Bernoulliverteilung $b(10, 0.5)$ vor. Die gesuchte Wahrscheinlichkeit lautet

$$\binom{10}{8} 0.5^{10} = 45/1024.$$

5. Es ist eine Poissonverteilung zu erwarten. Begründung wie in Aufgabe 2.

6. Die gesuchte Zähldichte lautet

$$P([X_1 = i, X_2 = j, X_3 = k]) = \binom{n}{i}\binom{n}{j}\binom{n}{k} p^{i+j+k}(1-p)^{3n-i-j-k}$$

$$P([X_1 = 0, X_2 = 0, X_3 = 0]) = (1-p)^{3n}$$

7. Es ist

$$1 = (1)^n = (p+q)^n = \sum_{k=0}^{n} \binom{n}{k} p^k (1-p)^{n-k}$$

Abschnitt 4.8. Die Verteilungsfunktion

1. Die Verteilungsfunktion ist 0 für $x < 0$ und hat die folgenden Sprünge:
an der Stelle $x = 0$ von der Höhe 1/16
an der Stelle $x = 1$ von der Höhe 4/16
an der Stelle $x = 2$ von der Höhe 6/16
an der Stelle $x = 3$ von der Höhe 4/16
an der Stelle $x = 4$ von der Höhe 1/16 auf den Wert 1.

2. Die Verteilungsfunktion lautet
$F(x)\,G(x)\,H(x).$

3. Es ergibt sich durch Faltung

$$P([f + g = j]) = \sum_{i=0}^{j} \frac{e^{\alpha}\alpha^i}{i!} \frac{e^{\beta}\beta^{j-i}}{(j-i)!} = e^{\alpha+\beta}(\alpha+\beta)^j/j!$$

4. Die Gleichung folgt direkt aus

$[f \leqq a] \cup [a < f \leqq b] = [f \leqq b]$

a) n gerade: $n = 2m$
Dann wird $\tilde{x} = m$.
n ungerade: $n = 2m + 1$
Dann ist $\tilde{x} \in [m, m+1]$

b) $\tilde{x} \in [1, 2]$

c) $\tilde{x} = 0$ für $p > 0.5$
$\tilde{x} = 1$ für $p < 0{,}5$
$\tilde{x} \in [0, 1]$ für $p = 0.5$

6. $\tilde{x}_{0,85} = 2$

Abschnitt 4.9. Die Erzeugende

1. Nach Definition des Erwartungswertes ergibt sich

$$Ee^{ft} = \sum_i p_i e^{it}$$

Weiter gilt

$$\left.\frac{d^n g(t)}{dt^n}\right|_{t=0} = \left.\sum_i p_i i^n e^{it}\right|_{t=0} = m_n$$

Durch Differenzieren erhalten wir aus $g(\ln(z))$ alle p_i (und damit die Verteilung)

2. Es sei f verteilt nach der geometrischen Verteilung, dann ergibt sich

$$\gamma_f(z) = \sum_{i=0}^{\infty} (1-p)^i p z^i = p \frac{1}{1-(1-p)z}$$

$$\left.\frac{d\gamma_f(z)}{dz}\right|_{z=1} = p \left.\frac{(1-p)}{(1-(1-p)z)^2}\right|_{z=1} = \frac{1-p}{p}$$

Also ergibt sich $E(f) = (1-p)/p$

$$\left.\frac{d^2\gamma_f(z)}{dz^2}\right|_{z=1} = \left.\frac{2p(1-p)^2}{(1-(1-p)z)^3}\right|_{z=1} = \frac{2(1-p)^2}{p^2}$$

Daraus ergibt sich

$$Var(f) = \left.\frac{d^2\gamma_f(z)}{dz^2}\right|_{z=1} + E(f) - (E(f))^2 = (1-p)/p^2.$$

Abschnitt 4.10. Das Gesetz der großen Zahl

1. Wir wenden die Ungleichung von Tschebyscheff auf $f - \mu$ an:

$P([|f-\mu| \geqq \alpha\sigma) < 1/\alpha^2$

Da die Ereignisse $[|f-\mu| \geqq \alpha\sigma]$ und $[|f-\mu| < \alpha\sigma]$ komplementär sind, ergibt sich

$P([|f-\mu| < \alpha\sigma]) > 1 - 1/\alpha^2$

Das Ereignis

$[|f-\mu|<\alpha\sigma]$ ist aber gleich dem Ereignis

$[\mu-\alpha\sigma<f<\mu+\alpha\sigma]$.

2. Durch Anwenden der Ungleichung (52) in der Form von Aufgabe 1 ergibt sich

$$P([|\frac{1}{n}\sum_{i=1}^{n} f_i - 0.5|<0.1]) > 1-\frac{(0.5)^2}{n(0.1)^2}$$

Es muß also n so groß gewählt werden, daß

$1-(0.5)^2/n(0.1)^2 \geqq 0.99$

Dann muß $n > 2500$ gewählt werden.

3. Es sei eine Zufallsfunktion mit Erwartungswert μ, Varianz σ^2 und der Verteilungsfunktion $F(x)$.

Wir wollen für einen Wert $x = x_0$ den Wert der Verteilungsfunktion schätzen. Wir konstruieren die folgende Zufallsfunktion g: falls die Realisierung von f kleiner gleich x_0 ist, so soll g den Wert 1 und sonst den Wert Null annehmen.

Die Wahrscheinlichkeit, daß g den Wert 1 annimmt, ist dann gleich $p = F(x_0)$. Diese können wir, wie vorher gezeigt, durch relative Häufigkeiten schätzen.

Lösungen der Aufgaben zu Kapitel 5

Abschnitt 5.6. Kontinuierliche Zufallsfunktionen

1. Wir setzen $g(x) = \exp(x)$. Dann ist $g(x)$ stetig differenzierbar und die Ableitung verschwindet nicht. Daher ergibt sich nach Satz 4 für die gesuchte Dichte

$$q(x) = \frac{1}{\exp(x)}\, p(\ln(x)) \text{ für } x > 0$$

2. Die Funktion $g(x) = a + Bx$ ist stetig differenzierbar. Die Jacobische Determinante ist gleich det B und verschwindet nicht. Daher ergibt sich für die gesuchte Dichte

$$q(x) = \frac{1}{|\det B|}\, p(B^{-1}(x-a))$$

3. Der Stichprobenraum von f lautet $\Omega' = \{0, 1\}$

Die Realisierung 1 hat die Wahrscheinlichkeit $p = P(S)$ und die Realisierung 0 hat die Wahrscheinlichekti $1-p = P(\bar{S})$.

Abschnitt 5.7. Bedingte Ereignisse und Unabhängigkeit

1. Die Dichte von f bzw. g lautet

$p_f(x) = 1$ für $1 \leqq x \leqq 2$

$p_g(y) = 0.5$ für $1 \leqq y \leqq 3$

a) Die gemeinsame Dichte von (f, g) lautet

$p(x, y) = 0.5$ für $1 \leqq x \leqq 2$ und $1 \leqq y \leqq 3$.

b) Sei q(z) die Dichte von f + g und F(z) die entsprechende Verteilungsfunktion. Dann ergibt sich

$F(z) = 0$ für $z \leqq 2$, $F(z) = 1$ für $z \geqq 5$ und für $2 \leqq z \leqq 5$ der Wert von F(z) durch Integration der Dichte p(x, y) über den Bereich $1 \leqq x \leqq 2, 1 \leqq y \leqq 3$ und $x + y \leqq z$.

Wir unterscheiden drei Fälle

1) $2 \leqq z \leqq 3$

In diesem Falle ergibt sich für den Integrationsbereich

$1 \leqq x \leqq z - 1,\ 1 \leqq y \leqq z - x$.

Man beachte, daß für $z - 1 < x \leqq 2$ das Intervall $1 \leqq y \leqq z - x$ leer ist!

Durch Integration über y ergibt sich dann $0.5\,(z - x - 1)$ und durch Integration über x: $0.25z^2 - z + 1$.

2) $3 \leqq z \leqq 4$

In diesem Falle ergibt sich für den Integrationsbereich $1 \leqq x \leqq 2,\ 1 \leqq y \leqq z - x$.

Durch Integration über y ergibt sich $0.5\,(z - x - 1)$ und durch Integration über x: $0.5z - 1.25$.

3) $4 \leqq z \leqq 5$

In diesem Falle ergibt sich für den Integrationsbereich $1 \leqq x \leqq z - 3, 1 \leqq y \leqq 3$ und $z - 3 \leqq x \leqq 2,\ 1 \leqq y \leqq z - x$.

Durch Integration über y ergibt sich $0.5 \cdot 2$ bzw. $0.5\,(z - x - 1)$ und durch Integration über x

$$z - 4 + 0.5(z - 1)(2 - z + 3) - \frac{0.5}{2}(4 - (z - 3)^2) = -0.25z^2 + 2.5z - 5.25$$

Damit lautet die Verteilungsfunktion

$$F(z) = \begin{cases} 0.25z^2 - z + 1 & \text{für } 2 \leqq z \leqq 3 \\ 0.5z - 1.25 & \text{für } 3 \leqq z \leqq 4 \\ -0.25z^2 + 2.5z - 5.25 & \text{für } 4 \leqq z \leqq 5 \end{cases}$$

q(z) ergibt sich durch Differenzieren von F(z).

c) $p(x|0.5) = p(x, 0.5)/p_g(0.5) = 1 = p_f(x)$.

2. Die Randdichte von f_2 lautet

$$p(y) = \frac{\alpha}{y + 1} \exp(-y^2/2 - y) \quad \text{und}$$

$p(x|y) = p(x, y)/p(y) = \exp(-xy - x)(y + 1)$

Die Zufallsfunktionen sind abhängig, da $p(x|y)$ von y abhängt.

Abschnitt 5.8. Kennzahlen von Verteilungen

1. Die Dichte lautet

$p(x) \quad = 0.1$

$$E(f) \quad = \int_0^{10} x\, 0.1\, dx = 5$$

$$E(f^2) \quad = \int_0^{10} x^2\, 0.1\, dx = 100/3$$

$$Var(f) \quad = E(f^2) - (E(f))^2 = 25/3$$

$$E(f^{10}) \quad = \int_0^{10} x^{10}\, 0.1\, dx = 10^{10}/11$$

$$Cov(f, f^2) = \int_0^{10} (x-5)(x-100/3)\, 0.1\, dx = 350/3$$

2. Für $\alpha = 0.25$ ergibt sich

$$\int_0^2 \int_0^2 \alpha x y dx dy = 1$$

f und g sind voneinander unabhängig, da die Dichte gleich ist dem Produkt einer Funktion, die nur von x und einer Funktion, die nur von y abhängt.

$$E(fg) = \int_0^2 \int_0^2 (xy)^2\, 0.25\, dx\, dy = 16/9$$

$Cov(f, g) = 0$, da f und g unabhängig sind

$$E(f) \;= \int_0^2 x(x \cdot 0.5)\, dx = 4/3$$

$$E(f^2) = \int_0^2 x^2 (x \cdot 0.5)\, dx = 2$$

$$Var(f) = E(f^2) - (E(f))^2 = 2/9$$

$$Var(g) = Va4(f)$$

$\varrho_{fg} = 0$, da $Cov(f, g) = 0$

3. $$E(f_1) = \int_0^1 x(2x)\, dx = 2/3$$

$$E(f_2) = \int_0^1 y(2y)\, dy = 2/3)$$

$$E(f_1^2) = \int_0^1 x^2(2x)\, dx = 1/2$$

$$Var(f_1^2) = E(f_1^2) - (E(f_1))^2 = 1/18$$

$$Var(f_2^2) = 1/18$$

$Cov(f_1, f_2) = 0$, da f_1 und f_2 voneinander unabhängig sind

$$\Sigma_{ff} = \begin{pmatrix} 1/18 & 0 \\ 0 & 1/18 \end{pmatrix}$$

$$Var(5f_1 + 6f_2) = Var((5,6)f) = (5,6)\, \Sigma_{ff} \binom{5}{6} = 61/18$$

Abschnitt 5.9. Spezielle Verteilungen

1. Da g eine lineare Funktion von f ist, muß g normalverteilt sein. Nach Definition von g ergibt sich weiter

$$\Sigma_{gg} = \frac{1}{\sigma^2} B \Sigma_{ff} B' = \frac{1}{\sigma^2} I_k U' \sigma^2 I U I_k$$

Wegen $U'U = I$ ergibt sich daraus

$$\Sigma_{gg} = I_k .$$

Schließlich gilt

$$E(g) = \frac{1}{\sigma} BE(f) = \frac{1}{\sigma} B \cdot 0 = 0$$

Also ist g standardnormalverteilt.

Weiter ist (man beachte dabei $I_k \cdot I_k = I_k$)

$$Q = \frac{1}{\sigma^2} f'Af = \frac{1}{\sigma^2} f' U I_k U' f = \left(\frac{1}{\sigma} Bf\right)' \left(\frac{1}{\sigma} Bf\right) = g'g .$$

Also ist Q (nach Definition der χ^2-Verteilung) χ^2-verteilt mit k Freiheitsgraden.

2. h und g sind lineare Funktionen von f und daher normalverteilt. Dann folgt aus der Unkorreliertheit die Unabhängigkeit.

Weiter gilt

$$\Sigma_{hg} = \frac{1}{\sigma} C \Sigma_{ff} B' = \sigma C B'$$

Aus

$$CA = 0$$

folgt

$$C U I_k U' = 0$$

und daraus durch Rechtsmultiplikation mit U

$$C U I_k = 0$$

und dies bedeutet

$$CB' = 0.$$

Damit sind h und g unkorreliert und daher auch unabhängig. Da aber Q eine Funktion von g ist, sind auch Q und h voneinander unabhängig.

3. Da $\hat{\mu}$ normalverteilt ist mit Erwartungswert μ und Varianz σ^2/n, ist die Größe

$$z = (\hat{\mu} - \mu) \sqrt{n}/\sigma$$

standardnormalverteilt.

Durch Erweitern erhalten wir

$$t_n = z/\sqrt{Q/(n-1)}$$

mit $Q = \frac{1}{\sigma^2} \Sigma (f_i - \hat{\mu})^2$.

Dabei ergibt sich

$$z = C(f - \bar{\mu})/\sigma$$

mit

$$C = \frac{1}{n}(1, 1, 1, \ldots, 1) \quad \text{und} \quad \bar{\mu}' = (\mu, \mu, \mu, \ldots, \mu)$$

Weiter ergibt sich

$$Q = \left(\frac{f - \bar{\mu}}{\sigma}\right) A \left(\frac{f - \bar{\mu}}{\sigma}\right),$$

mit

$$A = I - \frac{1}{n}\begin{pmatrix} 1 & \ldots & 1 \\ \cdot & & \cdot \\ 1 & \ldots & 1 \end{pmatrix}$$

Man rechnet leicht nach, daß $A^2 = A$ gilt, d.h. A ist idempotent. Subtrahiert man in A Zeile 1 von allen andern Zeilen und addiert anschließend das $\frac{1}{n}$-fache der Zeile 2 zu Zeile 1, das $\frac{1}{n}$-fache der Zeile 3 zu Zeile 1 usw., so resultiert eine Matrix vom Range $n - 1$. Daher hat auch A den Rang $n - 1$. Durch Ausmultiplizieren ergibt sich weiter $CA = 0$. Nun sind die Überlegungen von Aufgabe 1 und 2 anwendbar, d.h. Q ist χ^2-verteilt mit $n - 1$ Freiheitsgraden und unabhängig von z, das standardnormalverteilt ist. Daher ist t_n t-verteilt mit $n - 1$ Freiheitsgraden.

Sachverzeichnis

www.ingramcontent.com/pod-product-compliance
Lightning Source LLC
La Vergne TN
LVHW010649300926
849161LV00005B/1076